国 家 制 造 业 信 息 化
三维 CAD 认证规划教材

Virtools 虚拟互动设计实例解析

徐英欣　杨建文　张安鹏　编著

北京航空航天大学出版社

内 容 简 介

本书基于 Virtools 软件介绍了虚拟演示制作的全过程。全书共分 8 章：虚拟对象的设定、摄影机的设定、菜单栏制作、系统设置制作、换色演示制作、辅助演示制作、功能演示制作和后期交互制作。每章中对每个操作步骤都配有图解和详细说明，并在范例操作讲解中穿插大量的附加知识点，包括基础知识、制作技巧等。

书中实例制作所需的图片及每章的范例都在随书所附的光盘里，读者可以对照各章中的练习进行修改和学习。

本书可作为高校工业设计、数字教育、建筑表现、游戏设计、数字媒体艺术等专业的辅助教材，也可作为三维互动设计的爱好者和从业人员的参考用书。

图书在版编目(CIP)数据

Virtools 虚拟互动设计实例解析 / 徐英欣，杨建文，张安鹏编著. — 北京：北京航空航天大学出版社，2012.7

ISBN 978 - 7 - 5124 - 0792 - 3

Ⅰ. ①V… Ⅱ. ①徐… ②杨… ③张… Ⅲ. ①游戏—程序设计 Ⅳ. ①TS952.83

中国版本图书馆 CIP 数据核字(2012)第 075824 号

版权所有，侵权必究。

Virtools 虚拟互动设计实例解析

徐英欣　杨建文　张安鹏　编著
责任编辑　胡　敏

＊

北京航空航天大学出版社出版发行

北京市海淀区学院路 37 号(邮编 100191)　http://www.buaapress.com.cn
发行部电话：(010)82317024　传真：(010)82328026
读者信箱：bhpress@263.net.com　邮购电话：(010)82316936

北京时代华都印刷有限公司印装　各地书店经销

＊

开本：787×1 092　1/16　印张：27　字数：691 千字
2012 年 7 月第 1 版　2012 年 7 月第 1 次印刷　印数：4 000 册
ISBN 978 - 7 - 5124 - 0792 - 3　定价：54.00 元(含光盘 1 张)

若本书有倒页、脱页、缺页等印装质量问题，请与本社发行部联系调换。联系电话：(010)82317024

前　言

　　Virtools 是法国达索公司发布的一款虚拟现实开发软件。作为新一代"3D for All"开发平台，它为各类使用者提供了从产品的初期设计、虚拟环境的仿真到 3D 互动操作的完整体验，从而使实时 3D 技术的应用变得更多元、更广泛。

　　本书结合照相机虚拟演示实例，按照知识点的连贯性，以循序渐进、讲练结合、即学即用的方式进行讲解，并对重点和难点内容进行了指导提示。本书可作为高校工业设计、数字教育、建筑表现、游戏设计、数字媒体艺术等专业的辅助教材，也可作为三维互动设计的爱好者和从业人员的参考用书。

　　感谢空军空降兵学院汤勇刚副教授、朱红绯副教授对本书的支持和指导，同时还要感谢陈德陆先生、"布衣侃"先生所提供的技术支持。

　　同时，由于时间的紧迫以及虚拟仿真创作的复杂性，对于书中存在的诸多不足和纰漏，恳请广大专家、同行批评指正。

作者于桂林

2012 年 2 月

目 录

第1章 Virtools 中对象的设定 ... 1
1.1 从 3DS Max 中输出 .nmo 文件 ... 1
1.2 组织资源 ... 3
1.3 对象导入 ... 4
1.4 添加灯光 ... 5
1.4.1 设定灯光参数 ... 5
1.4.2 设定灯光状态 ... 11
1.5 设置材质 ... 12
1.5.1 导入图片 ... 12
1.5.2 设置机身材质 ... 19
思考与练习 ... 32

第2章 摄影机的设定 ... 33
2.1 设置视景窗口 ... 33
2.2 创建摄影机参考目标 ... 35
2.2.1 创建三维帧 ... 35
2.2.2 设置三维帧 ... 37
2.3 设置摄影机 ... 38
2.3.1 创建摄影机 ... 38
2.3.2 环视摄影机 ... 39
2.3.3 摄影机切换 ... 47
2.4 创建交互按钮 ... 52
2.4.1 视角切换按钮 ... 52
2.4.2 透视图按钮 ... 57
2.4.3 右视图按钮 ... 59
2.4.4 前视图按钮 ... 62
2.4.5 顶视图按钮 ... 64
2.5 视角切换 ... 67
2.5.1 显示/隐藏按钮 ... 67
2.5.2 绘制行为脚本框图 ... 69
2.5.3 信息收发 ... 71
思考与练习 ... 75

第3章 菜单栏制作 ... 76
3.1 创建"菜单栏" ... 76

3.2 添加功能按钮 ··· 78
　3.2.1 系统设置按钮 ··· 78
　3.2.2 换色演示按钮 ··· 80
　3.2.3 辅助演示按钮 ··· 82
　3.2.4 功能演示按钮 ··· 84
　3.2.5 返回按钮 ··· 85
3.3 悬浮功能制作 ··· 87
　3.3.1 显示菜单栏 ·· 87
　3.3.2 隐藏菜单栏 ·· 95
思考与练习 ··· 100

第 4 章 系统设置制作 ··· 101
4.1 "系统设置"选项面板制作 ··· 101
4.2 背景选择制作 ··· 103
　4.2.1 次背景 ·· 103
　4.2.2 背景选择右 ·· 105
　4.2.3 背景选择左 ·· 119
4.3 音乐选择制作 ··· 127
　4.3.1 设置音乐存储方式 ··· 127
　4.3.2 载入音乐文件 ··· 129
　4.3.3 按钮制作 ··· 130
　4.3.4 脚本制作 ··· 134
4.4 音量调节制作 ··· 141
　4.4.1 滑块制作 ··· 141
　4.4.2 滑块脚本 ··· 141
　4.4.3 音量开启/关闭 ·· 157
思考与练习 ··· 167

第 5 章 换色演示制作 ··· 168
5.1 "换色演示"功能面板制作 ··· 168
5.2 颜色选取制作 ··· 171
5.3 重新选择按钮 ··· 186
思考与练习 ··· 192

第 6 章 辅助演示制作 ··· 193
6.1 "辅助演示"选项面板制作 ··· 193
6.2 辅助标识制作 ··· 194
　6.2.1 3D Sprite 设置 ·· 194
　6.2.2 按钮制作 ··· 204
　6.2.3 脚本制作 ··· 210
6.3 填色模式制作 ··· 220

6.3.1　按钮制作 …………………………………………………………… 220
　　6.3.2　脚本制作 …………………………………………………………… 227
　思考与练习 ……………………………………………………………………… 247

第 7 章　功能演示制作 ………………………………………………………… 248
7.1　虚拟环境制作 ……………………………………………………………… 248
7.2　"功能演示"选项面板制作 ………………………………………………… 260
7.3　环境设置制作 ……………………………………………………………… 261
　　7.3.1　按钮制作 …………………………………………………………… 261
　　7.3.2　脚本制作 …………………………………………………………… 264
7.4　模式切换制作 ……………………………………………………………… 268
　　7.4.1　快门功能制作 ……………………………………………………… 268
　　7.4.2　播放功能制作 ……………………………………………………… 278
　　7.4.3　模式切换制作 ……………………………………………………… 287
　　7.4.4　"照片"向前查看制作 ……………………………………………… 292
　　7.4.5　"照片"向后查看制作 ……………………………………………… 307
　　7.4.6　近焦制作 …………………………………………………………… 317
　　7.4.7　远焦制作 …………………………………………………………… 326
　思考与练习 ……………………………………………………………………… 333

第 8 章　后期交互制作 ………………………………………………………… 334
8.1　菜单栏功能切换 …………………………………………………………… 334
　　8.1.1　摄影机切换 ………………………………………………………… 334
　　8.1.2　关闭各功能面板 …………………………………………………… 337
　　8.1.3　"系统设置"交互 …………………………………………………… 350
　　8.1.4　"换色演示"交互 …………………………………………………… 357
　　8.1.5　"辅助演示"交互 …………………………………………………… 359
　　8.1.6　"功能演示"交互 …………………………………………………… 362
8.2　主、次界面交互制作 ……………………………………………………… 371
　　8.2.1　主界面 ……………………………………………………………… 371
　　8.2.2　交互按钮 …………………………………………………………… 373
　　8.2.3　说明框图 …………………………………………………………… 385
　　8.2.4　主、次界面交互 …………………………………………………… 390
8.3　整合及发布 ………………………………………………………………… 415
　　8.3.1　整　合 ……………………………………………………………… 415
　　8.3.2　发　布 ……………………………………………………………… 421
　思考与练习 ……………………………………………………………………… 424

第1章 Virtools 中对象的设定

本章重点

- 3DS Max 中输出.NMO 文件
- 创建灯光
- 模型各部件材质的设置

虚拟相机演示平台实现交互功能之前,需要对建模环境进行设置、对模型进行贴图;并且利用插件,从 3DS Max 软件中输出 Virtools 软件所支持的.NMO 文件。这样可以提高模型的精确度,便于模型的交互制作,提高整个实例的开发效率。

1.1 从 3DS Max 中输出.nmo 文件

从 3DS Max 软件中导出模型文件之前,需要安装 3DS Max Exporter 输出插件,它专门用于将 3DS Max 软件创建的模型、贴图、动画文件输出成 Virtools 软件所支持的场景文件。

打开安装程序 Virtools Max Exporter.exe,选择所安装的 3DS Max 软件的版本号。如图 1-1 所示,本书选择的是 3D Studio Max 8 选项。

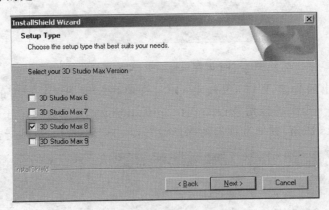

图 1-1 选择所要安装的 3DS Max 软件的版本号

在 3DS Max 软件中打开已制作好的"照相机"模型,选择"文件"→"导出"选项(如图 1-2 所示),打开"选择要导出的文件"对话框(如图 1-3 所示)。

在图 1-3 所示的对话框中,选择"保存类型"下拉列表框中的 Virtools Export(*.NMO,*.CMO,*.VMO)选项确定保存格式,并在"文件名"文本框中输入文件名,单击"保存"按钮进行保存。

在弹出的 Virtools Export 对话框(如图 1-4 所示)中,设置导出选项。其中,对话框左上

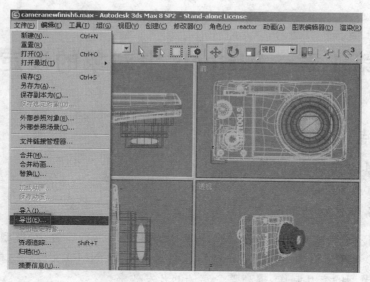

图1-2 导出模型

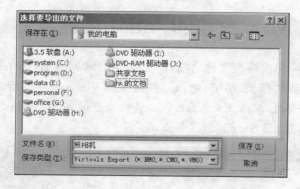

图1-3 设定保存格式、文件名和路径

方三项用于设定输出的类型,即:Export as Objects 单选项用于场景模型的输出;Export as a Character 单选项用于输出虚拟角色;Export Animation Only 单选项用于输出动画。这里选择 Export as Objects 选项,其他选项保持默认设置,单击 OK 按钮,完成导出选项设置。

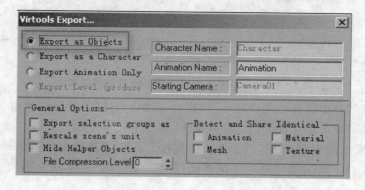

图1-4 导出选项设置

1.2 组织资源

创建一个新组织资源的具体操作如下所述。

(1) 启动 Virtools 软件,单击 Resources→Create New Data Resource 选项,如图 1-5 所示,弹出 Create Data Resource(创建数据资源)对话框(如图 1-6 所示)。

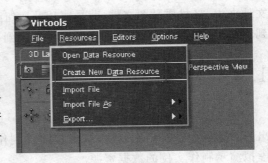

图 1-5 创建新资源

(2) 在图 1-6 所示的对话框中选择所要保存新资源文件的路径,并在"文件名"文本框中输入文件名称,在"保存类型"下拉列表框中选择后缀名为 rsc 的文件,然后单击"保存"按钮。

图 1-6 创建数据资源

(3) 打开刚保存的"虚拟演示制作实例"文件夹,里面有 9 个子文件夹(如图 1-7 所示),即 2D Sprites、3D Entities、3D Sprites、Behavior Graphs、Characters、Materials、Sounds、Textures 和 Videos。将刚才从 3DS Max 软件中导出的"照相机.NMO"文件复制到 3D Entities

图 1-7 组织资源

文件夹中,将材质贴图文件、背景图片及按钮图片复制到 Textures 文件夹中,将背景音乐复制到 Sounds 文件夹中,将辅助指示图标复制到 3D Sprites 文件夹中,完成资源的组织。

1.3 对象导入

在 Virtools 对话框中,单击 Resources→Open Date Resource 选项,如图 1-8 所示。在弹出的对话框中选择刚刚创建的"虚拟演示制作实例.rsc",如图 1-9 所示,在 Virtools 中加载虚拟演示制作实例的数据资源。

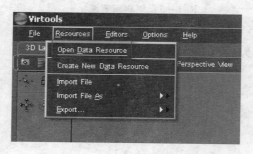

图 1-8 选择数据资源

图 1-9 加载数据资源

在"行为交互模块和数据资源库"(Building Blocks & Data Resource)对话框中,单击"虚拟演示制作实例"标签按钮,在 Category 目录下选择 3D Entities 子目录。在视窗右边选择"照相机.NMO"文件(如图 1-10 所示),并拖拽到 3D Layout 视窗中,完成主体对象的导入,如图 1-11 所示。

提示:以中文名称命名的文件在数据资源库中,只能以乱码形式显示名称(见图 1-10 右侧),导入到视窗后则可以正确显示中文名称。

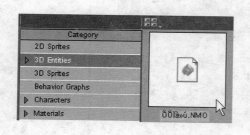

图 1-10 选择对象

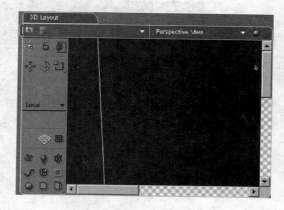

图 1-11 导入对象

在 3D Layout 视窗中,将出现一个黑色的照相机模型,单击"导航浏览"工具栏中的 Camera Zoom(摄影机缩放)控制按钮,调整照相机模型在视窗中的显示范围,如图 1-12 所示。

单击"导航浏览"工具栏中的 Orbit Target/Orbit Around(摄影机旋转)控制按钮,调整照相机模型在视窗中的角度,使其处于适当的观察位置,如图 1-13 所示。

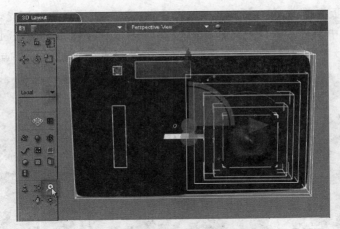

图 1-12 显示范围调整

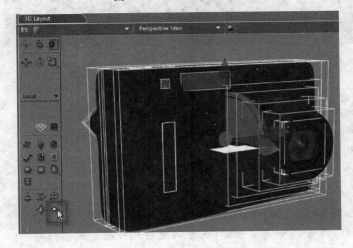

图 1-13 观察位置调整

1.4 添加灯光

照相机建模过程中,没有设置部件对象的自发光数值。因此,在没有光源的情况下,照相机呈现全黑的状态。此时,可以通过添加灯光以使照相机材质正常显示。为了从不同角度观察时都能体现出照相机对象的质感,下面从前、后、左、右、顶、底这 6 个方向,各添加一个灯光。

提示:Virtools 中添加灯光会增加场景渲染时的系统消耗,影响系统运行的速度。为了使模型对象在 Virtools 中呈现良好的质感,既可以在建模软件中通过烘培贴图的方式模拟灯光照射的效果,也可以直接在 Virtools 中添加灯光,这两种方法各有利弊。

1.4.1 设定灯光参数

具体操作如下所述。

（1）在创建面板中单击 Create Light（创建灯光）按钮，为场景添加灯光，如图 1-14 所示。在 3D Layout 视窗中出现一个白色灯泡标志对象，并在 Level Manager&Schematic（图形管理和图形化脚本编辑）视窗中出现灯光设置面板。系统默认此光源的类型为点光源。

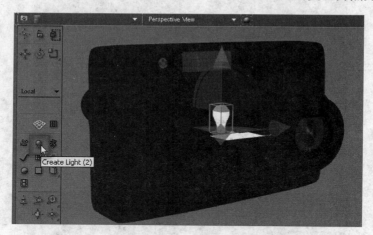

图 1-14 添加场景灯光

提　示：

Point Light Setup 设置面板

① World Position：光源在世界坐标系中的位置。
② Show In Player Mode：设定脚本运行时是否显示光源。
③ Specular：设定光照材质是否计算反光。
④ Type：设定光源类型。
- Point：点光源，只能调整空间坐标，无方向性。
- Spot：聚光灯，既可调整空间坐标，也可调整灯光照射方向。
- Directional：平行光，可模拟距离较远光源照射效果，如太阳光。

⑤ Influence：设定光源照明效果，叉选 Active 选项才有效。
- Color：光源颜色。
- Range：设定光源照射范围。
- Show Influence：显示光源照射范围。

⑥ Attenuation：设定衰减。
- Constant：光源强度。
- Linear：线性衰减。
- Quadratic：二次方衰减。

（2）设置第 1 个灯光。在 Point Light Setup（点光源设置）面板中，把添加灯光默认的名称 New Light 更改为"前灯光"，设置点光源的空间位置坐标（Position 选项中 World 对应：X 的数值为 -3.0000、Y 的数值为 41.0000、Z 的数值为 -137.0000），叉选 Specular（高光反射）选项，设置点光源的光照范围（Influence 选项中的 Range 为 170），设置点光源的光照强度（Attenuation 选项中的 Constant 为 0.6）。前灯光的设置视窗如图 1-15 所示，设置后的场景如图 1-16 所示。

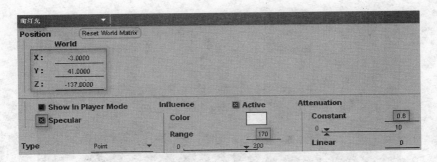

图 1-15 设置前灯光

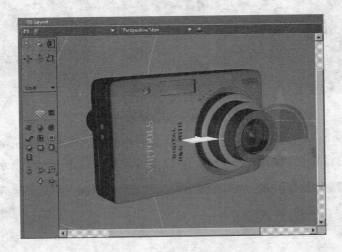

图 1-16 前灯光设置后的场景

（3）添加第 2 个灯光。在 Point Light Setup（点光源设置）面板中改名为"后灯光"，设置点光源的空间位置坐标（Position 选项中 World 对应：X 的数值为－3.0000、Y 的数值为 41.0000、Z 的数值为 83.0000），叉选 Specular（高光反射）选项，设置点光源的光照范围（Influence 选项中的 Range 为 170），设置点光源的光照强度（Attenuation 选项中的 Constant 为 0.6）。后灯光的设置视窗如图 1-17 所示，设置后的场景如图 1-18 所示。

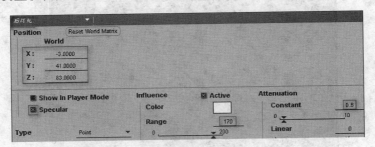

图 1-17 设置后灯光

（4）添加第 3 个灯光。在 Point Light Setup（点光源设置）面板中改名为"左灯光"，设置点光源的空间位置坐标（Position 选项中 World 对应：X 的数值为－121.0000、Y 的数值为 41.0000、Z 的数值为－11.0000），叉选 Specular（高光反射）选项，设置点光源的光照范围

7

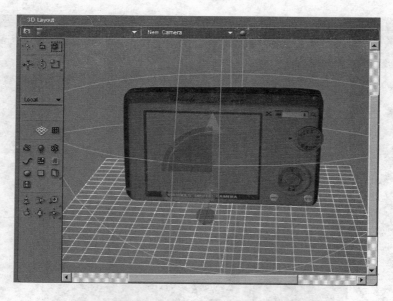

图 1-18 后灯光设置后的场景

(Influence 选项中的 Range 为 200),设置点光源的光照强度(Attenuation 选项中的 Constant 为 0.6)。左灯光的设置视窗如图 1-19 所示,设置后的场景如图 1-20 所示。

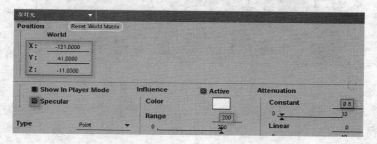

图 1-19 设置左灯光

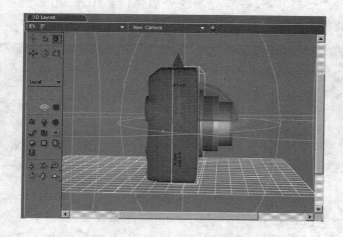

图 1-20 左灯光设置后的场景

（5）添加第 4 个灯光。在 Point Light Setup（点光源设置）面板中改名为"右灯光"，设置点光源的空间位置坐标（Position 选项中 World 对应：X 的数值为 120.0000、Y 的数值为 41.0000、Z 的数值为 －11.0000），又选 Specular（高光反射）选项，设置点光源的光照范围（Influence 选项中的 Range 为 200），设置点光源的光照强度（Attenuation 选项中的 Constant 为 0.6）。右灯光的设置视窗如图 1-21 所示，设置后的场景如图 1-22 所示。

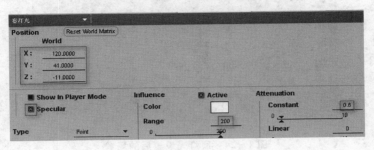

图 1-21　设置右灯光

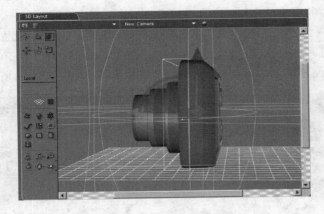

图 1-22　右灯光设置后的场景

（6）添加第 5 个灯光。在 Point Light Setup（点光源设置）面板中改名为"顶灯光"，设置点光源的空间位置坐标（Position 选项中 World 对应：X 的数值为 0.0000、Y 的数值为 173.0000、Z 的数值为 －11.0000），又选 Specular（高光反射）选项，设置点光源的光照范围（Influence 选项中的 Range 为 200），设置点光源的光照强度（Attenuation 选项中的 Constant 为 0.6）。顶灯光的设置视窗如图 1-23 所示，设置后的场景如图 1-24 所示。

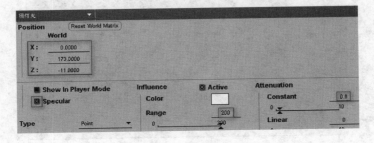

图 1-23　设置顶灯光

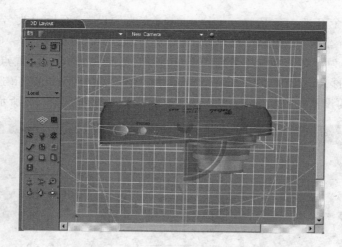

图 1-24 顶灯光设置后的场景

(7) 添加第 6 个灯光。在 Point Light Setup(点光源设置)面板中改名为"底灯光",设置点光源的空间位置坐标(Position 选项中 World 对应:X 的数值为 0.0000、Y 的数值为 -88.0000、Z 的数值为 -11.0000),叉选 Specular(高光反射)选项,设置点光源的光照范围(Influence 选项中的 Range 为 200),设置点光源的光照强度(Attenuation 选项中的 Constant 为 0.6)。底灯光的设置视窗如图 1-25 所示,设置后的场景如图 1-26 所示。

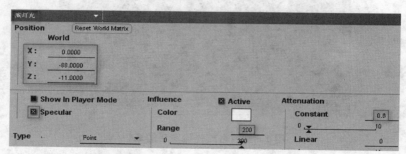

图 1-25 设置底灯光

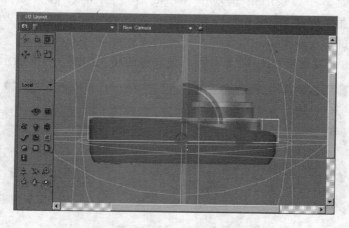

图 1-26 底灯光设置后的场景

1.4.2 设定灯光状态

具体操作如下所述。

(1) 分别在前、后、左、右、顶、底 6 个灯光的 Point Light Setup(点光源设置)面板中,取消 Influence 选项中的 Show Influence 叉选状态,即取消了灯光照射范围显示框,如图 1-27 所示。

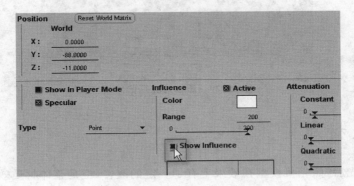

图 1-27 取消光照范围显示框

(2) 在 Level Manager & Schematic(图形管理和图形化脚本编辑)选项卡中,单击 Level Manager(层级管理)标签按钮,在层级管理器窗口的 Global 目录下找到 Lights 目录,展开目录就会看到刚才所创建的 6 个灯光对象。选择 6 个灯光,再单击 Level Manager & Schematic (图形管理和图形化脚本编辑)视窗左上角的 Set IC For Selected(设定被选对象初始值)按钮,设定 6 个灯光的初始状态,如图 1-28 所示。添加灯光后的效果如图 1-29 所示。

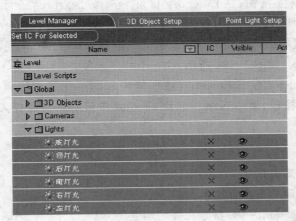

图 1-28 设定灯光初始状态

图 1-29 添加灯光后的效果

1.5 设置材质

添加 6 个灯光后,照相机模型在效果上有了一定的改善,但是整体材质效果并没有完全体现出来。因此,要对材质相关参数进行设定。

1.5.1 导入图片

具体操作如下所述。

(1) 在 Building Blocks & Data Resource(行为交互模块和数据资源库)选项卡中,单击"虚拟演示制作实例"标签按钮;在 Category 目录下选择 Textures 子目录,在视窗右边选择所有图片文件,并拖拽到 3D Layout 视窗中,如图 1-30 所示;在 Category 目录下选择 3D Sprites 子目录,在视窗右边选择所有图片文件,并拖拽到 3D Layout 视窗中,完成虚拟演示实例所有图片对象的导入,如图 1-31 所示。

(2) 在 Level Manager & Schematic(图形管理和图形化脚本编辑)视窗中单击 Texture Setup(纹理设置)标签按钮,通过 Name(名称)下拉菜单可查看所有导入 Virtools 软件的纹理图片,如图 1-32 所示。

提示:
Texture Setup 设置面板
① Save Options:设定图片存储方式。
- Row Data:不压缩图片,会增加文件的容量。
- External:外部调用,只存储图片的路径和名称。
- Specific Format:选择图片格式。
- Global Settings:依据 General Preferences 窗口 Miscellaneous Controls 中的设定来存储图片。
- Original File:将图片存储在文件内,保持原有格式。

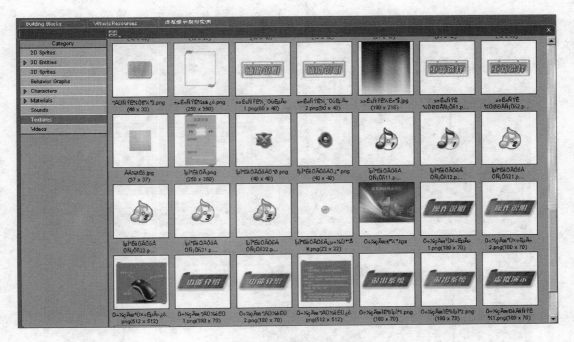

图 1-30 导入纹理图片

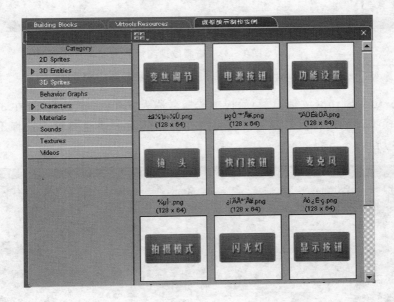

图 1-31 导入 3D Sprites 图片

② Mip Levels：设定图片解析度级别。

- None：不开启 Mipmap。Mipmap 就是图片导入到 Virtools 后会预先产生数个不同级别的低解析度的备份，之后贴图会依据其呈现在视窗中的大小，自动选择系统认为最合适解析度的图片。

- Automatic：开启 Mipmap，需要和 Material Setup 面板中的 Filter Min 搭配设定。

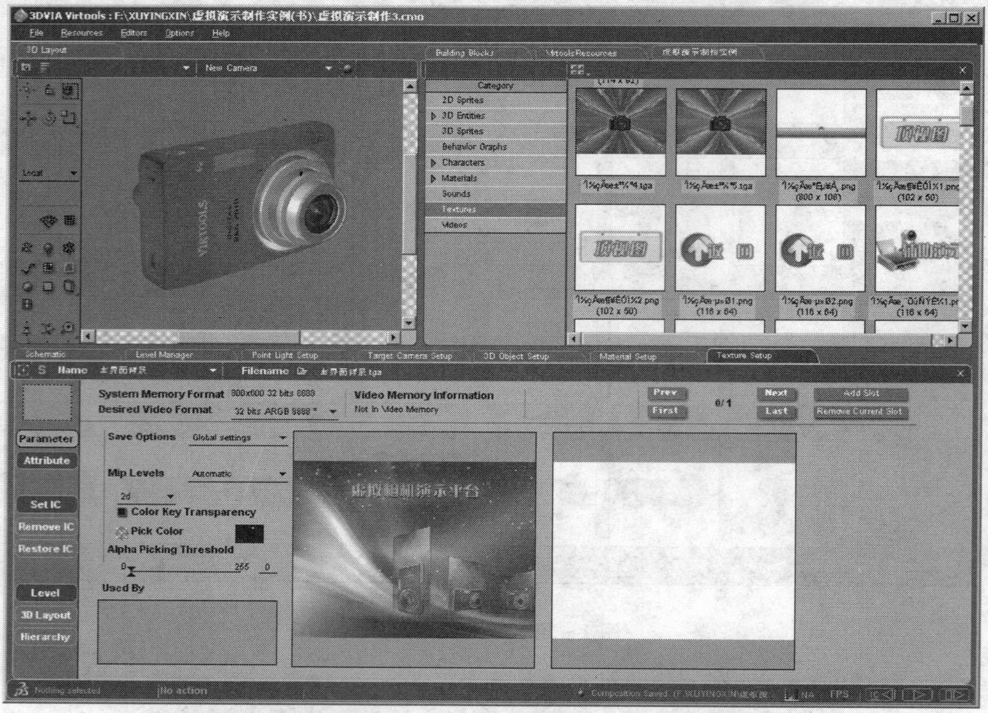

图 1-32　查看纹理图片

③ Color Key Transparency：将图片中与 Pick Color 相同的颜色镂空。

（3）在 Texture Setup（纹理设置）面板中选择名称为"back-top"的材质（在 3DS Max 软件中赋给照相机模型的贴图材质）。右击该图片，在弹出的右键快捷菜单中选择 Resize Slot 选项，如图 1-33 所示。

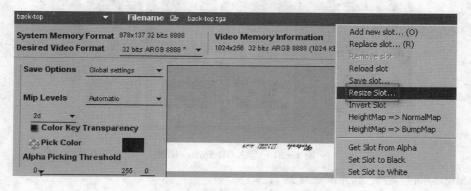

图 1-33　设置 Resize Slot

在弹出的 Edit Parameter 设置面板中将 Parameter Value 设定为 X 的数值为 512、Y 的数值为 128，单击 OK 按钮完成设定，如图 1-34 所示。

提　示：

System Memory Format 显示的数值是图片实际的尺寸，Video Memory Information 显示的数值是该图片在 Virtools 里实际所占的尺寸和对应的容量。

以"back-top"图片为例（如图 1-35 所示），当 System Memory Format 对应为"878×137 32 bits 8888"时，Video Memory Information 对应为"1024×256 32 bits ARGB 8888（1024 KByets）"，即此图片在 Virtools 中的实际容量为 1 024 KB。

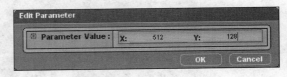

图 1-34　设定数值

图 1-35　设定尺寸前容量

重新设定图片尺寸后，当 System Memory Format 对应为"512×128 32 bits 8888"时，Video Memory Information 对应为"512×128 32 bits ARGB 8888（256 KByets）"，即此图片在 Virtools 中的实际容量为 256 KB，图片所占容量大大减小（如图 1-36 所示）。

图 1-36　设定尺寸后容量

Virtools 是以 2 的次方来记录图片的尺寸，并会以 2 的次方自动设定图片的容量，用以降低文件容量。重新设定图片尺寸，则可以在基本不影响图片质量的前提下，缩小图片在 Virtools 中所占的容量。以"back-top"图片为例，图片原本实际尺寸为 878×137，878 介于次方中的 512 与 1 024 之间，而 137 介于次方中的 128 与 256 之间，Virtools 会选择最接近并且大于图片本身尺寸的数值，所以将"back-top"图片默认为 1 024×256 尺寸。更改图片尺寸后，则图片尺寸默认为 512×128。

事实上，更改图片的尺寸是需要几次或数次的调整才会取得最优值，因此建议在更改图片尺寸前，先保存当前的文件，便于更改失误后读取备份文件。

（4）按上面的方法，分别将"back"图片的尺寸重新设定为 512×512，"daohanganniu"图片的尺寸重新设定为 128×128，"screen"图片的尺寸重新设定为 256×256。

（5）在 Texture Setup（纹理设置）面板中，选择所有以中文命名的材质（英文命名的材质是在 3DS Max 软件中照相机模型所用到的贴图材质，中文命名的材质是在 Virtools 软件中背景、设置框、按钮等所用的图片材质）。在 Mip Levels 下拉列表框中将软件默认的 Automatic 更改为 None，如图 1-37 所示。

图 1-37　设定 Mip Levels

提　示：

Mip Levels 选项设定为 None，当文件运行时图片便以实际的尺寸显示，从而可以取得良好的显示效果。如果设定为 Automatic，图片则以低解析度显示，从而降低显示效果。

以"主界面操作说明1"图片为例：当 Mip Levels 选项设定为 None 时，图片显示效果如图 1-38 所示；当 Mip Levels 选项设定为 Automatic 时，图片显示效果如图 1-39 所示。

图 1-38　显示效果　　　　　　　　　图 1-39　显示效果

同时可以观察到，当 Mip Levels 选项由 Automatic 设定为 None 时，Video Memory Information 的数值则由"256×128 32 bits ARGB 8888(128 KByets)"（如图 1-40 所示）变化为"180×70 32 bits ARGB 8888(49.2188 KByets)"（如图 1-41 所示）。这就说明，当 Mip Levels 选项设定为 None 时，图片以实际容量存储在 Virtools 中。

图 1-40　尺寸变化情况　　　　　　　图 1-41　尺寸变化情况

（6）上面介绍了在 Virtools 中通过更改尺寸压缩图片和提高图片显示效果的方法，下面再介绍一种整体图片压缩的技巧。

单击 3D Layout 视窗中的"普通参数设定"按钮或是按下 Ctrl+P 快捷键，开启普通参数设定窗口，如图 1-42 所示。

在设置窗口右上方的 Current Prefs 选项中，通过下拉列表框选择 Miscellaneous Controls 选项，如图 1-43 所示。

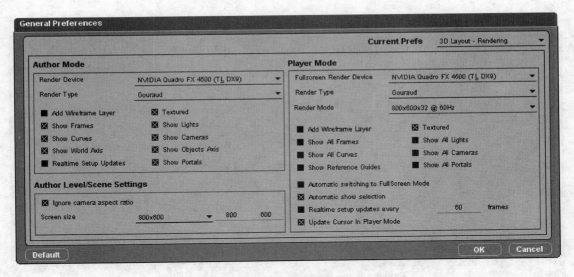

图 1-42 开启普通参数设定窗口

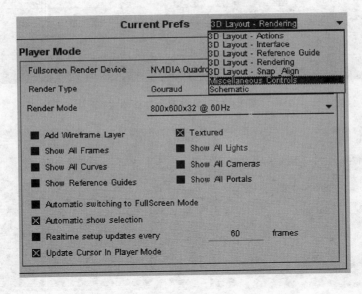

图 1-43 选择 Miscellaneous Controls 选项

在该设置窗口的 Textures/Sprites save Options 选项中，通过下拉列表框选择 Use specific format 选项；如图 1-44 所示。

单击 Use specific format 右侧的 Jpg 按钮，开启格式设定窗口，如图 1-45 所示。

在格式设定窗口左上方的下拉列表框中提供了多项压缩图片格式。这里选择 Joint Photographic Experts Group 选项，即以 JPEG 格式进行压缩，如图 1-46 所示。

在格式设定窗口的 Format Options 选项中的 Compression Level 设定栏中，设定压缩比例为 80%，单击 OK 按钮，关闭 Choose format settings 窗口，再单击 OK 按钮，关闭 General Preferences 窗口，完成设定，如图 1-47 所示。

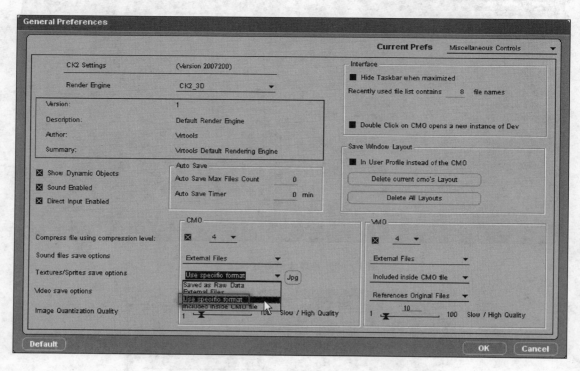

图 1-44　设定图片存储格式

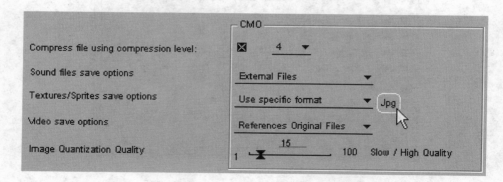

图 1-45　开启格式设定窗口

图 1-46　选择压缩格式

第1章 Virtools中对象的设定

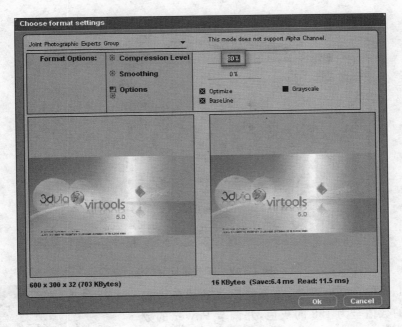

图1-47 设定压缩比例

1.5.2 设置机身材质

具体操作如下所述。

（1）在工具面板中单击Select（选择）按钮，再到3D Layout视窗中单击选中"机身前部"几何体后右击，在弹出的右键快捷菜单中选择Material Setup(front)选项（如图1-48所示），打开机身前部几何体的材质设置面板。

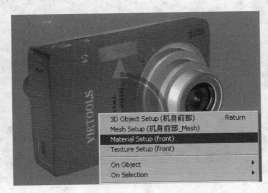

图1-48 "机身前部"材质设置选项菜单

在Material Setup(材质设置)面板中，将Diffuse(漫反射颜色)由系统默认的灰色调节成R、G、B的数值全为255的白色，从而调节"机身前部"几何体的漫反射颜色，如图1-49所示。

图 1-49 调节漫反射颜色

将 Specular(高光反射颜色)由系统默认的黑色设置节成 R、G、B 的数值全为 158 的灰色,并调节 Power 的数值为 20,如图 1-50 所示。设置后的效果如图 1-51 所示。

提 示:
Material Setup 设置面板

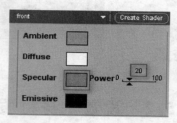

图 1-50 调节高光反射

图 1-51 设置后效果

① Ambient:环境光,设定材质对环境光的反应。
② Diffuse:漫反射,设定材质对光源(不包含环境光)的反应。
Alpha:设定材质透明度,数值越小越透明。
③ Specular:高光反射,设定材质的高光反射,需启用 Light Setup 面板的 Specular 才有效。

Power：设定高光反射的强度，数值越大反光越集中。

④ Emissive：自发光，设定材质自发光颜色。

⑤ Mode：设定材质模式。
- Opaque：不透明材质。
- Transparent：透明材质，根据 Alpha 数值和贴图自身的透明度来确定最终透明度。
- Mask：遮罩材质，通过 Alpha Test 决定像素颜色是否渲染。
- Custom：自定义模式，包括 Alpha Test（透明度测试）、Blend（材质混色模式）与 Z-Buffer Write（深度值比较功能）的设定。

⑥ Both Side：双面显示。

⑦ Fill Mode：设定填充模式。
- Point：只渲染顶点。
- Wireframe：渲染顶点间的连接线。
- Solid：渲染实体。

⑧ Shade Mode：设定着色模式。
- Flat：根据法线与入射光线的夹角，计算面的光照效果。计算速度快，但对象外观以片面状呈现。
- Gouraud：根据平均法线与入射光线的夹角，计算顶点的光照效果。计算速度慢，但对象外观平滑。

⑨ Texture：材质所使用的贴图。

Texture Blend：设定材质混合模式。包括以下几种形式。
- Decal：只对 Material 上的 Specular 作混色处理。
- Modulate：Texture 将对 Material 上所有的颜色作混色处理，所以材质设定的颜色将会影响模型表面的颜色。
- DecalAlpha：对加入 Alpha Channel 的信息作混色处理。
- ModulateAlpha：与 Modulate 模式一样，只是对加入 Alpha Channel 的信息作混色处理。
- DecalMask：对 Material 上的 Specular 通过 Mask 模式作混色处理。
- ModulateMask：对 Material 上所有的颜色通过 Mask 模式作混色处理。
- Copy：效果和 Decal 模式一样。
- Add：增加贴图像素（Texture Pixels）的渲染效果。

（2）在 3D Layout 选项卡中单击选中"测光器"几何体后右击，在弹出的右键快捷菜单中选择 Material Setup(ceguangdeng)选项，打开"测光器"几何体的材质设置面板，如图 1-52 所示。

在 Material Setup(材质设置)面板中，在 Effect(效果设置)下拉列表框中选择 Combine 2 Textures 选项，如图 1-53 所示。在出现的 Texture 1 选项中，通过下拉列表框选择"暗金属"选项，如图 1-54 所示。

单击 Params：None；None，NULL 按钮，弹出 Edit Parameter 设置窗口，如图 1-55 所示。在 Edit Parameter 设置窗口中，设定 Combine 选项为 Modulate，设定 TexGen 选项为 Reflect，完成"测光器"对象材质效果的设置。

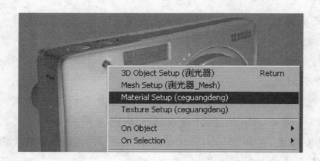

图 1-52 开启"测光器"材质设置面板

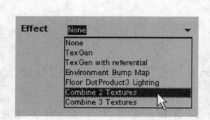

图 1-53 选择效果

图 1-54 选择图片

图 1-55 编辑参数

通过将"测光器"对象的材质应用的"ceguangdeng"图片与"暗金属"图片进行混合,设置反射效果,使"测光器"对象呈现出了较好的质感,如图 1-56 所示。

图 1-56 设置后效果

(3)在 3D Layout 视窗中,单击选中"闪光灯"几何体后右击,在弹出的右键快捷菜单中选择 Material Setup(flash)选项(如图 1-57 所示),打开"闪光灯"几何体的材质设置面板。

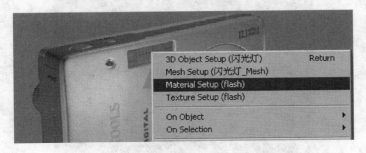

图 1-57　开启"闪光灯"几何体的材质设置面板

在 Material Setup(材质设置)面板中,首先将 Ambient(环境颜色)由系统默认的灰色调节成 R、G、B 的数值都为 0 的黑色,然后将 Diffuse(漫反射颜色)由系统默认的灰色调节成 R、G、B 的数值都为 230 的浅白色,再设定 Power 的数值为 100,最后将 Emissive(自发光颜色)由系统默认的灰色调节成 R、G、B 的数值都为 255 的白色,如图 1-58 所示。

按设定"测光器"对象材质效果的方法,设定"闪光灯"对象的材质效果。在 Effect(效果设置)选项中选择 Combine 2 Textures 方式,在 Texture1 选项中选择"亮金属"图片。在 Edit Parameter 设置窗口中,设定 Combine 选项为 Modulate、TexGen 选项为 Reflect,如图 1-59 所示。设置效果如图 1-60 所示。

(4)在 3D Layout 视窗中单击选中"商标"几何体后右击,在弹出的右键快捷菜单中选择 Material Setup(LOGO)选项(如图 1-61 所示),打开"商标"几何体的材质设置面板。

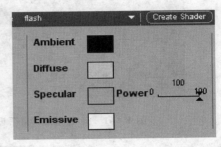

图 1-58　调节颜色

在 Material Setup(材质设置)面板中,将 Power 的数值设置为 15(如图 1-62 所示),将 Emissive(自发光颜色)选择为 R、G、B 的数值都为 255 的白色。

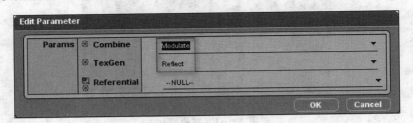

图 1-59　设置材质效果

此时,通过如图 1-63 所示可以观察到,在 3D Layout 视窗中,不仅"商标"对象的材质发生变化,而且"快门按钮"、"电源开关"的材质也发生了改变。这是因为,在建模软件中赋给照相机对象材质时,这三个对象被赋给了相同的材质。

在 Texture 选项中通过下拉列表框选择"亮金属"选项,如图 1-64 所示。

图 1-60 设置后效果

图 1-61 开启"商标"材质设置面板

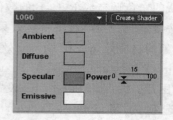

图 1-62 调节颜色

图 1-63 材质变化

在 Effect（效果设置）选项中选择 TexGen 方式；单击 TexGen Type 按钮，在弹出的 Edit Parameter 设置窗口中，设定 TexGen Type 选项为 Reflect。材质效果的设置如图 1-65 所示，设置效果如图 1-66 所示。

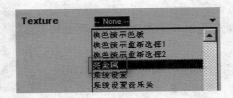

图 1-64　选择"亮金属"选项

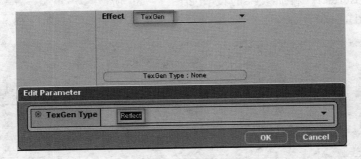

图 1-65　设置材质效果

图 1-66　设置效果

（5）在 3D Layout 视窗中，单击选中"镜头"几何体后右击，在弹出的右键快捷菜单中选择 Material Setup(lenz0)选项，打开"镜头"几何体的材质设置面板，如图 1-67 所示。

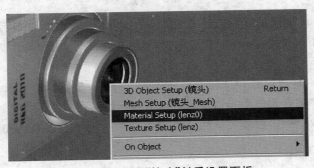

图 1-67　开启"镜头"材质设置面板

在 Material Setup(材质设置)面板中,将 Diffuse(漫反射颜色)选择为 R、G、B 的数值都为 0 的黑色,其他数值按系统默认,如图 1-68 所示。

在 Effect(效果设置)选项中选择 Combine 2 Textures 方式,在 Texture1 选项中选择"暗金属"图片;在 Edit Parameter 设置窗口中设定 Combine 选项为 Modulate 2×、TexGen 选项为 Reflect。材质效果的设置如图 1-69 所示,设置效果如图 1-70 所示。

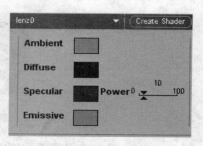

图 1-68 调节颜色

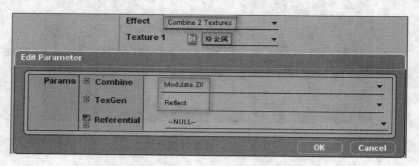

图 1-69 设置材质效果

图 1-70 设置效果

(6) 在 3D Layout 视窗中,单击选中"镜头 3"几何体的外边框后右击,在弹出的右键快捷菜单中选择 Material Setup(Material♯9)选项,打开"镜头 3"几何体外边框的材质设置面板,如图 1-71 所示。

在 Material Setup(材质设置)面板 Effect(效果设置)选项中选择 Combine 2 Textures 方式,在 Texture1 选项中选择"暗金属"图片,在 Edit Parameter 设置窗口中设定 Combine 选项为 Modulate、TexGen 选项为 Reflect。材质效果的设置如图 1-72 所示,设置效果如图 1-73 所示。

第1章 Virtools中对象的设定

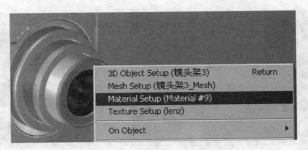

图1-71 开启"镜头架"材质设置面板

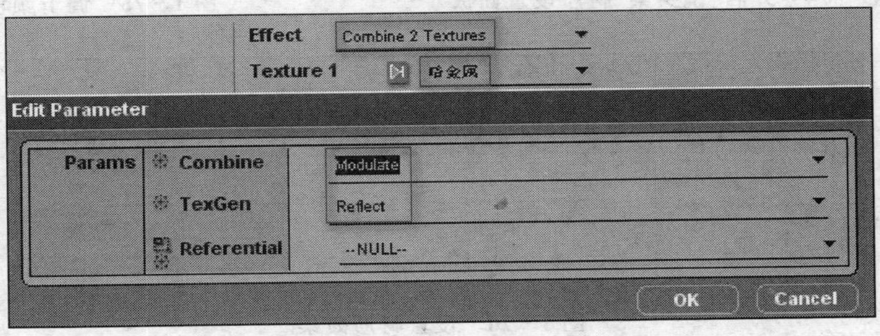

图1-72 设置材质效果

图1-73 设置效果

（7）在3D Layout视窗中，单击选中"镜头3"几何体的内边框后右击，在弹出的右键快捷菜单中选择Material Setup(Material#8)选项，打开"镜头3"几何体内边框的材质设置面板，如图1-74所示。

在Material Setup(材质设置)面板中，将Diffuse(漫反射颜色)选择为R、G、B的数值都为200的灰色，其他数值按系统默认，如图1-75所示。

在Material Setup(材质设置)面板的Effect(效果设置)选项中选择TexGen方式；单击TexGen Type按钮，在弹出的Edit Parameter设置窗口中设定TexGen Type选项为Reflect。这样就获得了有磨沙质感的具有一定反光特性的对象材质。材质效果的设置如图1-76所示。

27

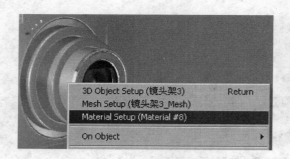
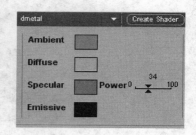

图1-74 开启"镜头架"材质设置面板　　　　图1-75 调节颜色

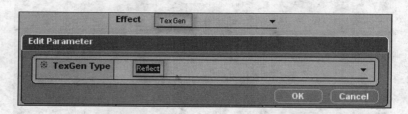

图1-76 设置材质效果

提　示：

"镜头1"、"镜头2"、"镜头3"对象在建模软件中设定材质时,采用了"多维/子对象"方式,解决了在同一几何体的不同面片上应用不同贴图的问题。因此,在 Virtools 中设定此三个对象的材质时,要通过单击此对象的不同面,开启对应的材质设置面板,通过设定相应参数来取得不同的材质效果。

"镜头3"对象因为外边框有"说明文字：VIRTOOLS ZOOM LENS 5×IS　4.3-21.5mm 1：2.8-5.9",所以设置材质效果时,应用 Combine 2 Textures 方式;"镜头1"、"镜头2"对象可以直接设置 TexGen 方式,只是对象的外框和内框因体现的材质效果不同(外边框体现有高反光效果的镀金属材质,内边框体现有一定反射效果的磨沙材质)而选择不同的 Texture。

（8）按上面的方式,将"Imental"("镜头1"外边框、"镜头2"外边框所使用的材质)材质设置面板中的 Diffuse(漫反射颜色)选择为 R、G、B 的数值都为 255 的白色,Specular(高光反射)选择为 R、G、B 的数值都为 180 的灰色,并调节 Power 的数值为 30。在 Texture 选项中选择"暗金属"图片。材质的设置如图1-77所示。

在"Imental"材质设置面板的 Effect(效果设置)选项中选择 TexGen 方式;单击 TexGen Type 按钮,在弹出的 Edit Parameter 设置窗口中设定 TexGen Type 选项为 Reflect,如图1-78所示。

在"dmental"材质设置面板中将 Diffuse(漫反射颜色)设定为 R、G、B 的数值都为 200 的灰色(如图1-79所示),Texture 设定为 None,Effect(效果设置)选项选择 TexGen 方式,并设定 TexGen Type 选项为 Reflect,如图1-80所示。

设置完成后的效果如图1-81所示。

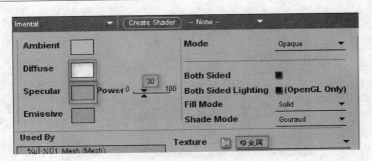

图1-77 设置材质

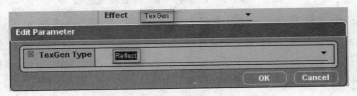

图1-78 设置材质效果

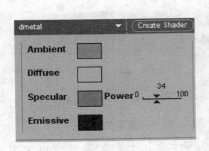

图1-79 设置材质

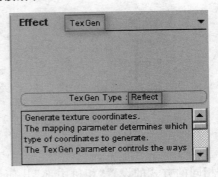

图1-80 设置材质效果

图1-81 设置效果

（9）在3D Layout视窗中，单击"相机中部"几何体的左边框后右击，在弹出的右键快捷菜单中选择Material Setup(left)选项，打开"相机中部"几何体的材质设置面板，如图1-82所示。

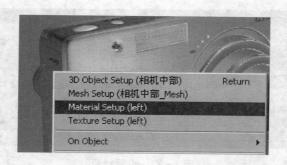

图 1-82　开启"相机中部"材质设置面板

在 Material Setup(材质设置)面板中将 Diffuse(漫反射颜色)选择为 R、G、B 的数值都为 255 的白色、Emissive 选择为 R、G、B 值全为 255 的白色,其他数值按系统默认,如图 1-83 所示。在 Effect(效果设置)选项中选择 Combine 2 Textures 方式,在 Texture1 选项中选择"暗金属"图片,在 Edit Parameter 设置窗口中设定 Combine 选项为 Modulate、TexGen 选项为 Reflect。材质效果的设置如图 1-84 所示。

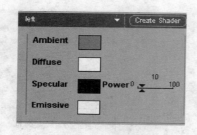
图 1-83　调节颜色

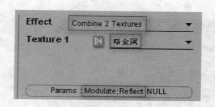
图 1-84　设置材质效果

按相同的方式的设置"相机中部"几何体的上边框的"middle"材质,最终效果如图 1-85 所示。

图 1-85　设置效果

(10) 把视角转到照相机的背面,其中"焦距调节远"、"焦距调节近"、"模式转盘"、"选择按钮"、"导航盘"、"显示按钮"及"删除按钮"所采用的材质设置方法相同。

在各自对象 Material Setup(材质设置)面板中,把 Emissive(自发光颜色)颜色选择为 R、G、B 的数值都为 255 的白色,其他数值按系统默认,如图 1-86 所示。在 Effect(效果设置)选项中选择 Combine 2 Textures 方式,在 Texture1 选项中选择"亮金属"图片,在 Edit Parameter 设置窗口中设定 Combine 选项为 Modulate、TexGen 选项为 Reflect。材质效果的设置如图 1-87 所示。

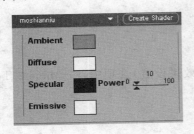

图 1-86　调节颜色

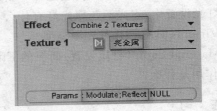

图 1-87　设置材质效果

设置完成后的效果如图 1-88 所示。

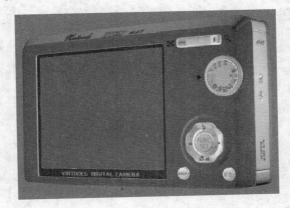

图 1-88　设置效果

(11) 分别调节"相机后部"、"显示屏边框"及"显示屏"对象的 Diffuse(漫反射颜色),和 Emissive(自发光颜色),设置完成后的效果如图 1-89 所示。请参考随书光盘中的"1 对象的设定.cmo"文件。

图 1-89　最终效果

思考与练习

1. 思考题

（1）在 Virtools 软件中，如何创建一个新的资源？
（2）灯光设置中，点光源与聚光灯有什么不同？
（3）Virtools 具有哪几种光源类型？
（4）Material Setup（材质设置）面板的 Effect（效果设置）选项中，Combine 2 Textures 方式所起的作用是什么？

2. 练习

（1）通过导入光盘中的"1 对象的设定.cmo"文件，设置灯光类型为环境光，观察场景的效果，并说明原因。
（2）通过导入光盘中的"1 对象的设定.cmo"文件，选择不同的材质设置效果，掌握通过选择 Effect 的类型实现不同材质表现方法。

第 2 章　摄影机的设定

本章重点

- 创建摄影机参考目标
- 设置环绕摄影机
- 摄影机切换功能的实现

创作演示文件时,如果没有设置摄影机,则每次打开先前所保存的 *.cmo 文件,就会发现主对象在 3D Layout 视窗中场景的观察角度都不同。在照相机虚拟演示实例中,摄影机的设定操作不仅包括确定进入场景时的观察位置,同时也包括要实现从不同的角度来观察照相机主对象。

2.1　设置视景窗口

单击 3D Layout 窗口右上方的"普通参数设定"按钮或是按下 Ctrl＋P 快捷键,打开 General Preferences 设置窗口,如图 2-1 所示。在设置窗口的 Author Level/Scene Settings 选项组中设置 Screen size 的数值,在这里设定为 800×600(即表示设定照相机虚拟演示实例文件执行时的场景大小为 800 像素×600 像素),其他参数保持系统默认,如图 2-1 所示。

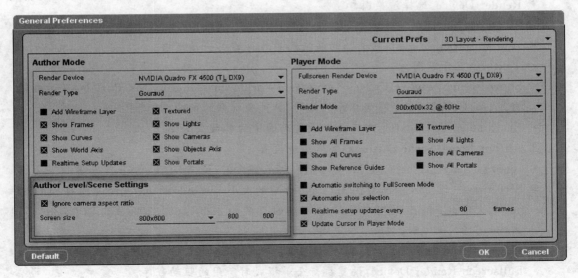

图 2-1　设置显示窗口数值

提　示：

打开 General Preferences 窗口后,系统默认的页面为 3D Layout - Rendering。在右上角

Current Prefs下拉列表框中还有7项可以选择设定的内容（如图2-2所示）。

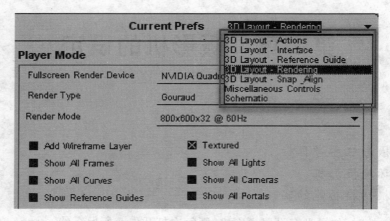

图2-2　Current Prefs下拉列表框

① 3D Layout-Actions：设定3D Layout中被选择对象和摄影机的参数。
② 3D Layout-Interface：设定3D Layout中与编辑有关的图像化对象的显示方式。
③ 3D Layout-Reference Guide：设定3D Layout参考网格的显示方式。
④ 3D Layout-Rendering：设定3D Layout中有关渲染的参数。
⑤ 3D Layout-Snap&Align：设定3D Layout中对象的排列方式以及排列功能。
⑥ Miscellaneous Controls：其他项目的设置，包括Render Engine、Sound等。
⑦ Schematic：自定义行为编辑器。

在这里主要介绍3D Layout-Rendering面板中各选项的含义。

① Author Mode：编辑模式设置。
- Render Device：选择渲染引擎。
- Render Type：选择渲染方式，有Wireframe、Flat和Gouraud三种。
- Add Wireframe Layer：在选择的渲染形式外再绘制一层线框。
- Texture：显示贴图。
- Show Frames/Lights/Curves/Cameras/World Axis/Object Axis/Portals：显示框架、灯光、曲线、摄影机、世界坐标系的轴向、物件坐标系的轴向、入口物件。
- Realtime setup updates：即时更新设置画面中的参数。

② Author Level/Scene Settings：编辑环境设置。
- Ignore Camera Aspect Ratio：忽略摄影机长宽比例，填满3D Layout显示窗口。
- Screen Size：设置显示画面在3D Layout中的大小。Windows extents是依照3D Layout的大小；Custom是用户自定义；另有预设尺寸320×200、320×256、512×384、640×400、640×800、800×600等选项。

③ Player Mode：设置3D Layout在执行模式时的参数。
- Fullscreen Render Device：设置执行全屏模式时所用的驱动程序。
- Render Type：选择渲染模式，与Author Mode的设置相同。
- Render Mode：设置全屏显示时屏幕的解析度、色彩深度及屏幕刷新率。
- Show All Frames/Lights/Curves/Cameras/Portals：显示所有的框架、灯光、曲线、摄

影机、入口物件。
- Show Reference Guide：在执行模式时显示参考网格。
- Automatic Switching to Fullscreen Mode：当按下播放键开启执行模式时，自动切换到全屏模式。
- Automatic Show Selection：某些对象在执行模式时本来是不被显示出来的（如 3D Frames）；若叉选此项，且之前选择了此对象，则在执行时会被显示出来。
- Realtime Setup Update Every N Frames：每隔 N 个 frame，自动更新对象的设置与属性信息，太低的设定值会使 Frame Rate 降低，从而影响整体执行效果。
- Update Cursor in Player mode：依照 3D Layout 的功能选择来更新鼠标的显示方式。

在摄影机工具视窗中，单击 Camera Pan（摄影机平移）按钮，将照相机主对象平移到合适的空间位置。同时，通过摄影机工具视窗中的 Camera Zoom（摄影机缩放）控制按钮和 Orbit Target/Orbit Around（摄影机旋转）控制按钮，改变照相机主对象在视窗中的相对大小和观察角度，如图 2-3 所示。

图 2-3　调整照相机主对象的相对大小和观察角度

2.2　创建摄影机参考目标

2.2.1　创建三维帧

（1）在创建面板中，单击 Create 3D Frame（创建三维帧）按钮，创建一个新的三维帧，作为摄影机视点的参考对象，如图 2-4 所示。

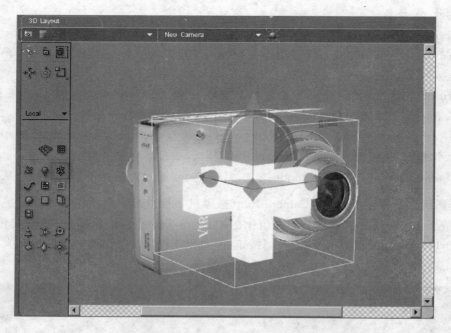

图 2-4 创建三维帧

（2）单击 Level Manager 标签按钮展开 Global 目录，在子目录中展开 3D Objects 目录（如图 2-5 所示），找到"机身前部"对象并双击，打开"机身前部"对象的设置面板，如图 2-6 所示。

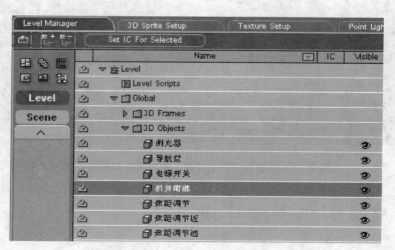

图 2-5 展开 3D Objects 目录

（3）在"机身前部"设置面板 Position 选项中，X、Y、Z 的数值代表的是"机身前部"对象的空间位置坐标，其中设置 X 的数值为 -3.0788、Y 的数值为 41.9505、Z 的数值为 -10.4030，如图 2-7 所示。

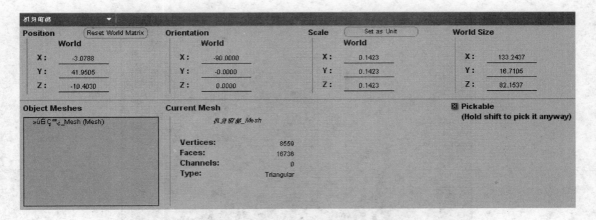

图 2-6 "机身前部"设置窗口

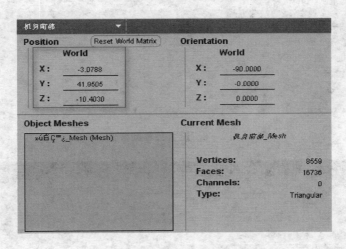

图 2-7 "机身前部"空间坐标

2.2.2 设置三维帧

（1）单击 3D Frame Setup 标签按钮，打开三维帧设置面板，按所示的 X、Y、Z 坐标数值，相对应地将"机身前部"对象的空间位置坐标数值复制到新建的三维帧设置面板中，并在 Scale 项中将 X、Y、Z 方向比例尺寸数值都更改为 20，使三维帧的比例适当，如图 2-8 所示。

（2）单击 Level Manager 标签按钮，展开 Global 目录，在子目录中展开 3D Frames 目录，可以看到新建的 New 3D Frame 三维帧。选中此三维帧，按下 Set IC For Selected 按钮，设定三维帧的初始状态。在选中 New 3D Frame 三维帧的状态并右击，在弹出的右键快捷菜单中选择 Rename 选项或是直接按 F2 键，更改三维帧的名称为"摄影机参考目标"，如图 2-9 所示。

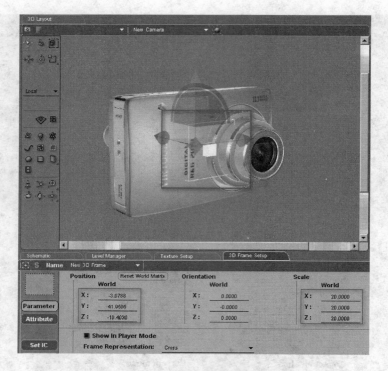

图 2-8 设置三维帧数值

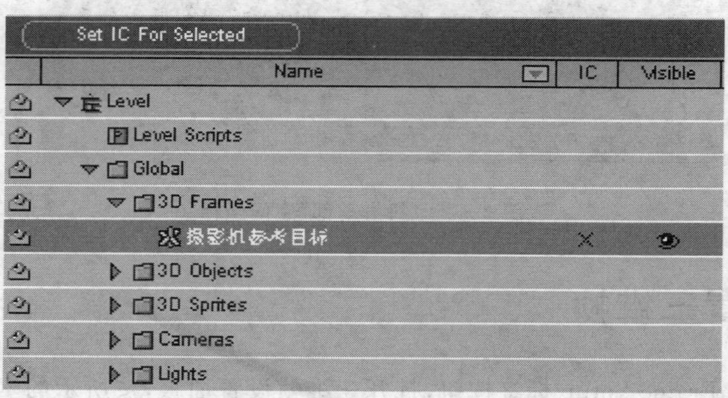

图 2-9 更改三维帧名称

2.3 设置摄影机

2.3.1 创建摄影机

在创建面板中单击 Create Camera(创建摄影机)按钮,创建一台新的摄影机。单击 Level Manager 标签按钮,展开 Global→Cameras 目录,可以看到新建的 New Camera 摄影机。选中此摄影机,按下 Set IC For Selected 按钮,设定摄影机的初始状态,并把摄影机改名为"环视相机",如图 2-10 所示。

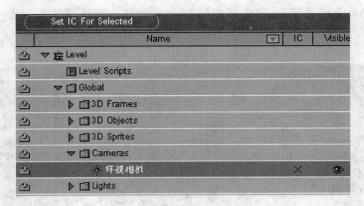

图 2-10 添加摄影机

2.3.2 环视摄影机

（1）单击 Level Manager 标签按钮，右击 Level 目录，在弹出的右键快捷菜单中选择 Create Script（创建脚本）选项，如图 2-11 所示，创建 Level 脚本。

图 2-11 创建 Level 脚本

单击 Schematic 标签按钮，此时可以看到 Level 的 Script 脚本窗口，把它改名为"环视相机",如图 2-12 所示。

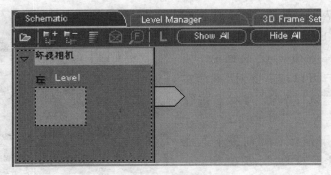

图 2-12 打开脚本编辑窗口

（2）在行为交互模块与数据资源库窗口中，单击 Building Blocks 标签按钮。在 Category 目录下展开 Controllers 子目录，单击其中的 Mouse 按钮。在视窗的右边选中 Mouse Waiter（等待鼠标事件 Building Blocks/Controllers/Mouse/Mouse Waiter）BB 行为交互模块，如图 2-13 所示。

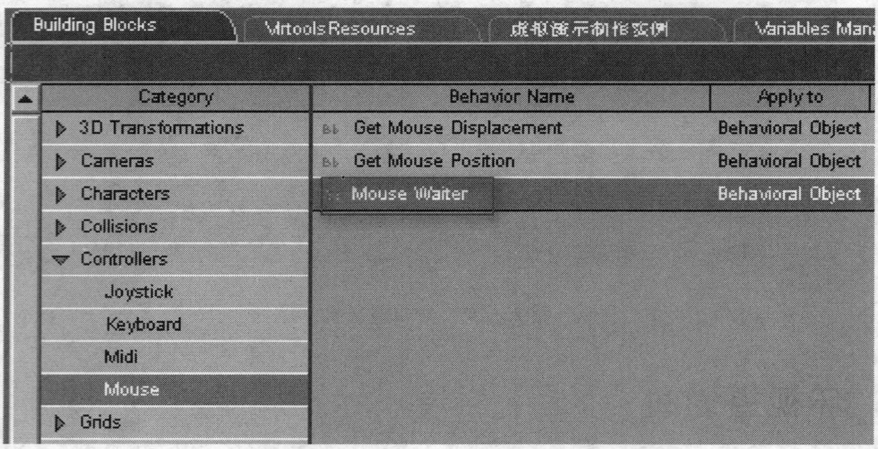

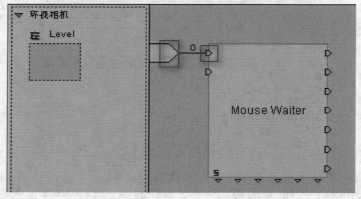

图 2-13　添加行为交互模块

单击 Mouse Waiter 模块并拖动到"环视相机"Script 脚本编辑窗口。连接 Start 开始端与 Mouse Waiter 模块的输入端"On"，如图 2-14 所示。

图 2-14　连接 Mouse Waiter 输入端

右击 Mouse Waiter 模块，在弹出的右键快捷菜单中选择 Edit Setting（编辑设置）选项，开启 Mouse Waiter 设置面板，如图 2-15 所示。用户可以按需要对"鼠标左键"、"鼠标右键"及"鼠标滚轮"等状态进行设置。

本实例是在按下鼠标右键前提下通过移动鼠标实现视景旋转的，所以在 Mouse Waiter 设置面板的 Outputs 选项中只叉选

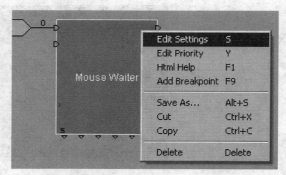

图 2-15　开启 Mouse Waiter 设置面板

Right Button Up、Right Button Down 两项,如图 2-16 所示。

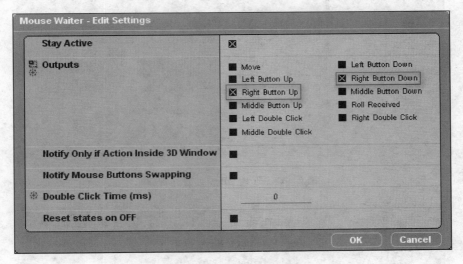

图 2-16 设置 Mouse Waiter 选项

(3) 添加 Parameter Selector(参数选择器 Building Blocks/Logics/Streaming/Parameter Selector)BB 行为交互模块,并拖放到"环视相机"Script 脚本编辑窗口中 Mouse Waiter 模块的后面。连接 Mouse Waiter 模块的输出端"Right Button Down Received"与 Parameter Selector 模块的输入端"In 0",连接 Mouse Waiter 模块的输出端"Right Button Up Received"与 Parameter Selector 模块的输入端"In 1",如图 2-17 所示。

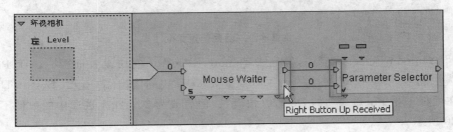

图 2-17 添加模块

提 示:在脚本编辑窗口空白处,按下键盘 Ctrl 键的同时双击鼠标左键,可以开启 BB 行为模块快速查询窗口,如图 2-18 所示。

鼠标右键实现的是观察角度的变化,对应的参数类型应该为 Angle(角度),而 Parameter Selector 模块默认的参数类型是 Float(浮点),因此要重新设置参数类型。

双击 Parameter Selector 模块参数输出端"Selected(Float)",在其参数设置面板 Parameter Type(参数类型)选项中选择 Angle(角度)。此时,Parameter Selector 模块参数输入端"Pin 0"、"Pin1"的参数类型也自动更改为 Angle,如图 2-19 所示。

本演示实例设置为:当鼠标右键按下时,观察角度才会改变;当鼠标右键松开后,观察角度不会再改变。

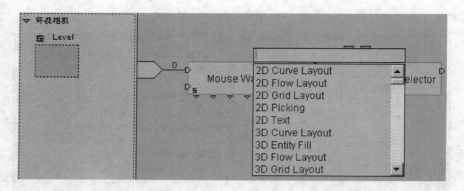

图 2-18 开启 BB 快速查询窗口

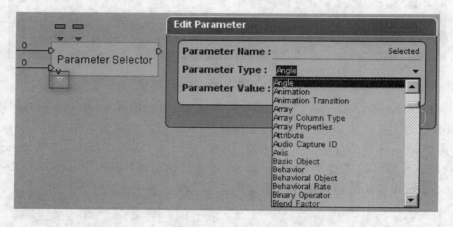

图 2-19 设置参数类型

双击 Parameter Selector 模块,开启 Parameter Selector 模块设置面板。由于 Parameter Selector 模块的输入端"In 0"对应的是 Mouse Waiter 模块的输出端"Right Button Down Received",在面板中把 Pin 0 选项的 Degree(角度)数值更改为 30,Pin 1 选项中的数值不做更改,如图 2-20 所示。

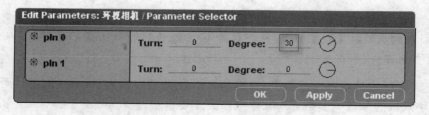

图 2-20 设置角度数值

(4) 添加 Mouse Camera Orbit(使用鼠标移动摄影机 Building Blocks/Cameras/Movement/ Mouse Camera Orbit)BB 行为交互模块,并拖放到"环视相机"Script 脚本编辑窗口中 Mouse Waiter 模块下面。连接 Start 开始端与 Mouse Camera Orbit 模块的输入端"On",如图 2-21 所示。

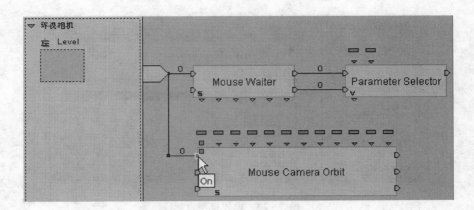

图 2-21 连接模块

双击 Mouse Camera Orbit 模块,在弹出的 Mouse Camera Orbit 模块设置面板 Target(3D Entity)选项中选择"环视相机",把"环视相机"作为目标相机,如图 2-22 所示。

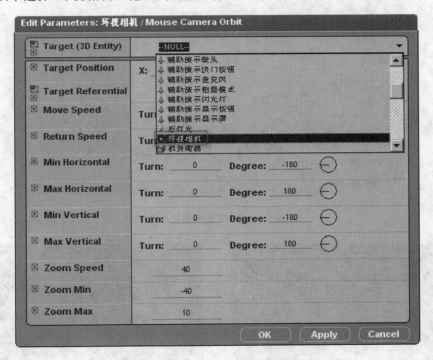

图 2-22 设置目标相机

在 Target Referential 选项中选择"摄影机参考目标"三维帧作为"环视相机"的参考目标,如图 2-23 所示。

将 Mouse Camera Orbit 模块设置面板中的 Move Speed、Return Speed 选项的 Degree 数值设定为"0",Zoom Min 选项的数值设定为"-50",Zoom Max 选项的数值设定为"20",其他选项数值保持默认不变,如图 2-24 所示。

按下状态栏的播放按钮,会发现设置前、后照相机主对象出现了微小的偏移。编辑状态如图 2-25 所示,播放状态如图 2-26 所示。

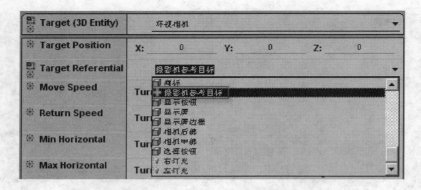

图 2-23　设置参考目标

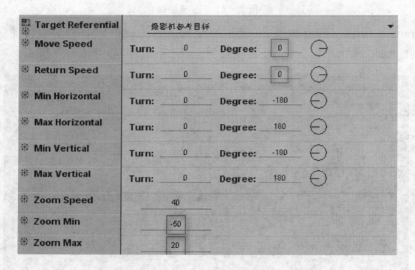

图 2-24　设置摄影机参数

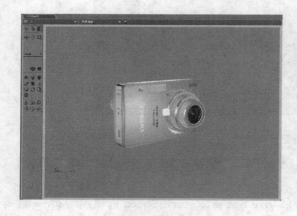

图 2-25　编辑状态

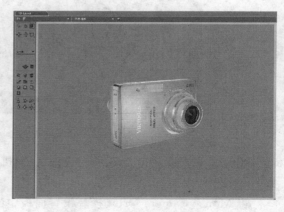

图 2-26　播放状态

这是因为设置的参考目标和摄影机之间存在一定的坐标偏移。开启 Mouse Camera Orbit 模块的设置面板。在面板上 Target Position(目标位置)选项中设置 X 的数值为 0、Y 的数值为 -0.1、Z 的数值为 -0.42。

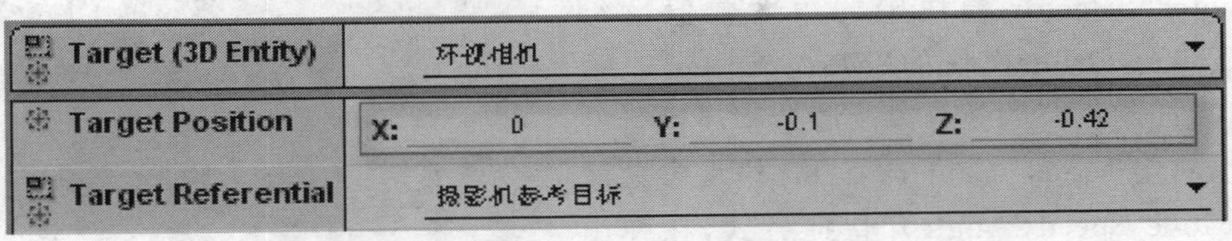

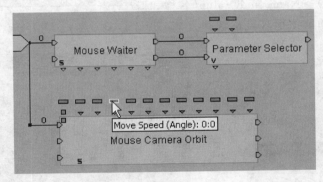

图 2-27 设定相对坐标

(5) 按下状态栏的播放按钮,进入播放模式,在 3D Layout 视窗中右击,通过移动鼠标可以发现,并没有实现观察角度的改变(如图 2-28 所示)。这是因为在 Parameter Selector 模块中设置的旋转角度数值并没有输入到 Mouse Camera Orbit 模块。右击 Mouse Camera Orbit 模块的参数输入端"Move Speed(Angle)",在弹出的右键快捷菜单中选择 Copy 选项,如图 2-29 所示。

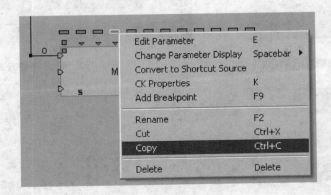

图 2-28 选择参数

图 2-29 复制参数

右击"环视相机"Script 脚本编辑窗口的空白处,在弹出的右键快捷菜单中选择 Paste as Shortcut(粘贴快捷方式)选项,以快捷方式粘贴 Mouse Camera Orbit 模块的参数输入端 "Move Speed(Angle)",如图 2-30 所示。

连接 Parameter Selector 模块参数输出端"Selected（Angle）"与 Mouse Camera Orbit 模块参数输入端"Move Speed（Angle）"快捷方式。实现 Parameter Selector 模块中的角度数值赋给 Mouse Camera Orbit 模块的"Move Speed"。为了便于对后期制作时的区分以及清楚程序运行的参数变化，右击 Mouse Camera Orbit 模块参数输入端的"Move Speed（Angle）"快捷方式，在弹出的右键快捷菜单（如图 2-31 所示）中选择 Set Shortcut Group Color（设置快捷方式群组颜色）选项，指定颜色为暗红色，如图 2-32 所示。

再次右击 Mouse Camera Orbit 模块参数输入端"Move Speed（Angle）"快捷方式，在弹出的右键快捷菜单中选择 Change Parameter Display（更改参数显示方式）→Name and Value（名称和数值）选项，以名称和数值形式显示快捷方式，如图 2-33 所示。

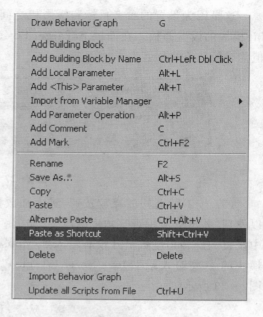

图 2-30 粘贴快捷方式

图 2-31 设置快捷方式颜色　　　　图 2-32 设置快捷方式颜色

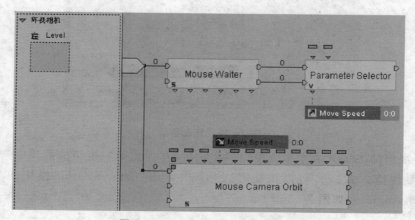

图 2-33 设置快捷方式显示方式

再次按下状态栏的播放按钮。播放模式下，在 3D Layout 视窗中右击，移动鼠标，即实现了观察角度跟随鼠标移动发生改变。测试效果如图 2-34 所示。

图 2-34　测试效果

2.3.3　摄影机切换

（1）添加 Nop（空操作指令 Building Blocks/Logics/Streaming/Nop）BB 行为交互模块，并拖放到"环视相机"Script 脚本编辑窗口中。右击 Nop 模块，在弹出的右键快捷菜单中选择 Construct（结构）→Add Behavior Output（添加行为输出）选项，为 Nop 模块添加一个行为输出端。按相同的方法为 Nop 模块再添加一个行为输出端，如图 2-35 所示。

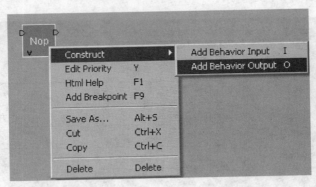

图 2-35　设置模块

（2）添加 Switch On Message（切换信息 Building Blocks/Logics/Message/Switch On Message）BB 行为交互模块，并拖放到"环视相机"Script 脚本编辑窗口中 Nop 模块的后面，如图 2-36 所示。

为 Switch On Message 模块添加 4 个行为输出端（参照添加 Nop 模块行为输出端的方法，如图 2-37 所示）。连接 Nop 模块的输出端"Out 1"与 Switch On Message 模块的输入端"On"。

图 2-36　添加模块

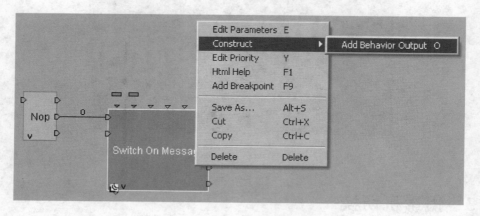

图 2-37　连接模块

双击 Switch On Message 模块，开启 Switch On Message 模块设置面板。在 Message 0 选项中输入"顶视图"，在 Message 1 选项中输入"前视图"，在 Message 2 选项中输入"右视图"，在 Message 3 选项中输入"透视图"，在 Message 4 选项中输入"下拉菜单"，在 Message 5 选项中输入"重置相机"，如图 2-38 所示。

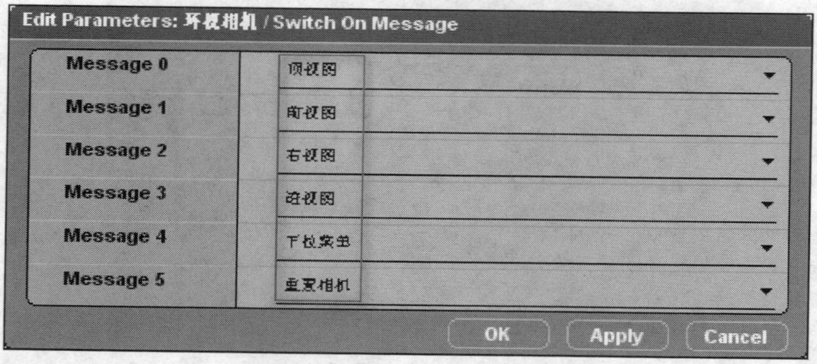

图 2-38　设置 Switch On Message 模块

提　示：

照相机虚拟演示实例中可以通过拖拽鼠标右键来实现视角的变化，同时也可以通过选择 2D 平面按钮来切换视角。视角切换在这里是通过取得不同观察角度时的摄影机坐标数值，再把此值赋给"环视相机"，从而实现由 2D 平面按钮来切换视角的功能。

当 Switch On Message 模块收到"顶视图"、"前视图"、"右视图"、"透视图"、"下拉菜单"及"重置相机"信息时,则会启动与之对应的输出端,执行后续的脚本。

(3) 添加 Parameter Selector(参数选择器 Building Blocks/Logics/Streaming/Parameter Selector)BB 行为交互模块,拖放到"环视相机"Script 脚本编辑窗口中 Switch On Message 模块的后面,并为 Parameter Selector 模块添加两个行为输入端,如图 2-39 所示。

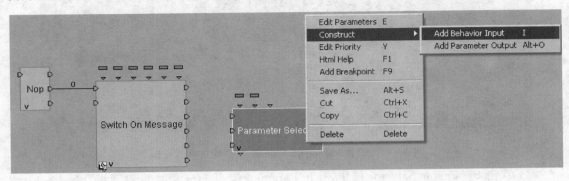

图 2-39 添加行为端口

连接 Switch On Message 模块的输出端"Received 0"与 Parameter Selector 模块的输入端"In 0",连接 Switch On Message 模块的输出端"Received 1"与 Parameter Selector 模块的输入端"In 1",连接 Switch On Message 模块的输出端"Out 2"与 Parameter Selector 模块的输入端"In 2",连接 Switch On Message 模块的输出端"Out 3"与 Parameter Selector 模块的输入端"In 3",连接 Switch On Message 模块的输出端"Out 5"与 Parameter Selector 模块的输入端"In 3",如图 2-40 所示。

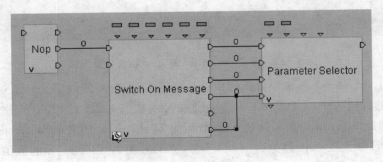

图 2-40 连接模块

在这里之所以没有将 Switch On Message 模块的输出端"Out 4"与 Parameter Selector 模块的输入端相连接,是因为 Switch On Message 模块的输出端"Out 4"启动时,对应的信息为"下拉菜单"。"下拉菜单"信息的作用是在未收到此信息时,"顶视图"、"前视图"、"右视图"及"透视图"信息对应的 2D 平面按钮处于隐藏状态,此时无法启动视角切换功能。Switch On Message 模块的输出端"Received 0"、"Out 1"、"Out 2"、"Out 3"及"Out 5"所对应的是同类型的参数。

双击 Parameter Selector 模块参数输出端"Selected(Float)",在弹出的编辑参数面板 Parameter Type(参数类型)列表中选择 Vector(矢量)选项,如图 2-41 所示。Vector 对应的就是"环视相机"的空间坐标数值。

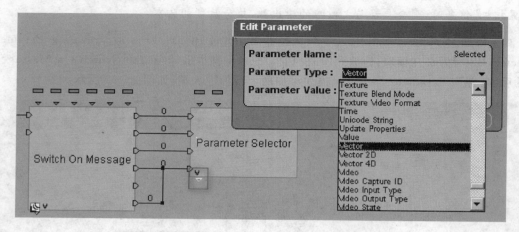

图 2-41 设置 Parameter Selector 模块输出参数类型

（4）双击 Parameter Selector 模块，打开 Parameter Selector 模块设置面板，pIn 0～pIn 3 坐标数值对应的就是以顶、前、右、透视角度观察时摄影机所处的空间位置。此时显示的数值全为系统默认的"0"，如图 2-42 所示。

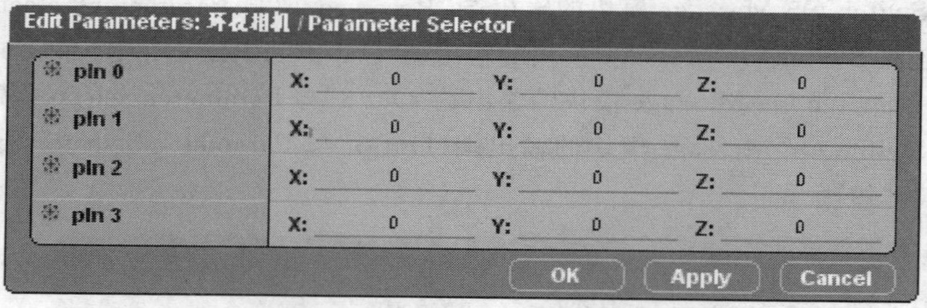

图 2-42 开启 Parameter Selector 模块设置面板

在 Parameter Selector 模块设置面板中：pIn 0 选项设置 X 的数值为 -3.0181，Y 的数值为 485.146，Z 的数值为 -13.202；pIn 1 选项设置 X 的数值为 22.4042，Y 的数值为 63.6009，Z 的数值为 -542.881；pIn 2 选项设置 X 的数值为 521.109，Y 的数值为 47.933，Z 的数值为 13.2927；pIn 3 选项设置 X 的数值为 -263.004，Y 的数值为 125.33，Z 的数值为 -370.057。具体设置如图 2-43 所示。

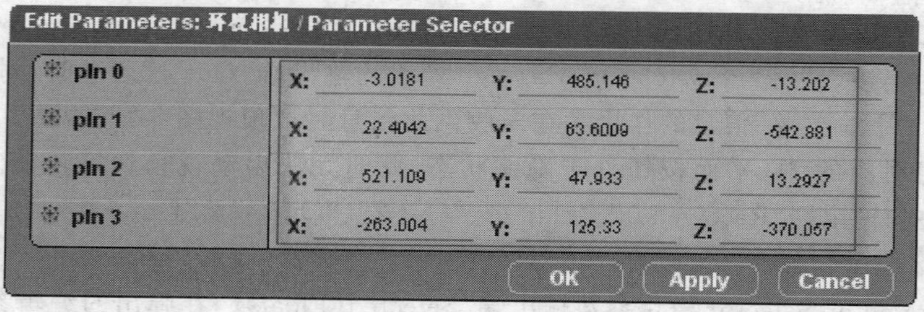

图 2-43 设置 Parameter Selector 模块

当确定了摄影机的空间位置,就可以把空间位置坐标直接赋给"环视相机",通过读取 Parameter Selector 模块中的 pIn 0～pIn 3 的坐标数值,把此数值赋给"环视相机"的位置坐标,从而改变场景观察的角度,而不必设置 4 个摄影机。

提 示:

确定摄影机不同的空间位置坐标,可以按下状态栏的"播放"按钮。播放模式下,在 3D Layout 视窗中右击,移动鼠标,使观察角度处于以顶视图方式观察时的角度。在此状态下再次单击 Target Camera Setup 标签按钮,这时 Position 选项所对应的 X、Y、Z 坐标数值就是以顶视图方式观察时摄影机所处空间坐标数值,如图 2-44 所示。

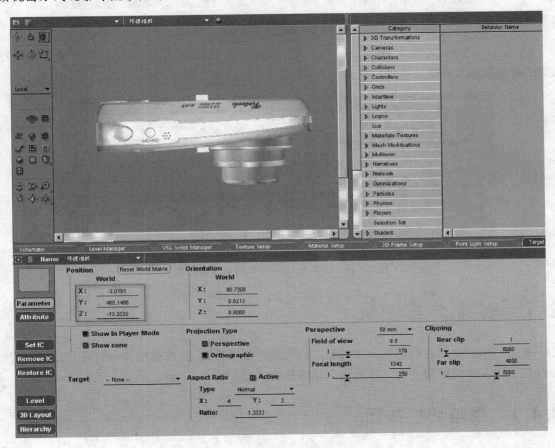

图 2-44 获取摄影机坐标数值

同理,就可以获取前视图、右视图观察模式下,摄影机所处的空间位置坐标数值。而透视图对应摄影机的空间坐标数值,则在建立"环视相机"时已经确定,可以直接复制到 Parameter Selector 模块的 pIn 3 对应坐标数值。

(5) 添加 Set Position(设定位置 Building Blocks/3D Transformations/Basic/Set Position)BB 行为交互模块,拖放到"环视相机"Script 脚本编辑窗口中。连接 Parameter Selector 模块的输出端"Out"与 Set Position 模块的输入端"In",连接 Parameter Selector 模块参数输出端"Selected(Vector)"与 Set Position 模块参数输入端"Position(Vector)",如图 2-45

所示。

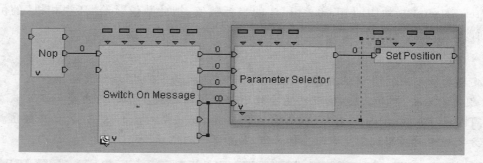

图 2-45　连接模块

双击 Set Position 模块,开启 Set Position 模块设置面板,在 Target 选项中通过下拉列表选择"环视相机",其他选项保持默认设置,如图 2-46 所示。

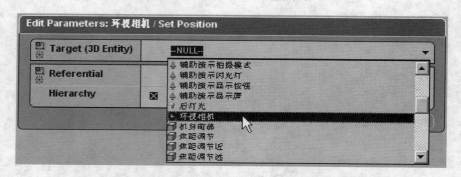

图 2-46　设置 Set Position 模块目标对象

2.4　创建交互按钮

视角切换按钮对应栏里有 4 个按钮,分别是:透视图按钮、右视图按钮、前视图按钮和顶视图按钮。这 4 个按钮都是通过单击视角切换按钮来显示的。

2.4.1　视角切换按钮

(1) 单击创建面板上的 Create 2D Frame(创建二维帧)按钮,创建一个新的二维帧,并在 2D Frame Setup 设置面板 Name 选项中改名为"2 视角切换"("2 视角切换"中的"2"代表的是次界面),如图 2-47 所示。

在"2 视角切换"二维帧设置面板 Position 选项中设置 X 的数值为 650、Y 的数值为 37、Z Order(Z 轴次序)的数值为 1,在 Size 选项中设置 Width 的数值为 116、Height 的数值为 64,其他设置保持不变,如图 2-48 所示。

提示:
2D Frame Setup 设置面板

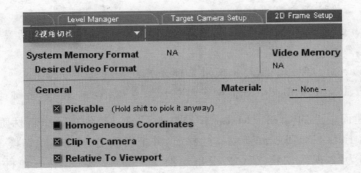

图 2-47 创建视角切换二维帧

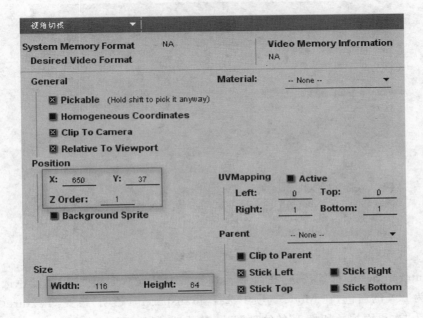

图 2-48 设置二维帧

① Name：二维帧名称。

② General：普通设置

- Pickable：设定二维帧是否可被鼠标单击选中。
- Homogeneous Coordinates：启用此项，则以百分比表示二维帧的位置和尺寸，并会随播放场景的缩放而变化。
- Clip To Camera：启用此项，超出摄影机画面的部分将会被裁剪。
- Relative To Viewpoint：启用此项，场景以摄影机画面的左上角为原点。

③ Position：二维帧位置坐标。

- Z Order：二维帧渲染顺序，数值越小越先渲染。因此，数值小的二维帧会被数值较大的二维帧所覆盖。
- Background Sprite：启用此项，二维帧会被三维对象覆盖。

④ Size：二维帧的宽高尺寸。

⑤ Material：二维帧所应用的材质。
⑥ UVMapping：启用 Active 选项，则可设定二维帧的左上角和右下角贴图坐标。
⑦ Parent：二维帧的父对象。
- Clip To Parent：启用此项，超出父对象部分将会被裁剪。
- Stick Left、Right、Top、Bottom：锁定与父对象左侧、右侧、顶部、底部的绝对距离。

（2）单击创建面板上的 Create Material（创建材质）按钮，创建一个新材质，在 Level Manager/Global/Materials 目录下找到新创建的材质，并把它改名为"2 视角切换 1"。再创建一个新材质，把它改名为"2 视角切换 2"（"2 视角切换 1"中的"1"表示第一种材质），如图 2－49 所示。

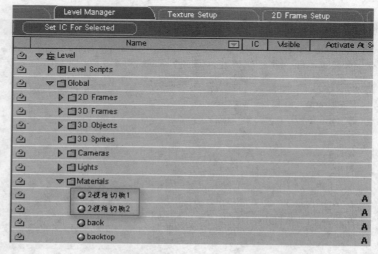

图 2－49　创建材质

单击 Material Setup 标签按钮，在"2 视角切换 1"材质设置面板 Diffuse 颜色选择为 R、G、B 的数值都为 255 的白色，在 Mode 选项中选择 Transparent（透明）模式，Texture（纹理）选项中选择名称为"次界面视角切换 1"的纹理图片，其他选项保持不变，如图 2－50 所示。

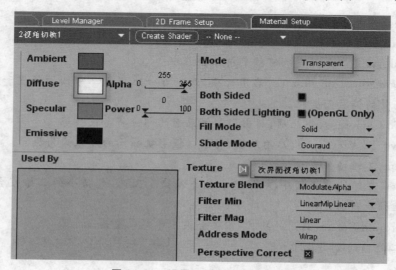

图 2－50　设置 2 视角切换 1 材质

切换到"2视角切换2"材质设置面板,将 Diffuse 颜色选择为 R、G、B 的数值都为 255 的白色,在 Mode 选项中选择 Transparent(透明)模式,在 Texture(纹理)选项中选择名称为"次界面视角切换2"的纹理图片,其他选项保持不变,如图 2-51 所示。

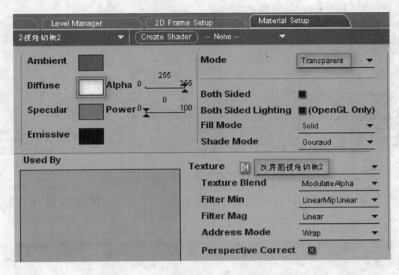

图 2-51 设置 2 视角切换 2 材质

(3)在 Level Manager/Global/2D Frames 目录下找到"2 视角切换"二维帧,创建"2 视角切换"二维帧 Script 脚本(如图 2-52 所示)。单击 Schematic 标签按钮,打开"视角切换"Script 脚本编辑窗口。

添加 PushButton(按钮 Building Blocks/Interface/Controls/PushButton)BB 行为交互模块,并拖动到"2 视角切换"二维帧 Script 脚本编辑窗口。连接"2 视角切换"二维帧 Script 脚本编辑窗口 Start 开始端与 PushButton 模块的输入端"On",如图 2-53 所示。

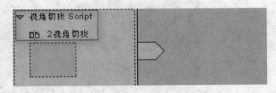

图 2-52 创建脚本

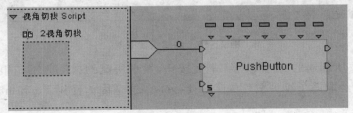

图 2-53 连接模块

双击 PushButton 模块,在其参数设置面板 Released Material(松开按钮材质)选项中选择"2 视角切换 2"材质,在 Pressed Material(按下按钮材质)选项中选择"2 视角切换 1"材质,在 RollOver Material(鼠标经过时材质)选项中选择"2 视角切换 1"材质,如图 2-54 所示。

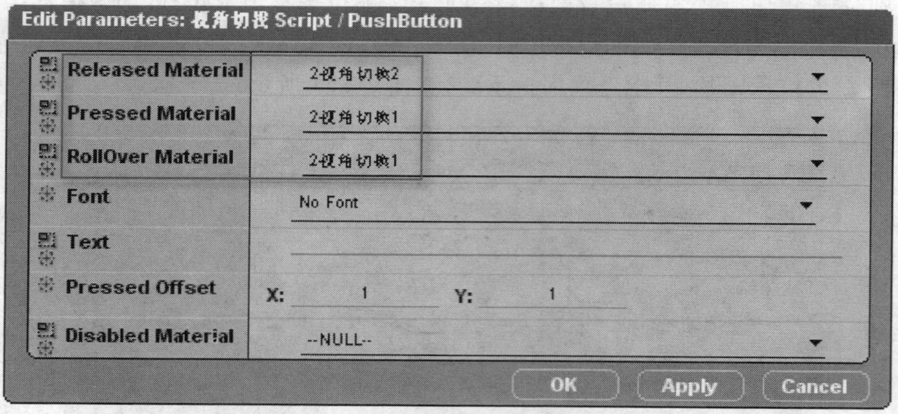

图 2-54 设置 PushButton 模块

按下状态栏的播放按钮,鼠标单击视角切换平面按钮,PushButton 模块已起作用,按钮对应材质发生变化,如图 2-55 所示。

图 2-55 测试按钮效果

(4)此时观察所创建的"视角切换"平面按钮,发现所赋的材质并不是很清晰。而在前一章图片导入时,已经取消了纹理图片的 Mip Levels。这是因为使用 PushButton 模块后,材质属性发生了改变。

在"2视角切换1"材质设置面板 Filter Min 选项中选择 Mip Nearest,在 Filter Mag 选项中选择 Nearest(如图 2-56 所示)。按相同的方法,设置"2视角切换2"材质,如图 2-57 所示。设置前的效果如图 2-58 所示,设置后的效果如图 2-59 所示。

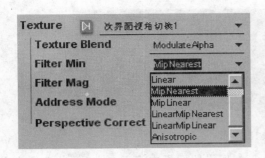

图2-56 设置材质1　　　　　　　　图2-57 设置材质2

图2-58 设置前效果　　　　　　　　图2-59 设置后效果

2.4.2 透视图按钮

（1）创建一个新的二维帧，并改名为"2透视图"。在其设置面板Position选项中设置X的数值为667、Y的数值为93、Z Order(Z轴次序)的数值为1，Size选项中设置Width的数值为102、Height的数值为50，其他设置保持不变，如图2-60所示。

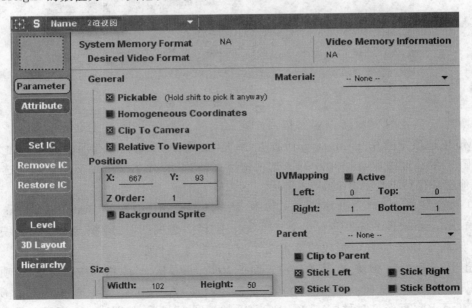

图2-60 设置二维帧

（2）创建一个新材质，在Level Manager/Global/Materials目录下找到新创建的材质，并把它改名为"2透视图1"。再创建一个新材质，把它改名为"2透视图2"，如图2-61所示。

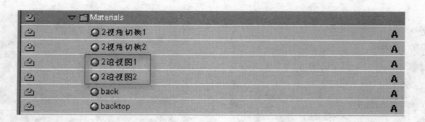

图 2-61 创建材质

单击 Material Setup 标签按钮,在"2 透视图 1"材质设置面板中将 Diffuse 颜色选择为 R、G、B 的数值都为 255 的白色,在 Mode 选项中选择 Transparent(透明)模式,在 Texture(纹理)选项中选择名称为"次界面透视图 1"的纹理图片,在 Filter Min 选项中选择 Mip Nearest,在 Filter Mag 选项中选择 Nearest,其他选项保持不变,如图 2-62 所示。

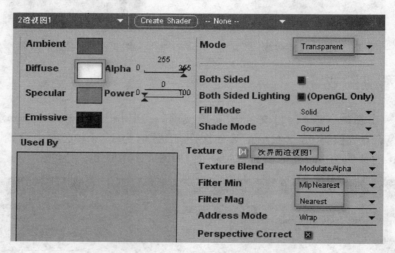

图 2-62 设置 2 透视图 1 材质

切换到"2 透视图 2"材质设置面板,将 Diffuse 颜色选择为 R、G、B 的数值都为 255 的白色,在 Mode 选项中选择 Transparent(透明)模式,在 Texture(纹理)选项中选择名称为"次界面透视图 2"的纹理图片,在 Filter Min 选项选择 Mip Nearest,在 Filter Mag 选项中选择 Nearest,其他选项保持不变,如图 2-63 所示。

(3) 创建"2 透视图"二维帧 Script 脚本,添加 PushButton(按钮 Building Blocks /Interface/Controls/PushButton)BB 行为交互模块。连接"2 透视图"二维帧 Script 脚本编辑窗口 Start 开始端与 PushButton 模块的输入端"On",如图 2-64 所示。

双击 PushButton 模块,在其参数设置面板 Released Material(松开按钮材质)选项中选择"2 透视图 2"材质,在 Pressed Material(按下按钮材质)选项中选择"2 透视图 1"材质,RollOver Material(鼠标经过时材质)选项中选择"2 透视图 1"材质,如图 2-65 所示。

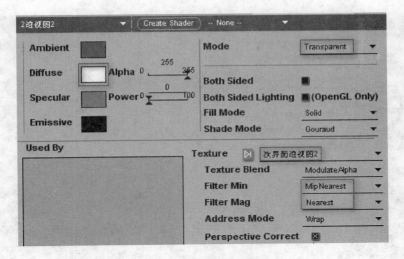

图 2-63 设置 2 透视图 2 材质

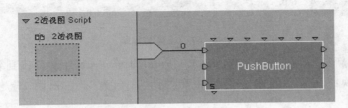

图 2-64 连接模块

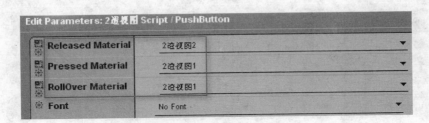

图 2-65 设置 PushButton 模块

按下状态栏的播放按钮,单击透视图平面按钮,PushButton 模块已起作用,按钮对应材质发生变化,如图 2-66 所示。

2.4.3 右视图按钮

(1)创建一个新的二维帧,改名为"2 右视图"。在其设置面板 Position 选项中设置 X 的数值为 667、Y 的数值为 130、Z Order(Z 轴次序)的数值为 1,在 Size 选项中设置 Width 的数值为 102、Height 的数值为 50,在 Parent 选项中选择"2 透视图",其他设置保持不变,如图 2-67 所示。

图 2-66 测试按钮效果

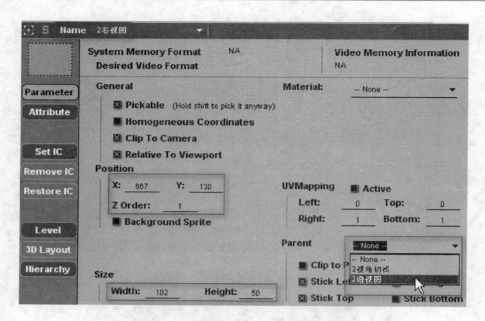

图 2-67　设置二维帧

（2）创建一个新材质，在 Level Manager/Global/Materials 目录下找到新创建的材质，并把它改名为"2 右视图 1"，再创建一个新材质，把它改名为"2 右视图 2"。具体如图 2-68 所示。

图 2-68　创建材质

单击 Material Setup 标签按钮，在"2 右视图 1"材质设置面板中将 Diffuse 颜色选择为 R、G、B 的数值都为 255 的白色，在 Mode 选项中选择 Transparent（透明）模式，在 Texture（纹理）选项中选择名称为"次界面右视图 1"的纹理图片，在 Filter Min 选项选择 Mip Nearest，在 Filter Mag 选项中选择 Nearest，其他选项保持不变，如图 2-69 所示。

切换到"2 右视图 2"材质设置面板，将 Diffuse 颜色选择为 R、G、B 的数值都为 255 的白色，在 Mode 选项中选择 Transparent（透明）模式，在 Texture（纹理）选项中选择名称为"次界面右视图 2"的纹理图片，在 Filter Min 选项选择 Mip Nearest，在 Filter Mag 选项中选择 Nearest，其他选项保持不变，如图 2-70 所示。

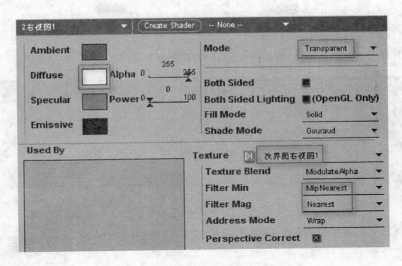

图 2-69　设置 2 右视图 1 材质

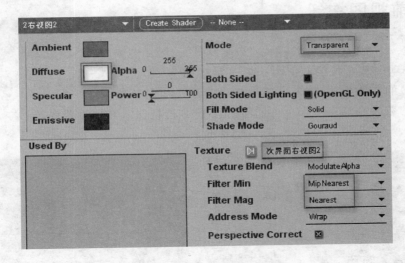

图 2-70　设置 2 右视图 2 材质

（3）创建"2 右视图"二维帧 Script 脚本，添加 PushButton（按钮 Building Blocks /Interface/Controls/PushButton）BB 行为交互模块。连接"2 右视图"二维帧 Script 脚本编辑窗口 Start 开始端与 PushButton 模块的输入端"On"，如图 2-71 所示。

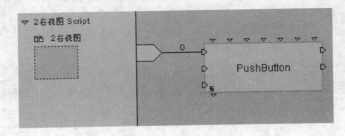

图 2-71　连接模块

双击PushButton模块,在其参数设置面板Released Material(松开按钮材质)选项中选择"2右视图2"材质,在Pressed Material(按下按钮材质)选项中选择"2右视图1"材质,Roll-Over Material(鼠标经过时材质)选项中选择"2右视图1"材质,如图2-72所示。

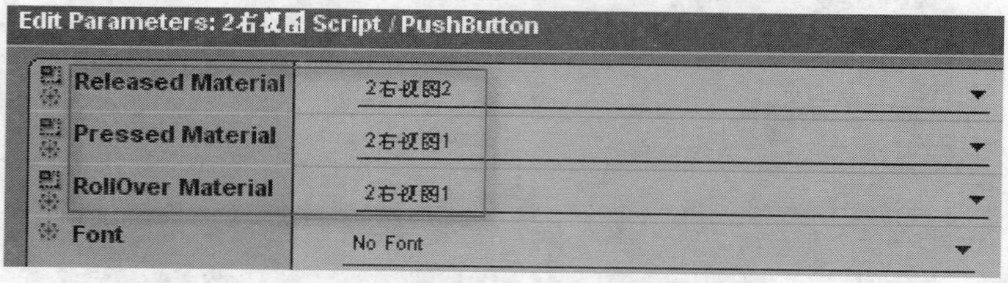

图2-72 设置PushButton模块

按下状态栏的播放按钮,单击右视图平面按钮,PushButton模块已起作用,按钮对应材质发生变化,如图2-73所示。

2.4.4 前视图按钮

图2-73 测试按钮效果

(1)创建一个新的二维帧,改名为"2前视图"。在其设置面板Position选项中设置X的数值为667、Y的数值为167、Z Order(Z轴次序)的数值为1,在Size选项中设置Width的数值为102、Height的数值为50,在Parent选项中选择"2透视图",其他设置保持不变,如图2-74所示。

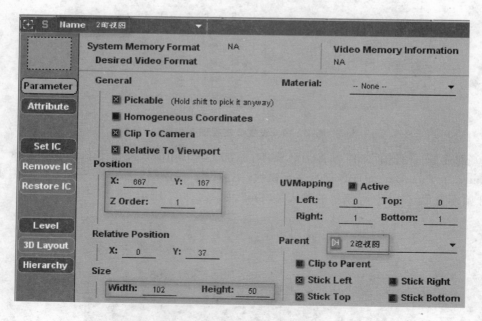

图2-74 设置二维帧

(2)创建一个新材质,在Level Manager/Global/Materials目录下找到新创建的材质,并把它改名为"2前视图1",再创建一个新材质,把它改名为"2前视图2"。具体如图2-75

所示。

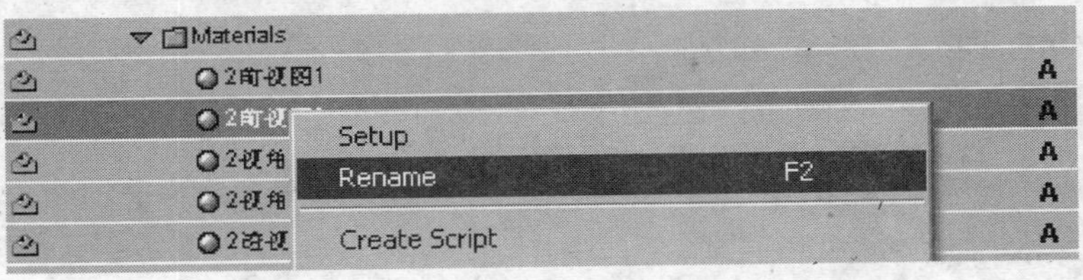

图 2-75　创建材质

单击 Material Setup 标签按钮，在"2 前视图 1"材质设置面板中将 Diffuse 颜色选择为 R、G、B 的数值都为 255 的白色，在 Mode 选项中选择 Transparent（透明）模式，在 Texture（纹理）选项中选择名称为"次界面前视图 1"的纹理图片，在 Filter Min 选项中选择 Mip Nearest，在 Filter Mag 选项中选择 Nearest，其他选项保持不变，如图 2-76 所示。

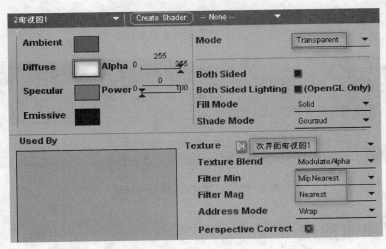

图 2-76　设置 2 前视图 1 材质

切换到"2 前视图 2"材质设置面板，将 Diffuse 颜色选择为 R、G、B 的数值都为 255 的白色，在 Mode 选项中选择 Transparent（透明）模式，在 Texture（纹理）选项中选择名称为"次界面前视图 2"的纹理图片，在 Filter Min 选项中选择 Mip Nearest，在 Filter Mag 选项中选择 Nearest，其他选项保持不变，如图 2-77 所示。

（3）创建"2 前视图"二维帧 Script 脚本，添加 PushButton（按钮 Building Blocks /Interface/Controls/PushButton）BB 行为交互模块。连接"2 前视图"二维帧 Script 脚本编辑窗口 Start 开始端与 PushButton 模块的输入端"On"，如图 2-78 所示。

双击 PushButton 模块，在其参数设置面板 Released Material（松开按钮材质）选项中选择"2 前视图 2"材质，在 Pressed Material（按下按钮材质）选项中选择"2 前视图 1"材质，RollOver Material（鼠标经过时材质）选项中选择"2 前视图 1"材质，如图 2-79 所示。

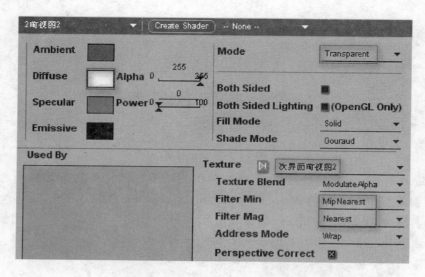

图 2-77 设置 2 前视图 2 材质

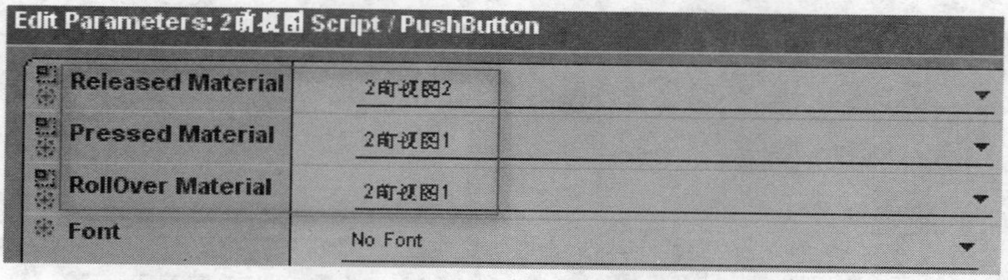

图 2-78 设置 Push Button 模块

2.4.5 顶视图按钮

（1）创建一个新的二维帧，改名为"2 顶视图"。在其设置面板 Position 选项中设置 X 的数值为 667、Y 的数值为 204、Z Order(Z 轴次序）的数值为 1,Size 选项中设置 Width 的数值为 102、Height 的数值为 50,Parent 选项中选择"2 透视图"，其他设置保持不变，如图 2-79 所示。

（2）创建一个新材质，在 Level Manager/Global/Materials 目录下找到新创建的材质，并把它改名为"2 顶视图 1"，再创建一个新材质，把它改名为"2 顶视图 2"，具体如图 2-80 所示。

单击 Material Setup，在"2 顶视图 1"材质设置面板中将 Diffuse 颜色选择为 R、G、B 数值都为 255 的白色，在 Mode 选项中选择 Transparent(透明)模式，在 Texture(纹理)选项中选择名称为"次界面顶视图 1"的纹理图片，在 Filter Min 选项中选择 Mip Nearest，在 Filter Mag 选项中选择 Nearest，其他选项保持不变，如图 2-81 所示。

切换到"2 顶视图 2"材质设置面板，将 Diffuse 颜色选择为 R、G、B 的数值都为 255 的白色，在 Mode 选项中选择 Transparent(透明)模式，在 Texture(纹理)选项中选择名称为"次界面顶视图 2"的纹理图片，在 Filter Min 选项中选择 Mip Nearest，在 Filter Mag 选项中选择 Nearest，其他选项保持不变，如图 2-82 所示。

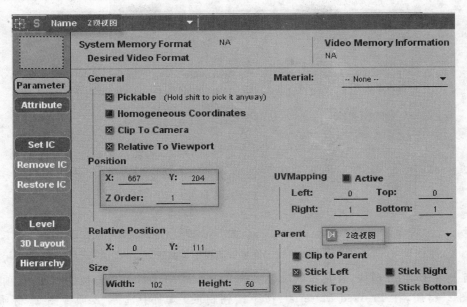

图 2-79 设置二维帧

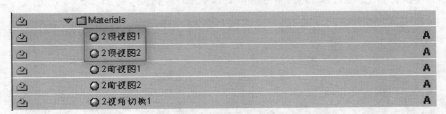

图 2-80 创建材质

图 2-81 设置 2 顶视图 1 材质

(3) 创建"2 顶视图"二维帧 Script 脚本,添加 PushButton(按钮 Building Blocks /Interface/Controls/PushButton)BB 行为交互模块。连接"2 顶视图"二维帧 Script 脚本编辑窗口 Start 开始端与 PushButton 模块的输入端"On"。

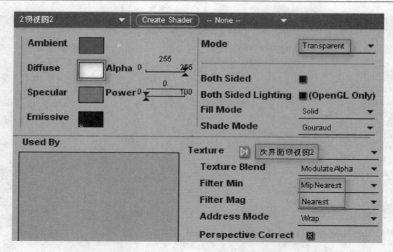

图 2-82 设置 2 顶视图 2 材质

双击 PushButton 模块,在其参数设置面板 Released Material(松开按钮材质)选项中选择"2 顶视图 2"材质,在 Pressed Material(按下按钮材质)选项中选择"2 顶视图 1"材质,RollOver Material(鼠标经过时材质)选项中选择"2 顶视图 1"材质,如图 2-83 所示。

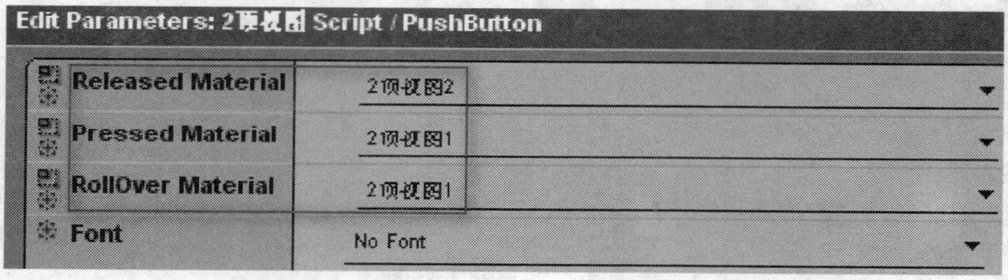

图 2-83 设置 PushButton 模块

按下状态栏的播放按钮,单击顶视图平面按钮,PushButton 模块已起作用,按钮对应材质发生变化,最终效果如图 2-84 所示。

图 2-84 测试效果

2.5 视角切换

2.5.1 显示/隐藏按钮

（1）单击 Schematic 标签按钮，开启"环视相机"脚本编辑窗口。现在只剩下 Switch On Message 模块的输出端"Out 4"未设置。输出端"Out 4"对应的 Message 是"下拉菜单"，所对应的命令执行对象应该是一个二维帧图片按钮。当单击这个按钮时，就会展开按钮栏，里面包含了所对应的顶视图、前视图、右视图、透视图的二维平面按钮。演示正常运行情况下，按钮栏是隐藏起来的。它的出现和再次隐藏是通过单击发出信息为下拉菜单所对应的那个二维平面按钮。对应"下拉菜单"信息的二维平面按钮就是"2 视角切换"二维帧按钮。

添加 Sequencer（定序器 Building Blocks/Logics/Streaming/Sequencer）BB 行为交互模块，并拖放到"环视相机"Script 脚本编辑窗口中 Switch On Message 模块的后面。为 Sequencer 模块添加一个行为输出端，如图 2-85 所示。

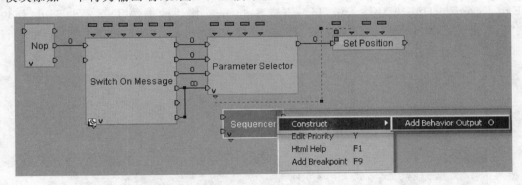

图 2-85 添加模块

连接 Nop 模块的输出端"Out 2"与 Sequencer 模块的输入端"Reset"，连接 Switch On Message 模块的输出端"Out 4"与 Sequencer 模块的输入端"In"，如图 2-86 所示。

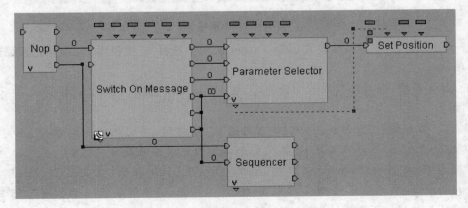

图 2-86 连接 Nop 与 Sequencer 模块

（2）添加 Show、Hide［显示（隐藏）Building Blocks/Visuals/Show-Hide/Show（Hide）］BB 行为交互模块，拖放到"透视相机"Script 脚本编辑窗口中 Sequencer 模块的后面，分别添加 Show 模块和 Hide 模块的目标对象，如图 2-87 所示。

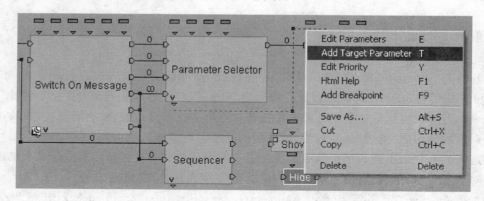

图 2-87　添加模块

连接 Sequencer 模块输出端"Out 1"与 Show 模块输入端"In"，连接 Sequencer 模块输出端"Exit Reset"与 Hide 模块输入端"In"，连接 Sequencer 模块输出端"Out 2"与 Hide 模块输入端"In"，最后把 Show 模块与 Hide 模块的参数输入端"Target（Behavioral Object）"进行连接，如图 2-88 所示。

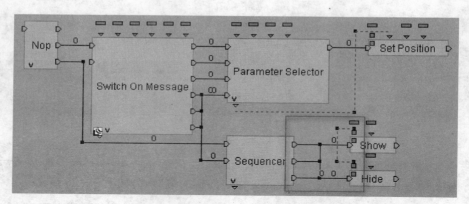

图 2-88　连接模块

双击 Show 模块，在其参数设置面板 Target 选项中选择"2 透视图"二维帧，并叉选 Hierarchy 选项，如图 2-89 所示。

双击 Hide 模块，在其参数设置面板中，叉选 Hierarchy 选项，如图 2-90 所示。

提　示：

在设置"2 右视图"、"2 前视图"及"2 顶视图"二维帧时，将它们的父对象设置为"2 透视图"，所以当"2 透视图"显示或隐藏时，其他三个二维帧也同样地显示或隐藏。

如此连接 Nop 模块、Sequencer 模块、Show 模块及 Hide 模块，就实现了 Nop 模块运行后，对 Sequencer 模块的初始化，隐藏了"2 透视图"二维帧，进而隐藏了"2 右视图"、"2 前视图"及"2 顶视图"二维帧。而当单击"2 视角切换"二维帧时，则显示"2 透视图"、"2 右视图"、"2 前视图"及"2 顶视图"二维帧。

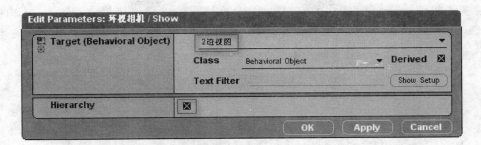

图 2-89　设定参数

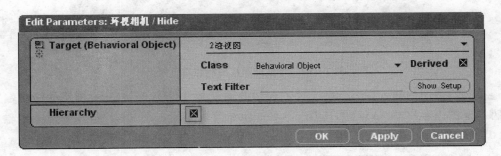

图 2-90　设定参数

2.5.2　绘制行为脚本框图

（1）在"环视相机"Script 脚本编辑窗口的空白处右击，在弹出的右键快捷菜单中选择 Draw Behavior Graph（绘制行为脚本框图）选项，将制作好的"摄影机切换"行为脚本框选起来，绘制行为脚本框图，并改名为"摄影机切换"，如图 2-91 所示。

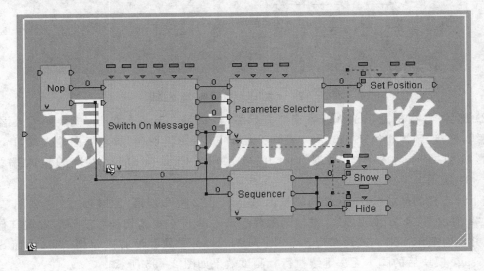

图 2-91　绘制脚本框图

在"摄影机切换"脚本框图中的空白处右击,在弹出的右键快捷菜单 Construct 选项中选择 Add Behavior Output 选项,添加脚本框图的一个行为输出端,如图 2-92 所示。

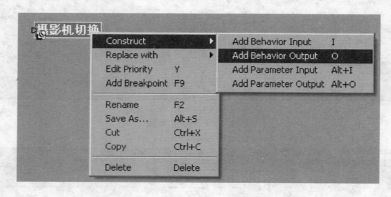

图 2-92　添加脚本框图行为输出端

连接脚本框图内输入端"In 0"与 Nop 模块的输入端"In 0",连接 Nop 模块的输出端"Out 0"与脚本框图内输出端"Out 0",连接 Set Position 模块的输出端"Out"与脚本框图内输出端"Out 0",如图 2-93 所示。

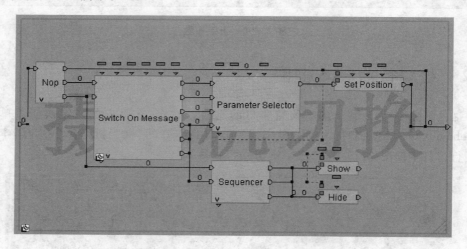

图 2-93　设置"摄影机切换"脚本框图

（2）删除"环视相机"Script 脚本窗口开始端与 Mouse Camera Orbit 模块的输入端"On"的连接线,连接"环视相机"Script 脚本窗口开始端与"摄影机切换"脚本框图输入端"In 0",连接"摄影机切换"脚本框图输出端"Out 0"与 Mouse Camera Orbit 模块的输入端"On",如图 2-94 所示。

按下状态栏的播放按钮,观察到场景内只显示了"2 视角切换"二维帧,"2 透视图"、"2 右视图"、"2 前视图"及"2 顶视图"二维帧则隐藏起来。单击"2 视角切换"二维帧,发现其他四个二维帧并没有显示出来。这是因为 Switch On Message 模块并没有接收到信息,进而 Switch On Message 模块后的脚本无法继续执行。测试效果如图 2-95 所示。

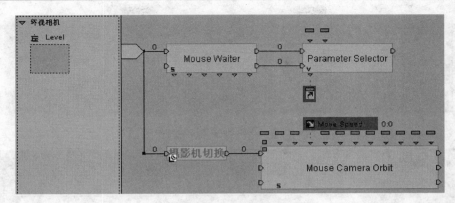

图 2-94 连接模块

图 2-95 测试效果

2.5.3 信息收发

(1) 切换到"2 视角切换"Script 脚本编辑窗口，添加 Send Message（发送信息 Building Blocks/Logics/Message/Send Message）BB 行为交互模块，并拖放到 PushButton 模块的后面。连接 PushButton 模块的输出端"Pressed"与 Send Message 模块的输入端"In"。视角切换按钮所要实现的是当单击此按钮则显示出透视图按钮，进而显示出右视图、前视图及顶视图按钮，所以添加一个 Send Message 模块用以实现信息的发送，如图 2-96 所示。

双击 Send Message 模块，在其参数设置面板 Message 选项中输入"下拉菜单"，Dest 选项中选择 Level，如图 2-97 所示。

(2) 按相同方式，分别为"2 透视图"、"2 右视图"、"2 前视图"及"2 顶视图"Script 脚本编辑窗口中各添加一个 Send Message 模块，并与相应的 PushButton 模块进行连接，如图 2-98 所示。

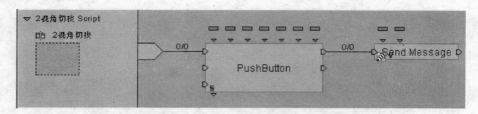

图 2-96 添加 Send Message 模块

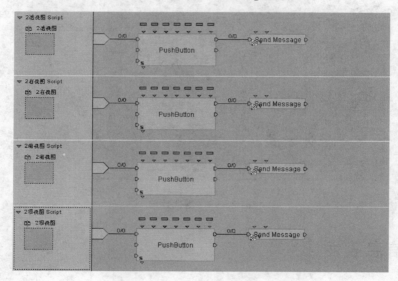

图 2-97 设置 Send Message 模块

图 2-98 添加模块

　　分别为"2 透视图"、"2 右视图"、"2 前视图"及"2 顶视图"Script 脚本编辑窗口中 Send Message 模块的 Message 选项输入"透视图"、"右视图"、"前视图"及"顶视图"信息,并设置其 Dest 选项为 Level,如图 2-99 所示。

　　(3) 按下状态栏的播放按钮,单击"视角切换"按钮,则"透视图"、"右视图"、"前视图"及 "顶视图"四个按钮显示出来,如图 2-100 所示。选择相应的按钮,场景便切换到相应的观察 视角。

　　在测试过程中可以发现,只有再次单击"视角切换"按钮,四个视角切换方式按钮才能隐藏 起来。如何让四个视角切换方式按钮在选择其中的一个切换方式按钮后自动隐藏起来?

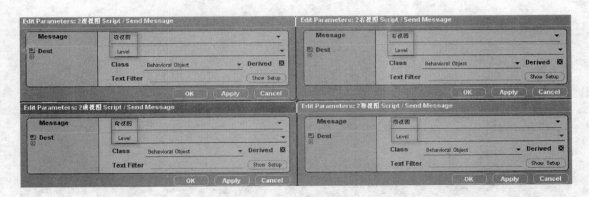

图 2-99　设置模块

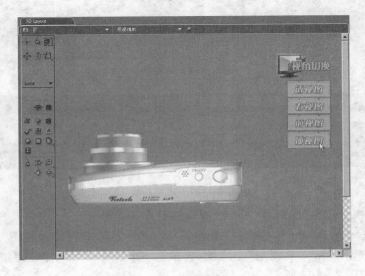

图 2-100　测试效果

添加 Delayer（延迟器 Building Blocks/Logics/Loops/Delayer）BB 行为交互模块，并拖放到"环视相机"Script 脚本编辑窗口中"摄影机切换"脚本框图里 Switch On Message 模块的后面。连接 Switch On Message 模块的输出端"Received 0"与 Delayer 模块的输入端"In"，连接 Switch On Message 模块的输出端"Received 1"与 Delayer 模块的输入端"In"，连接 Switch On Message 模块的输出端"Out 2"与 Delayer 模块的输入端"In"，连接 Switch On Message 模块的输出端"Out 3"与 Delayer 模块的输入端"In"，连接 Delayer 模块的输出端"Out"与 Sequencer 模块的输入端"Reset"，连接 Delayer 模块的输出端"Out"与 Hide 模块的输入端"In"。具体的连接如图 2-101 所示。

双击 Delayer 模块，在其参数设置面板 Time to Wait 选项中 S 的数值设置为 3，设置延迟时间为 3 秒，如图 2-102 所示。

按下状态栏的播放按钮，单击"视角切换"按钮，选择不同的视角切换方式按钮，在 3 秒延迟后，如果没有对四个视角切换方式按钮动作，则四个视角切换方式按钮自动隐藏。如果在延迟的 3 秒中，对四个视角切换方式按钮有新的动作，则重新获得 3 秒的延迟时间。在此过程

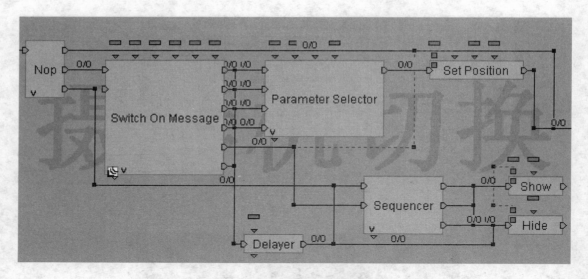

图 2-101　连接模块

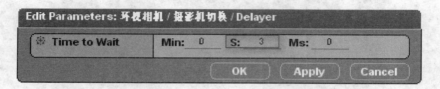

图 2-102　设置模块

中,可随时单击"视角切换"按钮,隐藏四个视角切换方式按钮。

（4）单击 Level Manager 标签按钮,单击 2D Frames 目录中的"2 顶视图"、"2 前视图"、"2 视角切换"、"2 透视图"和"2 右视图"二维帧,再单击 Set IC For Selected 按钮,设置五个二维帧的初始状态,如图 2-103 所示。

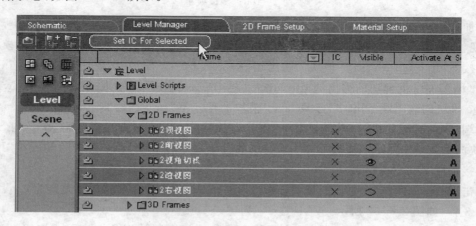

图 2-103　设置二维帧初值状态

至此,次界面上的五个按钮制作完成。选中五个按钮及"环视相机"对应的 Script 脚本并右击,在弹出的右键快捷菜单中选择 Set Color 选项（如图 2-104 所示）,设置六个脚本标题框的颜色,以区分后续的 Script 脚本,如图 2－105 所示。相关制作请参考随书光盘中的"2 摄影机的设定.cmo"文件。

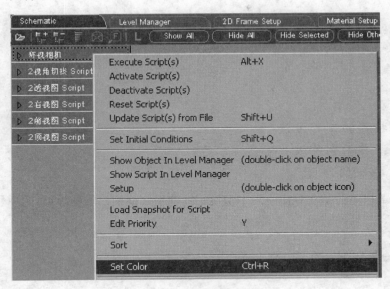

图 2－104　设置脚本颜色

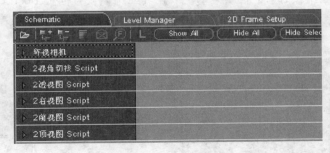

图 2－105　按颜色分组脚本

思考与练习

1．思考题

（1）第二节中所创建的三维帧作用,它的坐标位置是如何确定?
（2）如何实现通过鼠标转换观察视角?
（3）视角切换制作中,摄影机的坐标位置如何获取?

2．练　习

（1）创建一个三维帧,并以此三维帧为参考目标,设置场景视角的旋转。
（2）参考随书光盘中的"2 摄影机的设定.cmo"文件,创建一个通过接收信息来切换摄影机的脚本流程。

第 3 章 菜单栏制作

本章重点

- 交互按钮的制作方法
- 悬浮菜单的制作过程
- Test 模块的作用

这里的菜单栏指的是次界面中用于切换不同演示功能的二维帧界面,其中包括了"系统设置"、"换色演示"、"辅助演示"、"功能演示"和"返回"按钮。

3.1 创建"菜单栏"

创建一个新的二维帧,改名为"2 菜单栏",在其二维帧设置面板 Position 选项中设置 X 的数值为 0、Y 的数值为 502、Z Order(Z 轴次序)的数值为 1,Size 选项中设置 Width 的数值为 800、Height 数值为 100,其他设置保持不变,如图 3-1 所示。

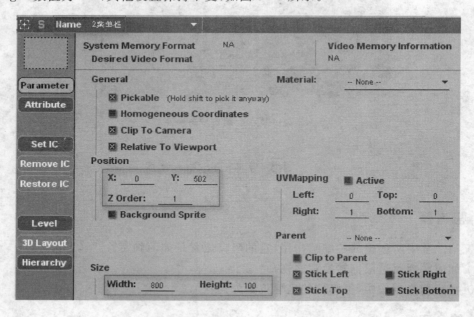

图 3-1 设置二维帧

创建一个新材质并改名为"2 菜单栏",将 Diffuse 颜色选择为 R、G、B 的数值都为 255 的白色,在 Mode 选项中选择 Transparent(透明)模式,将 Alpha 的数值设定为 200,在 Texture (纹理)选项中选择名称为"次界面菜单栏"的纹理图片,其他选项保持不变,如图 3-2 所示。

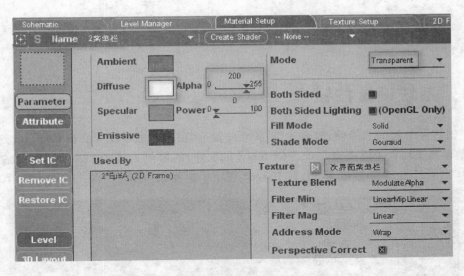

图 3-2 设置材质

单击 2D Frame Setup 标签按钮,在"2 菜单栏"二维帧设置面板 Material 选项中选择名称为"2 菜单栏"材质,其他选项保持不变,如图 3-3 所示。添加后的效果如图 3-4 所示。

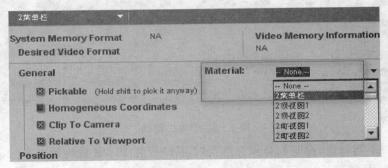

图 3-3 添加材质

图 3-4 添加后效果

3.2 添加功能按钮

3.2.1 系统设置按钮

（1）创建一个新的二维帧，改名为"2系统设置"。在其二维帧设置面板 Position 选项中设置 X 的数值为 20、Y 的数值为 530、Z Order(Z 轴次序)的数值为 2，在 Size 选项中设置 Width 的数值为 116、Height 的数值为 64，在 Parent 选项中选择"2菜单栏"，如图 3-5 所示。

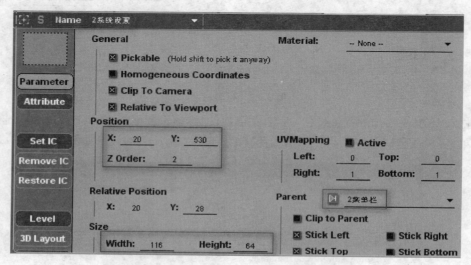

图 3-5 设置二维帧

（2）创建两个新材质，把它们分别命名为"2系统设置1"、"2系统设置2"。在"2系统设置1"材质设置面板中将 Diffuse 颜色选择为 R、G、B 数值都为 255 的白色，在 Mode 选项中通过下拉菜单选择 Transparent(透明)模式，在 Texture(纹理)选项中选择名称为"次界面系统设置1"的纹理图片，在 Filter Min 选项中通过下拉菜单选择 Mip Nearest，在 Filter Mag 选项中通过下拉菜单选择 Nearest，如图 3-6 所示。

切换到"2系统设置2"材质设置面板，将 Diffuse 颜色选择为 R、G、B 的数值都为 255 的白色，在 Mode 选项中选择 Transparent(透明)模式，在 Texture(纹理)选项中选择名称为"次界面系统设置2"的纹理图片，在 Filter Min 选项中选择 Mip Nearest，在 Filter Mag 选项中选择 Nearest，如图 3-7 所示。

（3）创建"2系统设置"二维帧 Script 脚本，添加 PushButton(按钮 Building Blocks /Interface/Controls/PushButton)BB 行为交互模块。连接"2系统设置"二维帧 Script 脚本编辑窗口 Start 开始端与 PushButton 模块的输入端"On"。

双击 PushButton 模块，在其参数设置面板 Released Material(松开按钮材质)选项中选择"2系统设置2"材质，在 Pressed Material(按下按钮材质)、RollOver Material(鼠标经过时材质)选项中选择"2系统设置1"材质，如图 3-8 所示。

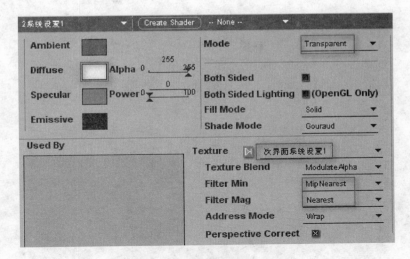

图 3-6 设置材质

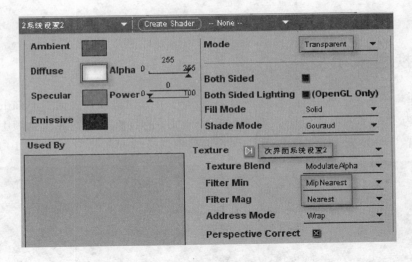

图 3-7 设置材质

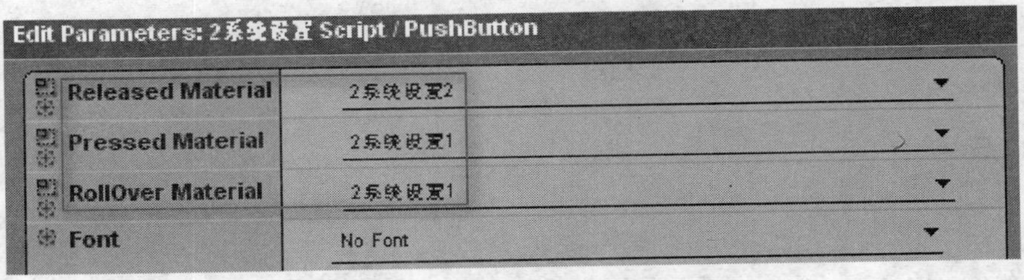

图 3-8 设置 PushButton 模块

按下状态栏的播放按钮,鼠标滑过系统设置平面按钮,PushButton 模块已起作用,按钮对应材质发生变化,效果如图 3-9 所示。

图 3-9 测试效果

3.2.2 换色演示按钮

（1）创建一个新的二维帧，改名为"2换色演示"。在其二维帧设置面板 Position 选项中设置 X 的数值为 180、Y 的数值为 530、Z Order（Z 轴次序）的数值为 2，在 Size 选项中设置 Width 的数值为 114、Height 的数值为 64，在 Parent 选项中选择"2菜单栏"，如图 3-10 所示。

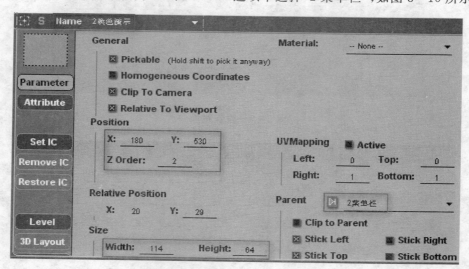

图 3-10 设置二维帧

（2）创建两个新材质，把它们分别命名为"2换色演示1"、"2换色演示2"。在"2换色演示1"材质设置面板中将 Diffuse 颜色选择为 R,G,B 的数值都为 255 的白色，在 Mode 选项中选择 Transparent（透明）模式，在 Texture（纹理）选项中选择名称为"次界面换色演示1"的纹理图片,在 Filter Min 选项中选择 Mip Nearest,在 Filter Mag 选项中选择 Nearest,如图 3-11 所示。

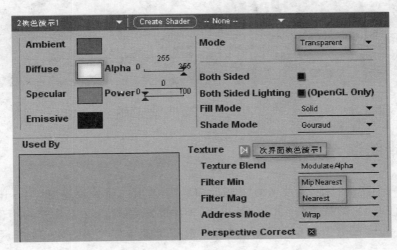

图 3-11 设置材质

切换到"2换色演示2"材质设置面板,将 Diffuse 颜色选择为 R、G、B 的数值都为 255 的白色,在 Mode 选项中选择 Transparent(透明)模式,在 Texture(纹理)选项中选择名称为"次界面换色演示2"的纹理图片,在 Filter Min 选项中选择 Mip Nearest,在 Filter Mag 选项中选择 Nearest,其他选项保持不变,如图 3-12 所示。

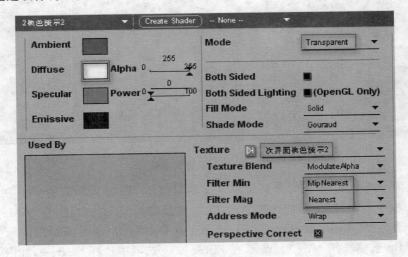

图 3-12 设置材质

(3) 创建"2换色演示"二维帧 Script 脚本,添加 PushButton(按钮 Building Blocks /Interface/Controls/PushButton)BB 行为交互模块。连接"2换色演示"二维帧 Script 脚本编辑窗口 Start 开始端与 PushButton 模块的输入端"On"。

双击 PushButton 模块,在其参数设置面板 Released Material(松开按钮材质)选项中选择"2换色演示2"材质,在 Pressed Material(按下按钮材质)、RollOver Material(鼠标经过时材质)选项中选择"2换色演示1"材质,如图 3-13 所示。

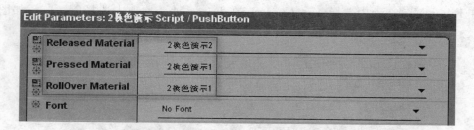

图 3-13 设置 PushButton 模块

3.2.3 辅助演示按钮

(1) 创建一个新的二维帧,改名为"2辅助演示"。在其二维帧设置面板 Position 选项中设置 X 的数值为 340、Y 的数值为 530、Z Order(Z 轴次序)的数值为 2,Size 选项中设置 Width 的数值为 114、Height 的数值为 64,Parent 选项中选择"2菜单栏",如图 3-14 所示。

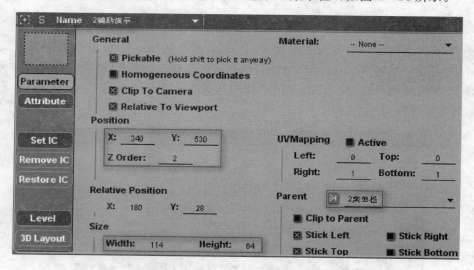

图 3-14 设置二维帧

(2) 创建两个新材质,把它们分别命名为"2辅助演示1"、"2辅助演示2"。在"2辅助演示1"材质设置面板中将 Diffuse 颜色选择为 R、G、B 数值都为 255 的白色,在 Mode 选项中选择 Transparent(透明)模式,在 Texture(纹理)选项中选择名称为"次界面辅助演示1"的纹理图片,在 Filter Min 选项选择 Mip Nearest,在 Filter Mag 选项中选择 Nearest,如图 3-15 所示。

切换到"2辅助演示2"材质设置面板,将 Diffuse 颜色选择为 R、G、B 的数值都为 255 的白色,在 Mode 选项中选择 Transparent(透明)模式,在 Texture(纹理)选项中选择名称为"次界面辅助演示2"的纹理图片,在 Filter Min 选项选择 Mip Nearest,在 Filter Mag 选项中选择 Nearest,其他选项保持不变,如图 3-16 所示。

(3) 创建"2辅助演示"二维帧 Script 脚本,添加 PushButton(按钮 Building Blocks /Interface/Controls/PushButton)BB 行为交互模块。连接"2辅助演示"二维帧 Script 脚本编辑窗口 Start 开始端与 PushButton 模块的输入端"On"。

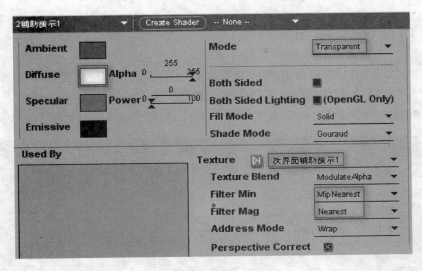

图 3-15 设置材质

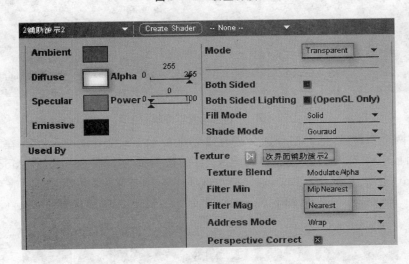

图 3-16 设置材质

双击 PushButton 模块,在其参数设置面板 Released Material(松开按钮材质)选项中选择"2 辅助演示 2"材质,在 Pressed Material(按下按钮材质)、RollOver Material(鼠标经过时材质)选项中选择"2 辅助演示 1"材质,如图 3-17 所示。

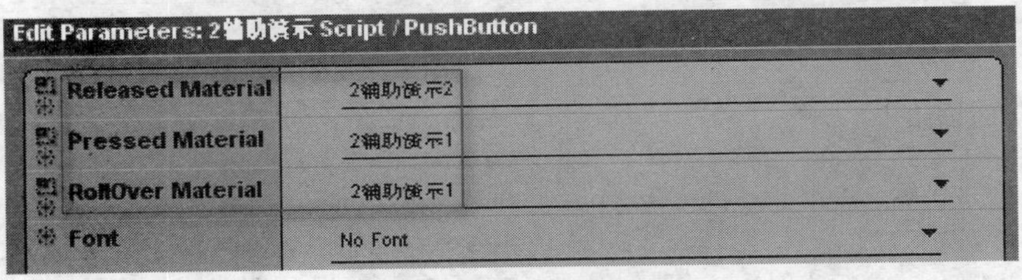

图 3-17 设置 PushButton 模块

3.2.4 功能演示按钮

（1）创建一个新的二维帧，改名为"2功能演示"。在其二维帧设置面板 Position 选项中设置 X 的数值为 504、Y 的数值为 530、Z Order(Z 轴次序)的数值为 2，在 Size 选项中设置 Width 的数值为 114、Height 的数值为 64，在 Parent 选项中选择"2菜单栏"，如图 3-18 所示。

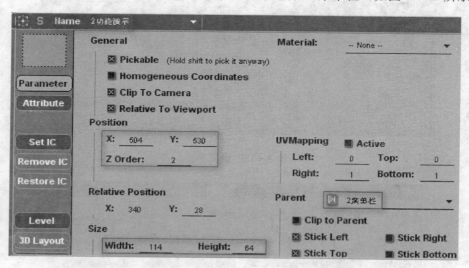

图 3-18 设置二维帧

（2）创建两个新材质，把它们分别命名为"2功能演示1"、"2功能演示2"。在"2功能演示1"材质设置面板中将 Diffuse 颜色选择为 R、G、B 的数值都为 255 的白色，在 Mode 选项中选择 Transparent(透明)模式，在 Texture(纹理)选项中选择名称为"次界面功能演示1"的纹理图片，在 Filter Min 选项中选择 Mip Nearest，在 Filter Mag 选项中选择 Nearest，如图 3-19 所示。

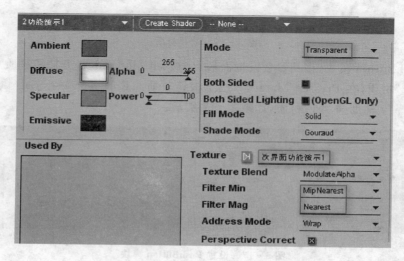

图 3-19 设置材质

切换到"2功能演示2"材质设置面板,将Diffuse颜色选择为R、G、B的数值都为255的白色,在Mode选项中选择Transparent(透明)模式,在Texture(纹理)选项中选择名称为"次界面功能演示2"的纹理图片,在Filter Min选项中选择Mip Nearest,在Filter Mag选项中选择Nearest,其他选项保持不变,如图3-20所示。

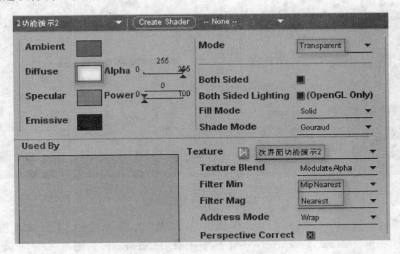

图3-20 设置材质

(3)创建"2功能演示"二维帧Script脚本,添加PushButton(按钮Building Blocks /Interface/Controls/PushButton)BB行为交互模块。连接"2功能演示"二维帧Script脚本编辑窗口Start开始端与PushButton模块的输入端"On"。

双击PushButton模块,在其参数设置面板Released Material(松开按钮材质)选项中选择"2功能演示2"材质,在Pressed Material(按下按钮材质)、RollOver Material(鼠标经过时材质)选项中选择"2功能演示1"材质,如图3-21所示。

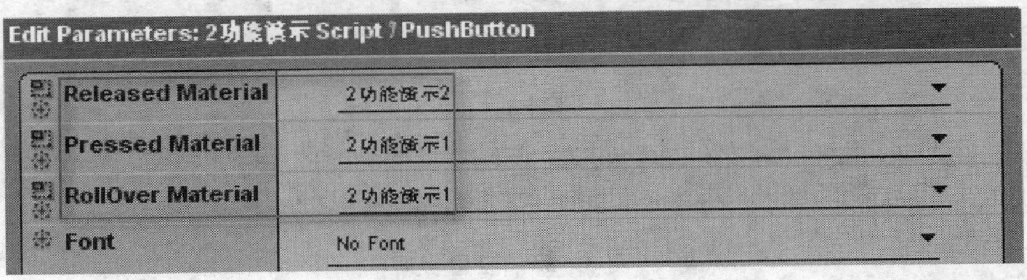

图3-21 设置PushButton模块

3.2.5 返回按钮

(1)创建一个新的二维帧,改名为"2返回"。在其二维帧设置面板Position选项中设置X的数值为665、Y的数值为530、Z Order(Z轴次序)的数值为2,在Size选项中设置Width的数值为114、Height的数值为64,在Parent选项中选择"2菜单栏",如图3-22所示。

(2)创建两个新材质,把它们分别命名为"2返回1"、"2返回2"。在"2返回1"材质设置面板中将Diffuse颜色选择为R、G、B的数值都为255的白色,在Mode选项中选择Transpar-

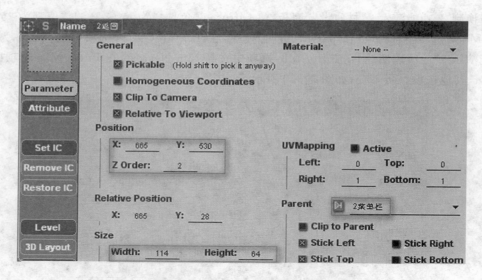

图 3-22 设置二维帧

ent(透明)模式,在 Texture(纹理)选项中选择名称为"次界面返回 1"的纹理图片,在 Filter Min 选项选择 Mip Nearest,在 Filter Mag 选项中选择 Nearest,如图 3-23 所示。

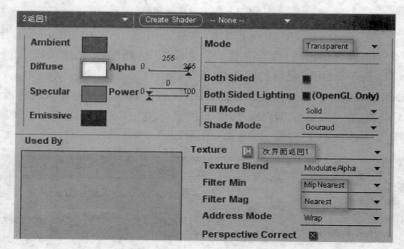

图 3-23 设置材质

切换到"2 返回 2"材质设置面板,将 Diffuse 颜色选择为 R、G、B 的数值都为 255 的白色,在 Mode 选项中选择 Transparent(透明)模式,在 Texture(纹理)选项中选择名称为"次界面返回 2"的纹理图片,在 Filter Min 选项中选择 Mip Nearest,在 Filter Mag 选项中选择 Nearest,如图 3-24 所示。

（3）创建"2 返回"二维帧 Script 脚本,添加 PushButton(按钮 Building Blocks /Interface/ Controls/PushButton)BB 行为交互模块。连接"2 返回"二维帧 Script 脚本编辑窗口 Start 开始端与 PushButton 模块的输入端"On"。

双击 PushButton 模块,在其参数设置面板 Released Material(松开按钮材质)选项中选择 "2 返回 2"材质,在 Pressed Material(按下按钮材质)、RollOver Material(鼠标经过时材质)选

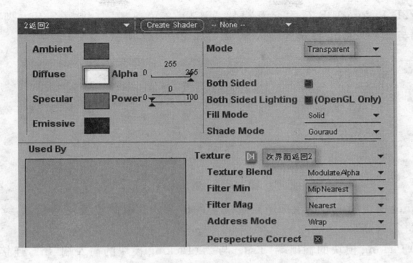

图 3-24 设置材质

项中选择"2返回1"材质,如图 3-25 所示。

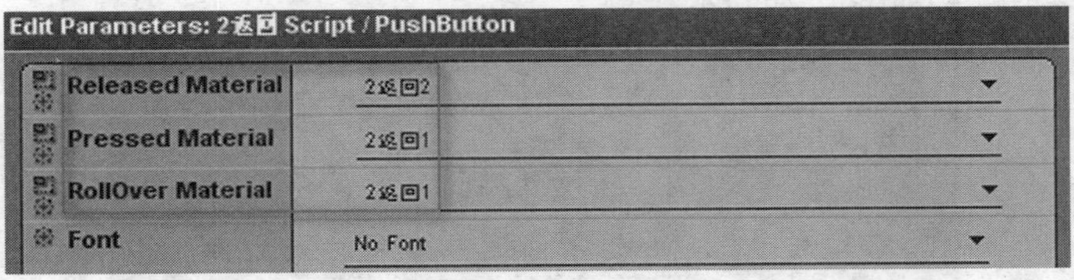

图 3-25 设置 Push Button 模块

按下状态栏的播放按钮,最终效果如图 3-26 所示。

图 3-26 测试效果

3.3 悬浮功能制作

菜单栏的悬浮功能就是指菜单栏在正常状态下处于隐藏模式,只在场景底端留有向上指示箭头,示意鼠标滑到此处可以使菜单显示出来,处于悬浮模式;当鼠标移出此时的悬浮菜单栏的区域后,则菜单栏自动向下移动,使其处于隐藏模式。

3.3.1 显示菜单栏

(1) 创建"2菜单栏"二维帧 Script 脚本,添加 2D Picking(单击 Building Blocks /Inter-

face/Screen/2D Picking)BB 行为交互模块。连接"2 菜单栏"二维帧 Script 脚本编辑窗口 Start 开始端与 2D Picking 模块的输入端"In",如图 3－27 所示。

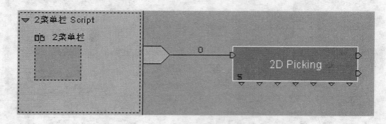

图 3－27　添加模块

2D Picking 模块用于传递鼠标所点选位置的信息。获取此位置信息后,后续脚本则要对此位置坐标进行判断。

连接 2D Picking 模块的输出端"True"与 2D Picking 模块的输入端"In",连接 2D Picking 模块的输出端"False"与 2D Picking 模块的输入端"In"。即当 2D Picking 模块没有获取到所需要的信息时,则不间断的获取信息,直到获取到所需信息,执行 2D Picking 模块输出端"True"后续的脚本,如图 3－28 所示。

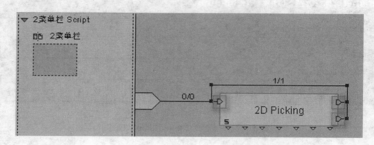

图 3－28　连接模块

（2）添加 Test(测试 Building Blocks/Logics/Test/Test)BB 行为交互模块,连接 2D Picking 模块的输出端"True"与 Test 模块的输入端"In",如图 3－29 所示。

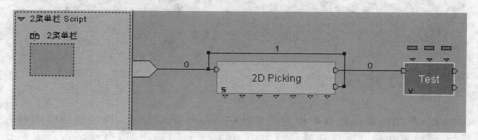

图 3－29　连接模块

Test 模块用于对鼠标是否点选指定对象进行判断。此时指定参考对象是"2 菜单栏"二维帧,所以判断的对象则是二维实体对象。

双击 Test 模块参数输入端"A(Float)",在其参数设置面板 Parameter Name(参数名称)中输入"鼠标当前指定对象",Parameter Type(参数类型)选项中选择 2D Entity(二维实体),如图 3－30 所示。

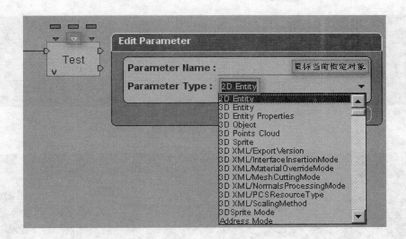

图 3-30 编辑参数

双击 Test 模块参数输入端"B(Float)",在其参数设置面板 Parameter Name(参数名称)中输入"参考对象",Parameter Type(参数类型)选项中选择 2D Entity(二维实体),如图 3-31 所示。

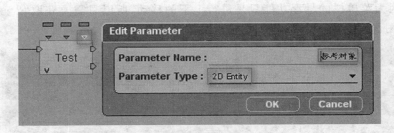

图 3-31 编辑参数

连接 2D Picking 模块的参数输出端"Sprite"与 Test 模块的参数输入端"鼠标当前指定对象"。把 2D Picking 模块获取的鼠标点选位置信息传给 Test 模块,如图 3-32 所示。

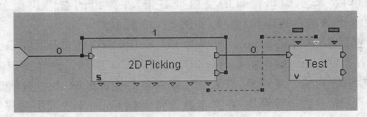

图 3-32 连接模块

双击 Test 模块,在其参数设置面板 Test(判断)选项中选择"Equal"、参考对象选项中选择"2 菜单栏"二维帧。当鼠标选定的对象为"2 菜单栏"二维帧时,则执行 Test 模块输出端"True"后续脚本,否则执行 Test 模块输出端"False"后续脚本,如图 3-33 所示。

(3) 添加 Get Component(获取对象要素 Building Blocks/Logics/Calculator/Get Component)BB 行为交互模块,连接 Test 模块的输出端"True"与 Get Component 模块的输入端"In",如图 3-34 所示。

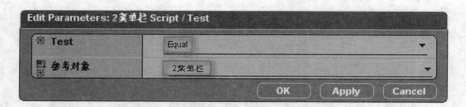

图 3-33 设置模块

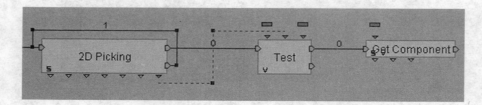

图 3-34 连接模块

双击 Get Component 模块参数输入端"Variable(Vector)",在其参数设置面板 Parameter Type(参数类型)选项中选择"Vector 2D"。Get Component 模块用来获取"2 菜单栏"二维帧的位置坐标,因为菜单栏的悬浮功能只是进行上下的移动,所以只需要获取"2 菜单栏"二维帧的 Y 坐标,如图 3-35 所示。

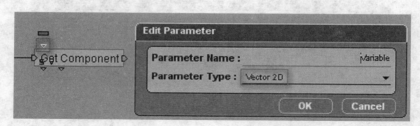

图 3-35 编辑参数

(4) 在"2 菜单栏"脚本编辑窗口的空白处右击,在弹出的右键快捷菜单中选择 Add Parameter Operation(添加参数运算)选项,如图 3-36 所示。

在弹出的设置面板中设定 Inputs 选项为 2D Entity(2D 实体),Operation 选项为 Get Position(获取位置),Output 选项为 Vector 2D,如图 3-37 所示。这样设定就可以通过输入到 Get Position 参数运算的二维对象,获取此二维对象的位置坐标,并以数值形式传递出去。

双击 Get Position 参数运算模块,在其参数设置面板 Local 5 选项中选择"2 菜单栏"二维帧,如图 3-38 所示。

连接 Get Position 参数运算模块的输出端"Pout 0(Vector 2D)"与 Get Component 模块参数输入端"Variable(Vector 2D)",把获取的"2 菜单栏"二维帧的位置坐标传给 Get Component 模块,如图 3-39 所示。

(5) 添加 Test(测试 Building Blocks/Logics/Test/Test)BB 行为交互模块,连接 Get Component 模块的输出端"Out"与 Test 模块的输入端"In",如图 3-40 所示。Test 模块要判断的是"2 菜单栏"二维帧的 Y 坐标数值,此数值为 Float 类型,所以不用更改 Test 模块的参数输入类型。

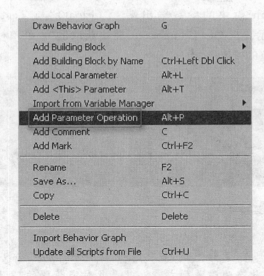

图 3-36 通过右键快捷菜单添加参数运算

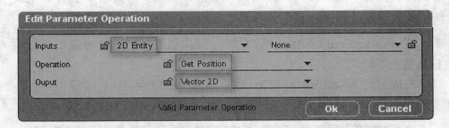

图 3-37 设定参数运算

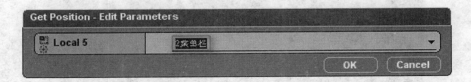

图 3-38 编辑模块

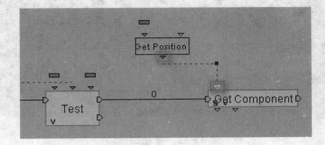

图 3-39 连接模块

连接 Get Component 模块的参数输出端"Y(Float)"与 Test 模块的参数输入端"A(Float)",如图 3-41 所示。把 Get Component 模块获取的"2 菜单栏"二维帧的 Y 坐标数值传给 Test 模块,用于数值的判断。

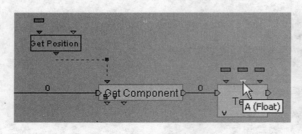 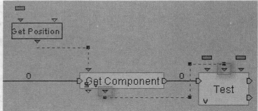

图 3-40　连接模块　　　　　　　　　图 3-41　连接模块

提　示：

这个 Test 模块用来判断"2 菜单栏"二维帧的 Y 坐标数值是否为一个指定的数值,对应此数值的"2 菜单栏"二维帧状态为隐藏模式。也就是此时当获取的"2 菜单栏"二维帧 Y 坐标数值满足隐藏模式,则执行 Test 模块输出端"True"后续脚本。后续脚本执行的是使"2 菜单栏"二维帧隐藏模式自动地转为显示模式的操作。

(6) 单击 2D Frame Setup 标签按钮,选择"2 菜单栏"二维帧,此时观察到"2 菜单栏"二维帧的 Y 坐标数值为 502。

单击创建面板上的 Select(选择)按钮,选择场景中的"2 菜单栏"二维帧,沿 Y 坐标轴向负方向移动"2 菜单栏"二维帧(如图 3-42 所示),使 Y 坐标数值变化到 575,如图 3-43 所示。

图 3-42　移动二维帧

单击 Level Manager 标签按钮,单击 2D Frames 目录中的"2 菜单栏"二维帧,再单击 Set IC Selected 按钮,设置它的初始状态,如图 3-44 所示。

第3章 菜单栏制作

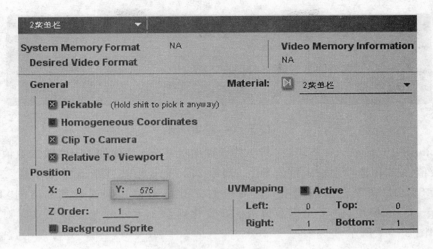

图3-43 更改坐标数值

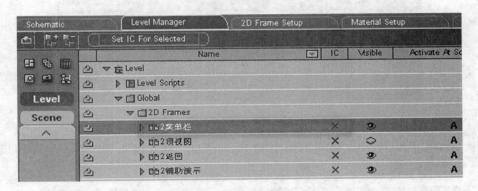

图3-44 设置初始状态

(7) 添加Linear Progression(线性级数 Building Blocks/Logics/Loops/Linear Progression)BB行为交互模块,连接第2个Test模块的输出端"True"与Linear Progression模块的输入端"In"。Linear Progression模块用来使"2菜单栏"二维帧由此前的Y坐标数值线性的变化到设定的坐标数值,如图3-45所示。

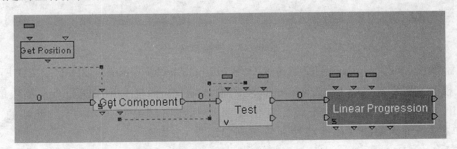

图3-45 连接模块

双击第2个Test模块,在其参数设置面板Test选项中选择"Equal",B选项中输入"575",如图3-46所示。

93

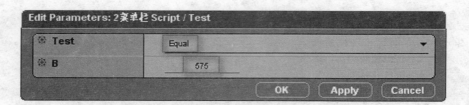

图 3-46 设置模块

双击 Linear Progression 模块,在其参数设置面板 Time 选项的 Ms 中输入数值 500、A 选项中输入数值 575、B 选项中输入数值 502。当第 2 个 Test 模块判断出"2 菜单栏"二维帧的 Y 坐标数值为 575 时(菜单栏为隐藏模式时对应的 Y 坐标数值),则通过其输出端"True"执行 Linear Progression 模块,使 Y 坐标数值由 575 变化到 502(菜单栏为显示模式时对应的 Y 坐标数值),如图 3-47 所示。

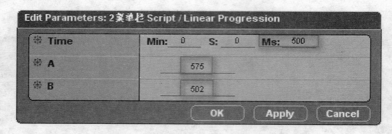

图 3-47 设置模块

连接 Linear Progression 模块的输出端"Loop Out"与其输入端"Loop In",构成循环,如图 3-48 所示。

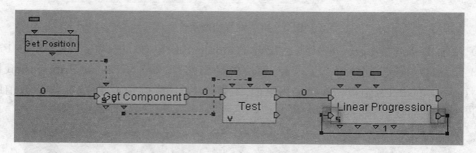

图 3-48 连接模块

(8) 添加 Edit 2D Entity(编辑二维实体 Building Blocks/Visuals/2D/Edit 2D Entity)BB 行为交互模块,连接 Linear Progression 模块的输出端"Out"与 Edit 2D Entity 模块的输入端"In"。Edit 2D Entity 模块用来把线性变化的 Y 坐标数值赋给"2 菜单栏"二维帧的 Y 坐标,使"2 菜单栏"二维帧由隐藏模式线性地过渡到显示模式,如图 3-49 所示。

连接 Linear Progression 模块的输出端"Loop Out"与 Edit 2D Entity 模块的输入端"In",连接 Linear Progression 模块的参数输出端"Value(Float)"与 Edit 2D Entity 模块的参数输入端"Pos Y(Float)",如图 3-50 所示。

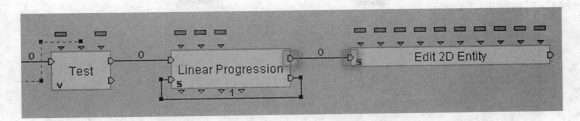

图 3-49 连接模块

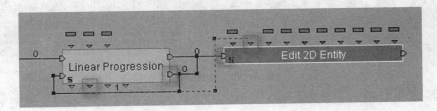

图 3-50 连接模块

按下状态栏的播放按钮,观察场景中,当鼠标移动到"2菜单栏"二维帧上的时候,"2菜单栏"二维帧则线性的沿 Y 坐标轴向上移动到坐标数值为 502 的位置。测试效果如图 3-51 所示。

图 3-51 测试效果

3.3.2 隐藏菜单栏

(1) 添加 Get Component(获取对象要素 Building Blocks/Logics/Calculator/Get Component)BB 行为交互模块,连接 2D Picking 模块的输出端"False"与 Get Component 模块的输入

端"In",如图 3-52 所示。

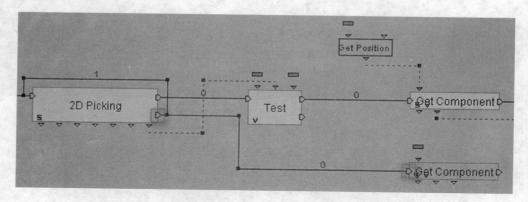

图 3-52 连接模块

双击 Get Component 模块参数输入端"Variable(Vector)",在其参数设置面板 Parameter Type(参数类型)选项中选择"Vector 2D",如图 3-53 所示。

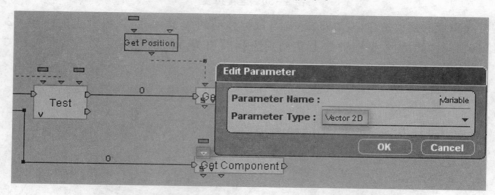

图 3-53 编辑参数

连接 Get Position 参数运算模块的输出端"Pout 0(Vector 2D)"与 Get Component 模块参数输入端"Variable(Vector 2D)",如图 3-54 所示。

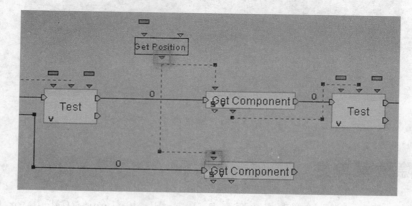

图 3-54 连接模块

(2) 添加 Test(测试 Building Blocks/Logics/Test/Test)BB 行为交互模块,连接第 2 个 Get Component 模块的输出端"Out"与此 Test 模块的输入端"In",连接第 2 个 Get Component 模块的参数输出端"Y(Float)"与此 Test 模块的参数输入端"A(Float)",如图 3-55 所示。

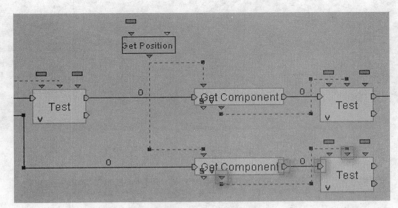

图 3-55 连接模块

双击此 Test 模块,在其参数设置面板 Test 选项中选择 Equal,B 选项中输入数值 502,如图 3-56 所示。

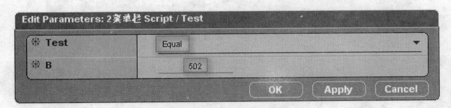

图 3-56 设置模块

(3) 添加 Linear Progression(线性级数 Building Blocks/Logics/Loops/Linear Progression)BB 行为交互模块,连接第 3 个 Test 模块的输出端"True"与此 Linear Progression 模块的输入端"In",连接此 Linear Progression 模块的输出端"Loop Out"与其输入端"Loop In",构成循环,如图 3-57 所示。

双击此 Linear Progression 模块,在其参数设置面板 Time 选项的 Ms 中输入数值 500、A 选项中输入数值 502、B 选项中输入数值 575。当第 3 个 Test 模块判断出"2 菜单栏"二维帧的 Y 坐标数值为 502 时(菜单栏为显示模式时对应的 Y 坐标数值),则通过其输出端"True"执行 Linear Progression 模块,使 Y 坐标数值由 502 变化到 575(菜单栏为隐藏模式时对应的 Y 坐标数值),如图 3-58 所示。

(4) 添加 Edit 2D Entity(编辑二维实体 Building Blocks/Visuals/2D/Edit 2D Entity)BB 行为交互模块,连接第 2 个 Linear Progression 模块的输出端"Out"与此 Edit 2D Entity 模块的输入端"In",连接第 2 个 Linear Progression 模块的输出端"Loop Out"与此 Edit 2D Entity 模块的输入端"In",连接第 2 个 Linear Progression 模块的参数输出端"Value(Float)"与此 Edit 2D Entity 模块的参数输入端"Pos Y(Float)",如图 3-59 所示。

97

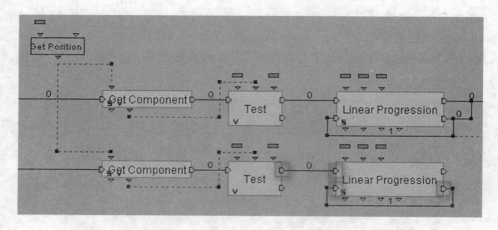

图 3-57 连接模块

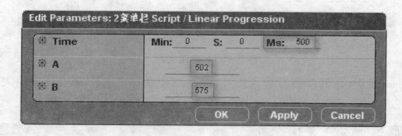

图 3-58 设置模块

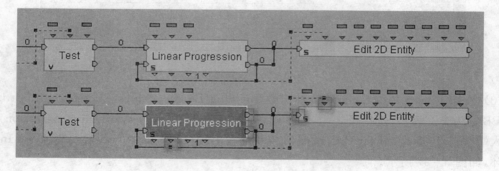

图 3-59 连接模块

按下状态栏的播放按钮,观察场景中,当鼠标移出"2菜单栏"二维帧的时,"2菜单栏"二维帧则线性的沿 Y 坐标轴向下移动到 Y 坐标数值为 575 的位置。测试效果如图 3-60 所示。

(5)将制作好的"悬浮菜单"行为脚本框选起来,绘制行为脚本框图,并改名为"悬浮菜单",如图 3-61 所示。

连接脚本框图内输入端"In 0"与 2D Picking 模块的输入端"In 0",如图 3-62 所示。

至此,菜单栏悬浮功能制作完成,选择"2菜单栏"及 5 个按钮子对象对应的 Script 脚本,分别设置 6 个脚本标题框的颜色,以区分后续的 Script 脚本,如图 3-63 所示。

图 3-60　测试效果

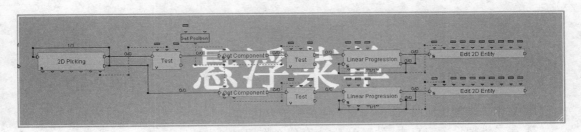

图 3-61　绘制脚本框图

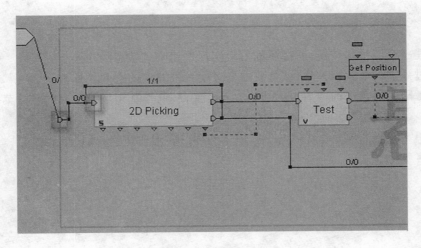

图 3-62　连接模块

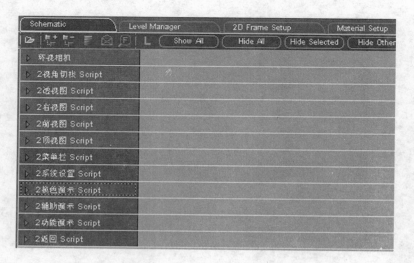

图 3-63 按颜色分组脚本

思考与练习

1. 思考题

（1）制作二维帧按钮时，如何设置不同的响应状态？
（2）在二维帧设置窗口中，设置 Parent 有什么作用？
（3）悬浮菜单制作过程中，Test 模块的作用是什么？

2. 练 习

（1）创建一个二维帧按钮，通过添加模块实现按钮响应状态的变换。
（2）通过添加参数运算模块，试着获取场景中三维对象的空间坐标。
（3）参考随书光盘中的"3 菜单栏制作.cmo"文件，制作基于场景顶底的悬浮菜单。

第 4 章 系统设置制作

本章重点

- 更换背景的制作方法
- 选择音乐的制作过程
- 音量调节的制作

"系统设置"选项中包括了背景的选择、背景音乐的选择和背景音乐音量的调节。

4.1 "系统设置"选项面板制作

创建一个新的二维帧,改名为"2 系统设置面板",在其设置面板 Position 选项中设置 X 的数值为-12、Y 的数值为 6、Z Order(Z 轴次序)的数值为-1,在 Size 选项中设置 Width 数值为 250、Height 的数值为 350,其他设置保持不变,如图 4-1 所示。

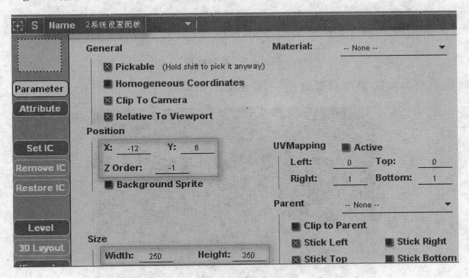

图 4-1 设置二维帧

创建一个新材质,改名为"2 系统设置面板",在其设置面板中将 Diffuse 颜色选择为 R、G、B 的数值都为 255 的白色,在 Mode 选项中选择 Transparent(透明)模式,在 Texture(纹理)选项中选择名称为"系统设置"的纹理图片,其他选项保持不变,如图 4-2 所示。

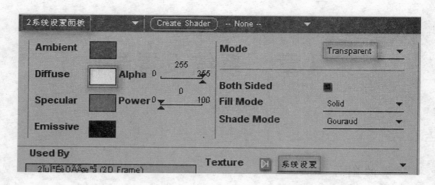

图 4-2 设置材质

单击 2D Frame Setup 标签按钮，开启"2 系统设置面板"二维帧设置面板，在 Material 选项中选择名称为"2 系统设置面板"材质，其他选项保持不变，如图 4-3 所示。

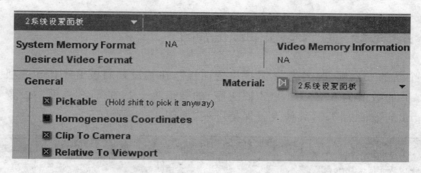

图 4-3 添加材质

此时场景中添加"2 系统设置面板"二维帧后的效果如图 4-4 所示。

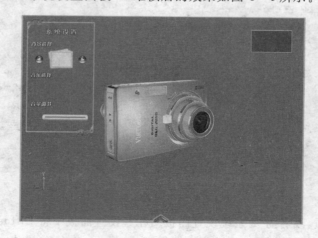

图 4-4 添加后效果

4.2 背景选择制作

4.2.1 次背景

(1) 创建三个新材质,把它们分别命名为"2次背景1"、"2次背景2"、"2次背景3"。在"2次背景1"材质设置面板中将Diffuse颜色选择为R、G、B的数值都为255的白色,在Texture(纹理)选项中选择名称为"次界面背景1"的纹理图片,如图4-5所示。

图4-5 设置材质(2次背景1)

在"2次背景2"材质设置面板中将Diffuse颜色选择为R、G、B的数值都为255的白色,在Texture(纹理)选项中选择名称为"次界面背景2"的纹理图片,如图4-6所示。

图4-6 设置材质(2次背景2)

在"2次背景3"材质设置面板中将Diffuse颜色选择为R、G、B的数值都为255的白色,在Texture(纹理)选项中选择名称为"次界面背景3"的纹理图片,如图4-7所示。

(2) 创建一个新的二维帧,改名为"2次背景"。在其二维帧设置面板General选项中取消Pickable选项的叉选状态,在Position选项中设置X的数值为0、Y的数值为0、Z Order(Z轴次序)的数值为-2,叉选Background Sprite选项,在Size选项中设置Width的数值为800、Height的数值为600,在Material选项中选择"2次背景1"。具体设置如图4-8所示。

此时场景效果如图4-9所示。

图 4-7 设置材质(2次背景3)

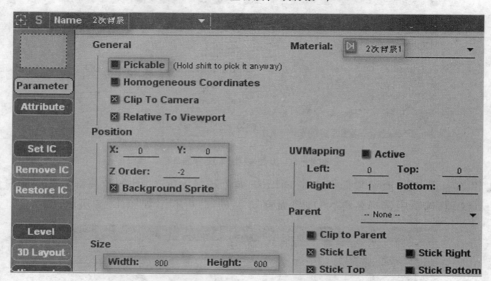

图 4-8 设置二维帧

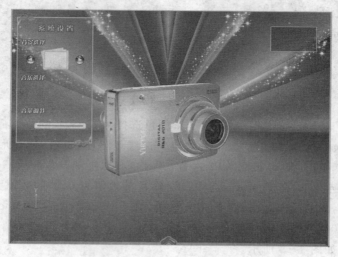

图 4-9 场景效果

(3) 创建一个新的二维帧,改名为"2 系统设置小背景"。在其二维帧设置面板 General 选项中取消 Pickable 选项的叉选状态,在 Position 选项中设置 X 的数值为 83、Y 的数值为 107.5、Z Order(Z 轴次序)的数值为 1,在 Size 选项中设置 Width 的数值为 54、Height 的数值为 40,在 Material 选项中选择"2 次背景 1",在 Parent 选项中选择"2 系统设置面板"二维帧。具体设置如图 4-10 所示。

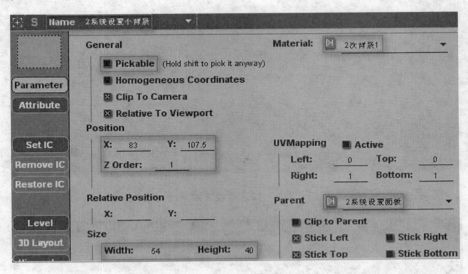

图 4-10 设置二维帧

"2 系统设置小背景"二维帧显示的是次背景图片,相当于是次背景的缩略图。设置效果如图 4-11 所示。

4.2.2 背景选择右

(1) 创建一个新的二维帧,改名为"2 系统设置背景选择右"。在其二维帧设置面板 Position 选项中设置 X 的数值为 159、Y 的数值为 115、Z Order(Z 轴次序)的数值为 1,Size 选项中设置 Width 的数值为 25、Height 的数值为 25,在 Parent 选项中选择"2 系统设置面板"二维帧,如图 4-12 所示。

图 4-11 设置效果

(2) 创建一个新材质,改名为"2 系统设置背景选择",在其材质设置面板 Diffuse 颜色选择为 R、G、B 的数值都为 255 的白色,在 Mode 选项中选择 Transparent(透明)模式,Alpha 选项数值设置为 0,其他选项保持不变,如图 4-13 所示。

(3) 单击 Level Manager,单击左边创建面板中的 Create Array(创建阵列)按钮,创建一个新的阵列,并将其改名为"背景选择",如图 4-14 所示。

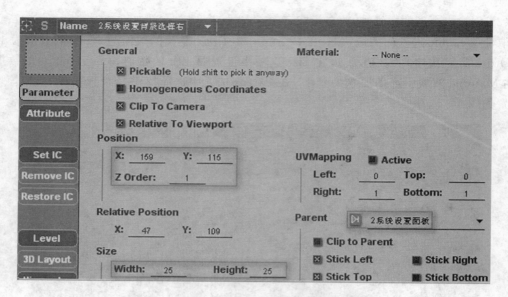

图 4-12 设置二维帧

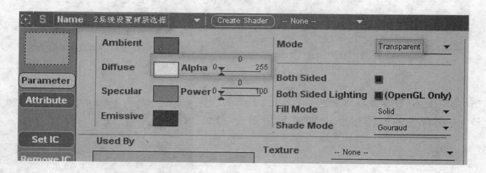

图 4-13 设置材质

图 4-14 创建阵列

"背景选择"阵列是为存放次界面背景图片。单击 Add Column(添加列)按钮,在弹出的添加列面板 Name 选项中输入"名称",Type 选项中选择 String(字符串),如图 4-15 所示。这个新添加的列用来存放背景图片的名称。

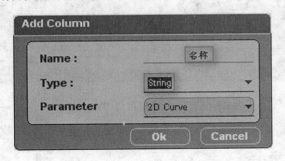

图 4-15　设置第 0 列类型

单击 Add Column(添加列)按钮,在弹出的添加列面板 Name 选项中输入"材质",Type 选项的类型为 Parameter(参数)、Parameter 选项的参数类型为 Material(材质),如图 4-16 所示。此列用来存放对应背景图片的材质。

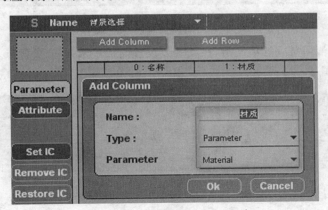

图 4-16　设置第 1 列类型

次界面背景选择总共设置了 3 个背景之间的切换。单击 3 次阵列设置面板中的 Add Row 按钮,添加 3 个行,如图 4-17 所示。

双击第 0 行、第 0 列对应的单元格,在栏目中输入"次界面背景 1";双击第 1 行、第 0 列对应的单元格,在栏目中输入"次界面背景 2";双击第 2 行、第 0 列对应的单元格,在栏目中输入"次界面背景 3"。具体设置如图 4-18 所示。

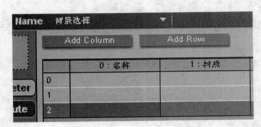

图 4-17　添加行

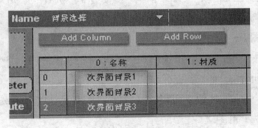

图 4-18　设置行参数数值

双击第 0 行、第 1 列对应的单元格,在其参数设置面板中选择"2 次背景 1"材质,如图 4-19 所示。

图 4-19 选择材质(2 次背景 1)

双击第 1 行、第 1 列对应的单元格,在其参数设置面板中选择"2 次背景 2"材质,如图 4-20 所示。

图 4-20 选择材质(2 次背景 2)

双击第 2 行、第 1 列对应的单元格,在其参数设置面板中选择"2 次背景 3"材质,如图 4-21 所示。设置阵列如图 4-22 所示。

图 4-21 选择材质(2 次背景 3)

单击 Set IC 按钮,设置"背景选择"阵列的初始状态,如图 4-23 所示。

（4）创建"2 系统设置背景选择右"二维帧 Script 脚本,添加 PushButton(按钮 Building Blocks /Interface/Controls/PushButton) BB 行为交互模块,连接"2 系统设置背景选择右"二维帧 Script 脚本编辑窗口 Start 开始端与 PushButton 模块的输入端"On",如图 4-24 所示。

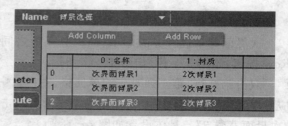

图 4-22 设置阵列

右击 PushButton 模块,在弹出的右键快捷菜单中选择 Edit Settings 选项,如图 4-25 所示。

在其设置面板中,取消 Released、Active、Enter Button、Exit Button、In Button 选项的叉选,如图 4-26 所示。

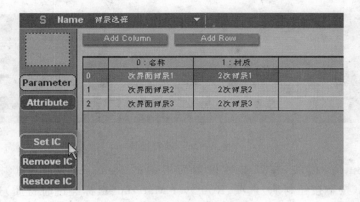

图 4-23　设置阵列初始状态

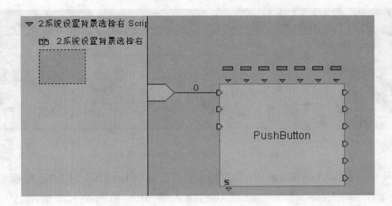

图 4-24　添加模块

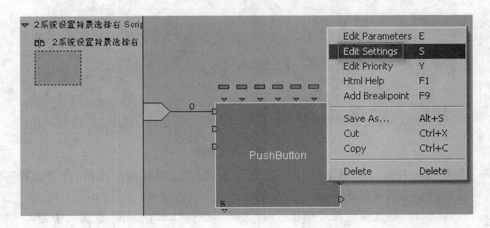

图 4-25　编辑设置

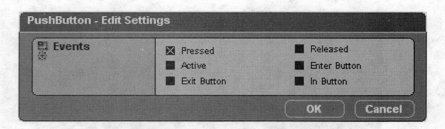

图 4-26 设置模块

双击 PushButton 模块,在其参数设置面板中的 Released Material(松开按钮材质)、Pressed Material(按下按钮材质)选项、RollOver Material(鼠标经过时材质)选项均选择"2 系统设置背景选择"材质,如图 4-27 所示。

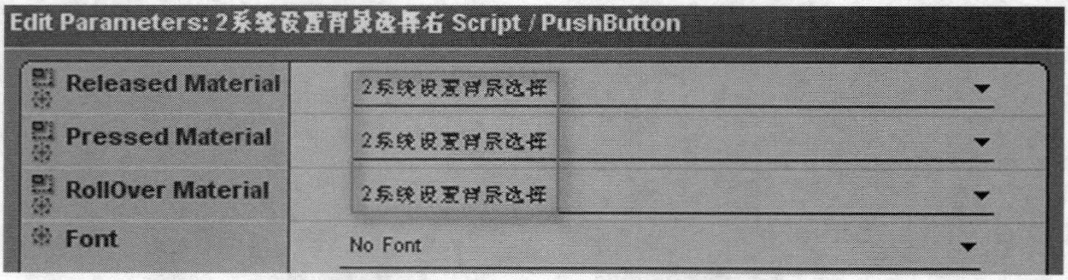

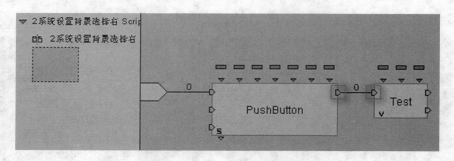

图 4-27 设置 PushButton 模块

(5)添加 Test(测试 Building Blocks/Logics/Test/Test)BB 行为交互模块,连接 PushButton 模块的输出端"Pressed"与 Test 模块的输入端"In",如图 4-28 所示。

图 4-28 添加模块

Test 模块用来判断"2 次背景"、"2 系统设置小背景"二维帧所应用的"背景选择"阵列中不同行对应的材质是否满足条件。

双击 Test 模块,在其参数设置面板 Test 选项中选择"Less than",B 选项中输入"0",A 选项不做设置,如图 4-29 所示。

Test 模块 A 选项没有设置,是因为 A 选项所要赋的值是"背景选择"阵列的行数,是一个变量。当此变量小于等于 0 时,则开启 Test 模块输出端"True",使脚本重新返回 PushButton 模块的输入端"On";当此变量大于 0 时,则开启 Test 模块输出端"False",继续执行后续的脚本。

连接 Test 模块的输出端"True"与 PushButton 模块的输入端"On",如图 4-30 所示。

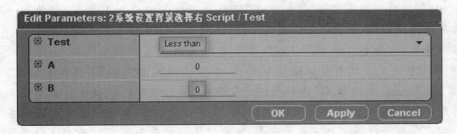

图 4-29 设置模块

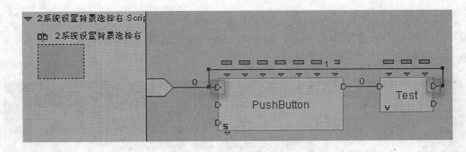

图 4-30 连接模块

（6）添加 Identity(参数指定 Building Blocks/Logics/Calculator/Identity)BB 行为交互模块,拖放到 Test 模块的后面。连接 Test 模块的输出端"False"与 Identity 模块的输入端"In",如图 4-31 所示。

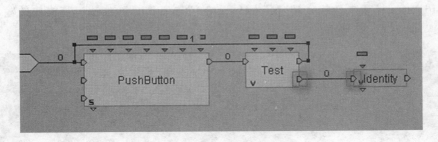

图 4-31 添加模块

双击 Identity 模块的参数输入端"pIn 0(Float)",在其参数设置面板 Parameter Type(参数类型)选项中选择 Integer,如图 4-32 所示。

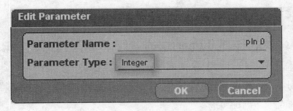

图 4-32 设置参数

提　示：
　　Identity 模块的作用是实现"选择背景"阵列中行数值的自加 1 运算,即当第一次单击"2 系统设置背景选择右"二维帧时,把"选择背景"阵列第 1 行所对应的材质赋给"2 次背景"和"2 系统设置小背景"这两个二维帧。当第二次单击"2 系统设置背景选择右"二维帧时,把"选择背景"阵列第 2 行所对应的材质赋给"2 次背景"和"2 系统设置小背景"两个二维帧。也就是单击一次"2 系统设置背景选择右"二维帧,"背景选择"阵列的行数值要进行自动加 1 运算。此时注意的是:"背景选择"阵列只设置了三行,如果单击多次"2 系统设置背景选择右"二维帧,则"背景选择"阵列的行数值会一直加下去,但所对应的行中却没有材质。这个问题留给下节内容再解决。

　　(7) 在"2 系统设置背景选择右"二维帧 Script 脚本编辑窗口中添加一个参数运算,在其设置面板中设定 Inputs 选项为 Integer(整数)、Operation 选项为 Addition(加法运算)、Output 选项为 Integer(整数),如图 4-33 所示。

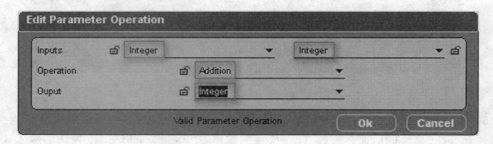

图 4-33　设定参数运算

　　连接 Identity 模块参数输入端"pIn 0(Integer)"与 Addition 加法运算模块的输出端"pOut 0(Integer)",如图 4-34 所示。

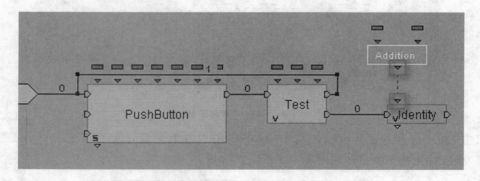

图 4-34　连接模块

　　(8) 添加 Get Row(获取行 Building Blocks/Logics/Array/ Get Row)BB 行为交互模块,连接 Identity 模块的输出端"Out"与 Get Row 模块的输入端"In",如图 4-35 所示。
　　双击 Get Row 模块,在其参数设置面板 Target(Array)选项中选择"背景选择"阵列,Row Index 选项输入 0,如图 4-36 所示。

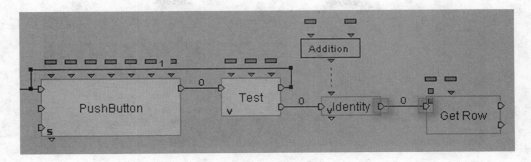

图 4-35 添加模块

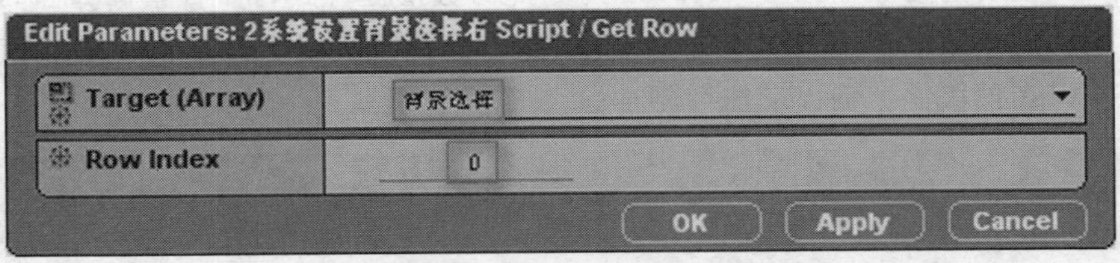

图 4-36 编辑模块

提　示：

Get Row 模块的 Row Index 选项输入 0（选择"背景选择"阵列的第 0 行所对应的材质），而不是输入 1（选择"背景选择"阵列第 1 行所对应的材质），是因为当演示实例从主界面进入次界面后，"2 次背景"二维帧就已经具有了材质，这个材质就是"背景选择"阵列第 0 行所对应的材质。所以当按下"2 系统设置背景选择右"二维帧时，经过 PushButton 模块、Test 模块后，先对行数值进行自加 1 运算，取出"背景选择"阵列第 1 行所对应的材质，把它赋给"2 次背景"二维帧。

右击 Get Row 模块的参数输入端"Row Index(Integer)"，在弹出的右键快捷菜单中选择 Copy 选项，如图 4-37 所示。

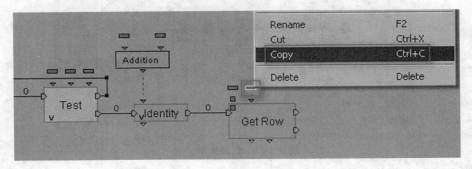

图 4-37 复制参数

在"2 系统设置背景选择右"二维帧 Script 脚本编辑窗口中，以快捷方式粘贴 Get Row 模块的参数输入端"Row Index(Integer)"，如图 4-38 所示。

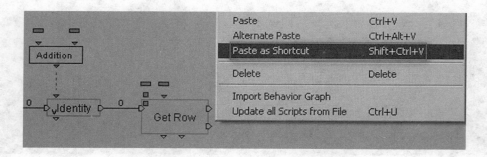

图 4-38 粘贴参数

连接 Test 模块的参数输入端"A(Float)"与此参数快捷方式,把"背景选择"阵列的行数值赋给 Test 模块的参数输入 A 端,如图 4-39 所示。此行数值则于 B 端设置的数值进行比较,进而判断从 Test 模块哪个输出端执行脚本。

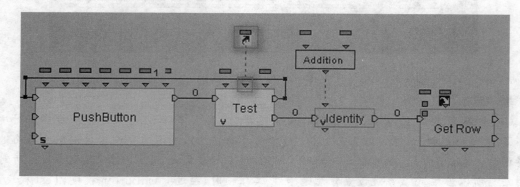

图 4-39 连接模块

右击此参数快捷方式,在弹出的右键快捷菜单中选择 Change Parameter Display Spacebar→Name and Value 选项,以名称和数值方式显示此参数快捷方式,如图 4-40 所示。

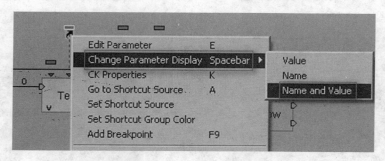

图 4-40 选择显示方式

右击 Get Row 模块参数输入端"Row Index(Integer)",在弹出的右键快捷菜单中选择 Set Shortcut Group Color(设置快捷方式群组颜色)选项,指定颜色为蓝色,如图 4-41 所示。

再复制两个 Get Row 模块参数输入端"Row Index(Integer)",连接 Identity 模块参数输出端"pOut 0(Integer)"与一个参数快捷方式,连接 Addition 加法运算模块的输入端"pIn 0 (Integer)"与另一个参数快捷方式,如图 4-42 所示。

第 4 章　系统设置制作

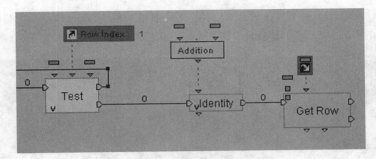

图 4－41　设置快捷方式颜色

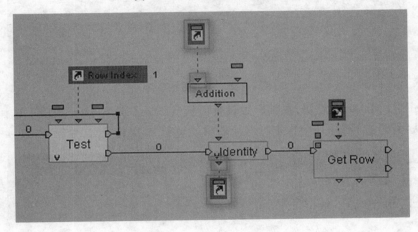

图 4－42　连接模块

双击 Addition 加法运算模块,在其参数设置面板 Local 12 选项中输入 1,如图 4－43 所示。至此,完成"背景选择"阵列行数值的加 1 运算。

（9）添加 Set 2D Material（设定二维材质 Building Blocks/Visuals/2D/Set 2D Material）BB 行为交互模块。并拖动到 Get Row 模块的后面。连接 Get Row 模块的输出端"Found"与 Set 2D

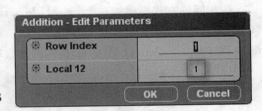

图 4－43　编辑参数

Material 模块的输入端"In",连接 Get Row 模块的参数输出端"材质（Material）"与 Set 2D Material 模块的参数输入端"Material(Material)",如图 4－44 所示。

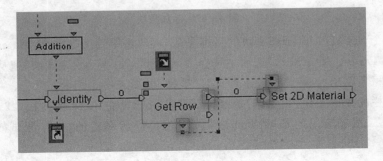

图 4－44　添加模块

115

右击 Set 2D Material 模块,在弹出的右键快捷菜单中选择 Add Target Parameter(添加目标参数)选项(如图 4-45 所示),为 Set 2D Material 模块添加目标。

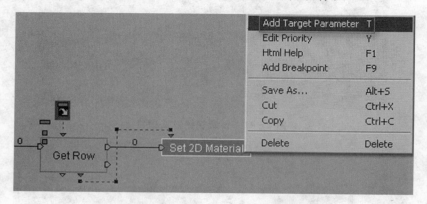

图 4-45　添加目标参数

双击 Set 2D Material 模块,在其参数设置面板 Target(2D Entity)选项中选择"2 次背景"二维帧,把从"背景选择"阵列中指定行对应的材质赋给"2 次背景"二维帧,如图 4-46 所示。

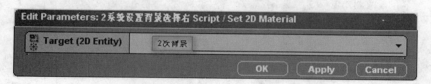

图 4-46　编辑参数

按相同的方式再添加一个 Set 2D Material 模块,连接第一个 Set 2D Material 模块的输出端"Out"与第二个 Set 2D Material 模块的输入端"In",连接 Get Row 模块的参数输出端"材质(Material)"与第二个 Set 2D Material 模块的参数输入端"Material(Material)",如图 4-47 所示。

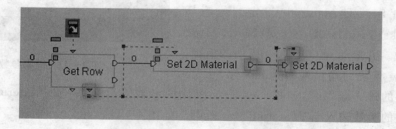

图 4-47　添加模块

添加第二个 Set 2D Material 模块的目标参数,再双击第二个 Set 2D Material 模块。在其参数设置面板 Target(2D Entity)选项中选择"2 系统设置小背景"二维帧,把从"背景选择"阵列中行对应的材质赋给"2 系统设置小背景"二维帧,如图 4-48 所示。

按下状态栏的播放按钮,当单击"2 系统设置背景选择右"二维帧按钮,"2 次背景"、"2 系统设置小背景"二维帧应用的是"背景选择"阵列第 1 行所对应的材质,测试效果如图 4-49 所示。

图 4-48　编辑参数

图 4-49　测试效果 1

再次单击"2系统设置背景选择右"二维帧按钮,"2次背景"、"2系统设置小背景"这两个二维帧应用的则是"背景选择"阵列第 2 行所对应的材质,测试效果如图 4-50 所示。

图 4-50　测试效果 2

（10）按下状态栏的恢复初始状态按钮,再按下播放按钮,观察到"2次背景"、"2系统设置小背景"两个二维帧应用的仍是"背景选择"阵列第 2 行所对应的材质。而演示实例要实现的是由主界面进入次界面后,"2次背景"、"2系统设置小背景"这两个二维帧应用的是"背景选择"阵列第 0 行所对应的材质。

当由主界面进入到次界面,两个二维帧对应着"背景选择"阵列第 0 行材质的同时,Get Row 模块所对应的 Row Index 数值则应为 1。

由上面的分析,可以明确:在"2 系统设置背景选择右"二维帧 Script 脚本编辑窗口中首先要对 Get Row 模块的 Row Index 数值进行初始赋值,然后在设定两个二维帧的初始材质。

删除"2 系统设置背景选择右"二维帧 Script 脚本编辑窗口开始端与 PushButton 模块的输入端"On"之间的连线。

添加 Identity(参数指定 Building Blocks/Logics/Calculator/Identity)BB 行为交互模块,拖放到 PushButton 模块的前面。再添加两个 Set 2D Material(设定二维材质 Building Blocks/Visuals/2D/ Set 2D Material)模块放到 PushButton 模块的前面,如图 4 - 51 所示。

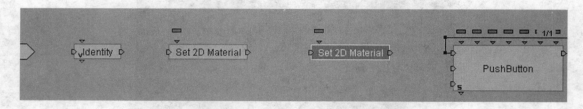

图 4 - 51 添加模块

连接脚本开始端与 Identity 模块的输入端"In",连接 Identity 模块的输出端"Out"与 Set 2D Material 模块的输入端"In",连接前一个 Set 2D Material 模块的输出端"Out"与后一个 Set 2D Material 模块的输入端"In",连接后一个 Set 2D Material 模块的输出端"Out"与 Push-Button 模块的输入端"On",如图 4 - 52 所示。

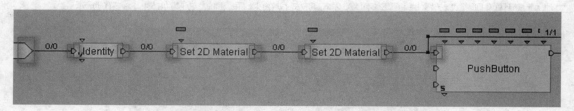

图 4 - 52 连接模块

双击 Identity 模块的参数输入端"pIn 0(Float)",在其参数设置面板 Parameter Type(参数类型)选项中选择 Integer。添加两个 Set 2D Material 模块的目标参数。双击前一个 Set 2D Material 模块,在其参数设置面板 Target(2D Entity)选项中选择"2 次背景"二维帧,Material 选项中选择"2 次背景 1"材质,如图 4 - 53 所示。

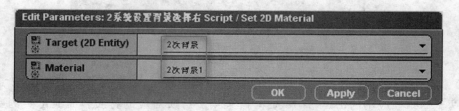

图 4 - 53 编辑参数

双击后一个 Set 2D Material 模块,在其参数设置面板 Target(2D Entity)选项中选择"2 系统设置小背景"二维帧,Material 选项中选择"2 次背景 1"材质,如图 4-54 所示。

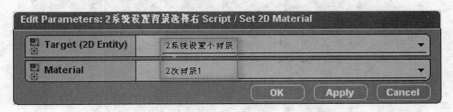

图 4-54　编辑参数

复制一个 Get Row 模块参数输入端"Row Index(Integer)",连接 Identity 模块参数输出端"pOut 0(Integer)"与此参数快捷方式。双击 Identity 模块,在其参数设置面板 pIn 0 选项中输入 0,如图 4-55 所示。

图 4-55　编辑参数

删除 Test 模块的输出端"True"与 PushButton 模块的输入端"On"之间的连接线。连接 Test 模块的输出端"True"与 Identity 模块的输入端"In",如图 4-56 所示。

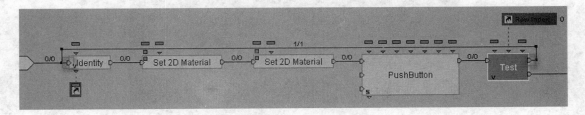

图 4-56　连接模块

按下状态栏的恢复初始状态按钮,再按下播放按钮,观察到"2 次背景"、"2 系统设置小背景"这两个二维帧应用的是"背景选择"阵列第 0 行所对应的材质。单击"2 系统设置背景选择右"二维帧按钮,可以实现正常的背景切换功能。

4.2.3　背景选择左

(1) 创建一个新的二维帧,改名为"2 系统设置背景选择左"。在其二维帧设置面板 Position 选项中设置 X 的数值为 35、Y 的数值为 115、Z Order(Z 轴次序)的数值为 1,在 Size 选项中设置 Width 的数值为 25、Height 的数值为 25,在 Parent 选项中选择"2 系统设置面板"二维帧,如图 4-57 所示。

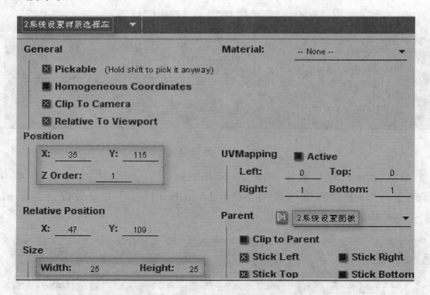

图 4-57 设置二维帧

(2)创建"2 系统设置背景选择左"二维帧脚本,添加 PushButton(按钮 Building Blocks/Interface/Controls/PushButton)BB 行为交互模块。连接"2 系统设置背景选择左"二维帧 Script 脚本编辑窗口 Start 开始端与 PushButton 模块的输入端"On",如图 4-58 所示。

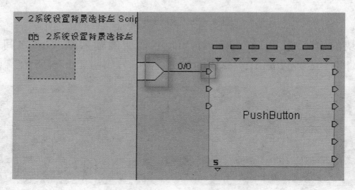

图 4-58 连接模块

编辑 PushButton 模块,在设置面板中取消 Released、Active、Enter Button、Exit Button、In Button 选项的叉选状态,如图 4-59 所示。

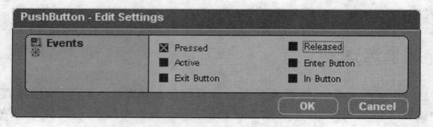

图 4-59 设置模块

双击 PushButton 模块，在其参数设置面板中的 Released Material（松开按钮材质）、Pressed Material（按下按钮材质）选项、RollOver Material（鼠标经过时材质）选项均选择"2系统设置背景选择"材质，如图 4-60 所示。

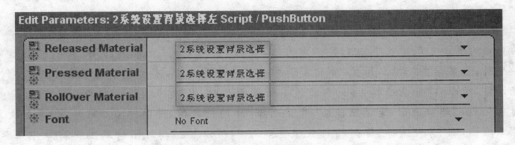

图 4-60 设置 PushButton 模块

（3）添加 Test（测试 Building Blocks/Logics/Test/Test）BB 行为交互模块，拖放到 PushButton 模块的后面。连接 PushButton 模块的输出端"Pressed"与 Test 模块的输入端"In"，如图 4-61 所示。

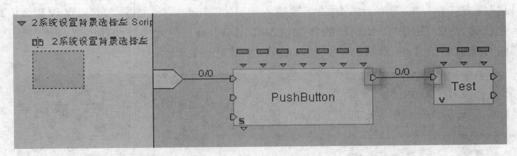

图 4-61 添加模块

双击 Test 模块，在其参数设置面板 Test 选项中选择 Greater or equal，B 选项中输入 2，A 选项不做设置，如图 4-62 所示。

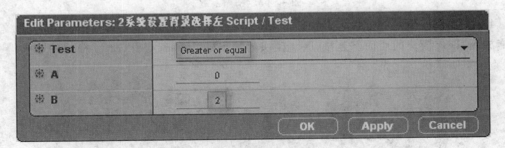

图 4-62 设置模块

Test 模块 A 选项没有设置，是因为 A 选项所要赋的值是"背景选择"阵列的行数，是一个变量。当此变量大于等于 2 时，则开启 Test 模块输出端"True"，重新赋值"背景选择"阵列的行数值；当此变量小于 2 时，则开启 Test 模块输出端"False"，继续执行后续的脚本。

提　示：
"2系统设置背景选择右"二维帧（以下称"右"二维帧）Script脚本编辑窗口中Test模块设置面板中B项的0和"2系统设置背景选择左"二维帧（以下称"左"二维帧）Script脚本编辑窗口中Test模块设置面板中B项的2之间的联系。

"左"二维帧Script脚本编辑窗口Test模块后面要运行的脚则是"背景选择"阵列中行数值的自减运算。如果单击N次（N>2）"左"二维帧，则对应的"背景选择"阵列中行数值为负数。此时，如果单击"右"二维帧，要切换到下一张背景图片时，不可能多次单击"右"二维帧才实现切换，所以当"背景选择"阵列行数值小于等于0时，在"右"二维帧脚本编辑窗口Test模块则从"True"端口输出，重新赋值给"背景选择"阵列行数值，使其为0。同样，如果多次单击"左"二维帧，则"背景选择"阵列的行数值会超过2，所以"左"二维帧脚本编辑窗口中Test模块的B项输入2，当此数值大于等于2时，则从Test模块的"True"端口输出，也要重新赋值给"背景选择"阵列的行数值。

切换到"2系统设置背景选择右"二维帧Script脚本编辑窗口，复制Get Row模块的参数输入端"Row Index(Integer)"，在"2系统设置背景选择左"二维帧Script脚本编辑窗口的空白处，以快捷方式粘贴Get Row模块的参数输入端"Row Index(Integer)"，并以名称和数值形式显示此快捷方式。连接Test模块的参数输入端"A(Float)"与此参数快捷方式，把"背景选择"阵列的行数值赋给Test模块的参数输入端A，如图4-63所示。

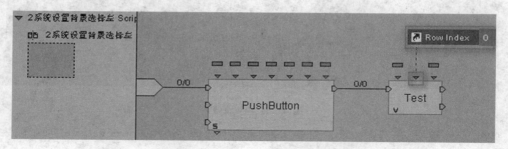

图4-63　粘贴参数

（4）添加Identity（参数指定Building Blocks/Logics/Calculator/Identity）BB行为交互模块，拖放到Test模块的后面。连接Test模块的输出端"False"与Identity模块的输入端"In"，如图4-64所示。

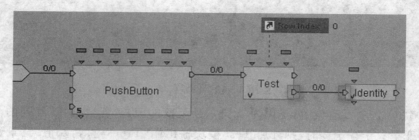

图4-64　添加模块

双击Identity模块的参数输入端"pIn 0(Float)"，在其参数设置面板Parameter Type（参数类型)选项中选择 Integer,如图 4-65 所示。

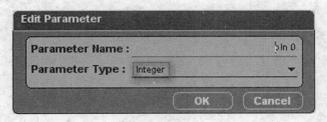

图 4-65 设置参数

(5)在"2 系统设置背景选择左"二维帧 Script 脚本编辑窗口中添加一个减法运算模块。在其参数设置面板中设定 Inputs 选项为 Integer(整数)、Operation 选项为 Subtraction(减法运算)、Output 选项为 Integer(整数),如图 4-66 所示。

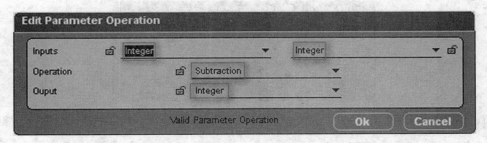

图 4-66 设定参数运算

连接 Identity 模块参数输入端"pIn 0(Integer)"与 Subtraction 减法运算模块的输出端"pOut 0(Integer)",如图 4-67 所示。

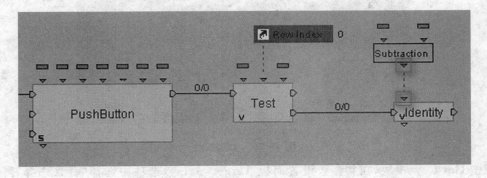

图 4-67 连接模块

再从"2 系统设置背景选择右"二维帧 Script 脚本编辑窗口中复制两个 Get Row 模块参数输入端"Row Index(Integer)"到"2 系统设置背景选择左"二维帧 Script 脚本编辑窗口中,连接 Identity 模块参数输出端"pOut 0(Integer)"与一个参数快捷方式,连接 Subtraction 减法运算模块的输入端"pIn 0(Integer)"与另一个参数快捷方式,如图 4-68 所示。

双击 Subtraction 减法运算模块,在其参数设置面板 Local 11 选项中输入 1,实现"背景选择"阵列行数值的减 1 运算,如图 4-69 所示。

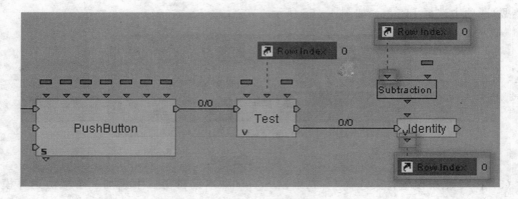

图 4-68 连接模块

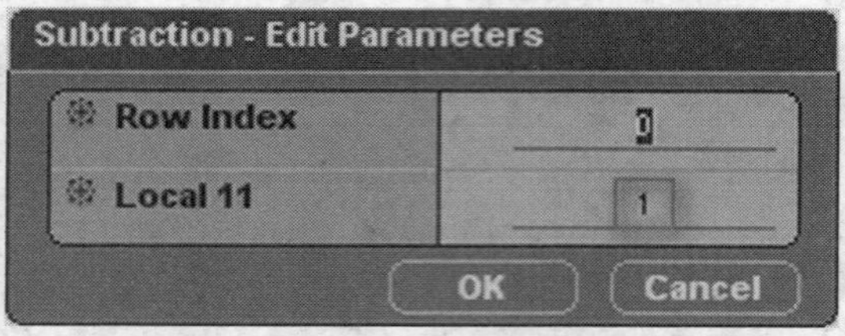

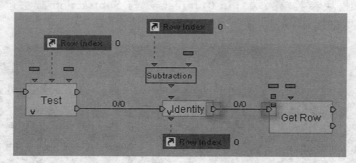

图 4-69 编辑参数

(6) 添加 Get Row(获取行 Building Blocks/Logics/Array/ Get Row)BB 行为交互模块，连接 Identity 模块的输出端"Out"与 Get Row 模块的输入端"In"，如图 4-70 所示。

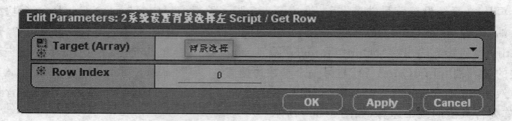

图 4-70 添加模块

双击 Get Row 模块，在其参数设置面板 Target(Array)选项中选择"背景选择"阵列，如图 4-71 所示。

图 4-71 编辑模块

再从"2系统设置背景选择右"二维帧Script脚本编辑窗口中复制一个Get Row模块参数输入端"Row Index(Integer)"到"2系统设置背景选择左"二维帧Script脚本编辑窗口中,连接Get Row模块参数输入端"Row Index(Integer)"与此参数快捷方式,如图4-72所示。

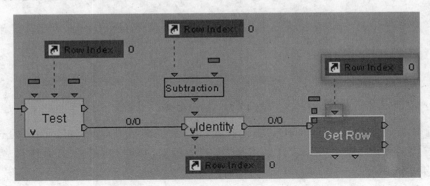

图4-72 连接模块

(7) 添加Set 2D Material(设定二维材质 Building Blocks/Visuals/2D/Set 2D Material) BB行为交互模块,并添加其目标参数。连接Get Row模块的输出端"Found"与Set 2D Material模块的输入端"In",连接Get Row模块的参数输出端"材质(Material)"与Set 2D Material模块的参数输入端"Material(Material)",如图4-73所示。

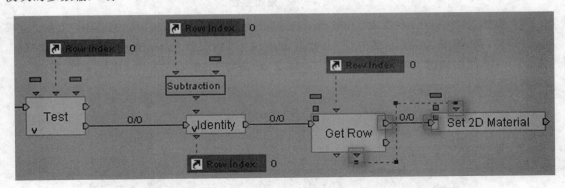

图4-73 添加模块

双击Set 2D Material模块,在其参数设置面板Target(2D Entity)选项中选择"2次背景"二维帧,把从"背景选择"阵列中行对应的材质赋给"2次背景"二维帧,如图4-74所示。

图4-74 编辑参数

按相同的方式再添加一个Set 2D Material模块,连接第1个Set 2D Material模块的输出端"Out"与第2个Set 2D Material模块的输入端"In",连接Get Row模块的参数输出端"材质

(Material)"与第2个Set 2D Material模块的参数输入端"Material(Material)",如图4-75所示。

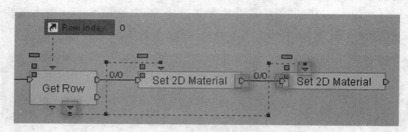

图4-75 添加模块

再双击第2个Set 2D Material模块。在其参数设置面板Target(2D Entity)选项中选择"2系统设置小背景"二维帧,把从"背景选择"阵列中行对应的材质赋给"2系统设置小背景"二维帧,如图4-76所示。

图4-76 编辑参数

(8) 添加Identity(参数指定Building Blocks/Logics/Calculator/Identity)BB行为交互模块,拖放到Test模块的后面。连接Test模块的输出端"True"与Identity模块的输入端"In",连接Identity模块的输出端"Out"与第1个Identity模块的输入端"In",如图4-77所示。

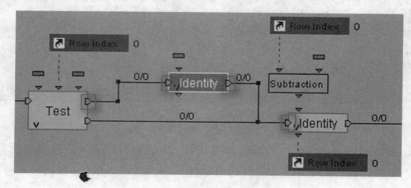

图4-77 添加模块

从"2系统设置背景选择右"二维帧Script脚本编辑窗口中复制Get Row模块参数输入端"Row Index(Integer)"到"2系统设置背景选择左"二维帧Script脚本编辑窗口中,连接第2个Identity模块参数输出端"pOut 0(Integer)"与此参数快捷方式,如图4-78所示。

双击Identity模块,在其参数设置面板pIn 0选项中输入2。实现当多次按"背景选择右"按钮,"背景选择"阵列的行数值超过2时,只要单击"背景选择左"按钮,则重新赋予"背景选择"阵列行数值为2,如图4-79所示。

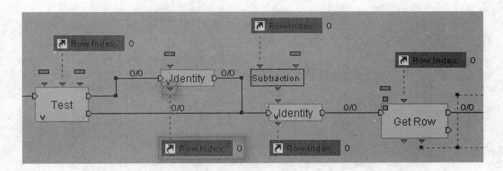

图 4-78 连接模块

图 4-79 编辑参数

按下状态栏的播放按钮,观察场景中,先单击"2系统设置背景选择右"二维帧按钮,再单击"2系统设置背景选择左"二维帧按钮,次界面背景就可以先从"2次背景1"转换到"2次背景2",再转换到"2次背景1"。

4.3 音乐选择制作

音乐选择就是指通过单击不同的音乐按钮,对应播放相应的背景音乐。本实例中应用的背景音乐共有3个。

4.3.1 设置音乐存储方式

单击 3D Layout 窗口右上方的"普通参数设定"按钮或是按下 Ctrl+P 快捷键,打开 General Preferences 设置窗口。在此窗口右上方的 Current Prefs 选项中选择 Miscellaneous Controls,如图 4-80 所示。

在 Miscellaneous Controls 设置面板的 Sound files save options 选项中选择 Included inside CMO file,使音乐文件包含到 cmo 文件中,如图 4-81 所示。

提 示:

Virtools 软件将音乐存储方式分为两种:External Files(外部调用)与 Included inside CMO file(存储到 CMO 文件)。External Files 只按照原始的音乐文件路径进行链接,并不把原始文件放入到 cmo 文件中。当把复制 cmo 文件或原始文件更改目录后,则因无法取得相关路径的音乐文件而使程序执行时无音效。Included inside CMO file 则是将原始音乐文件包含到 cmo 文件中,不会出现上述丢失音乐的情况。

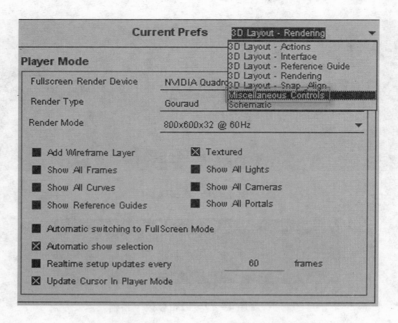

图 4-80 面板切换

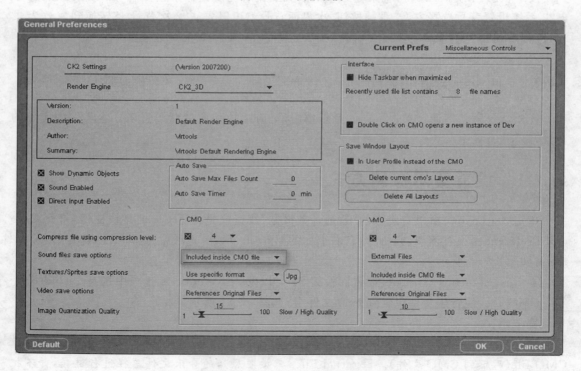

图 4-81 选择存储方式

4.3.2 载入音乐文件

在行为交互模块与数据资源库窗口,单击"虚拟演示制作实例"标签按钮,在 Category 目录下单击 Sounds 选项,在右边的窗口中会显示出先前存放的 3 个音乐文件,如图 4-82 所示。

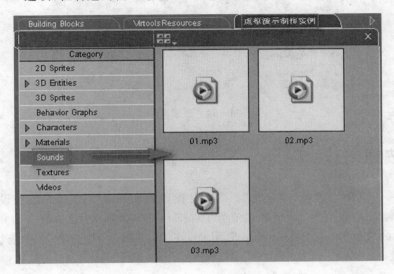

图 4-82 音乐文件

拖动"01.mp3"、"02.mp3"和"03.mp3"这 3 个音乐文件到 3D Layout 视窗中,即可将此 3 个音乐文件加入到场景中,如图 4-83 所示。

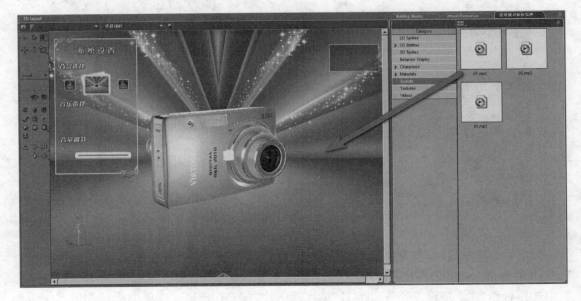

图 4-83 载入音乐

再选择"02.mp3"文件，拖入到场景中，并在 Sound Setup 面板中将此文件改名为"先前音乐"（如图 4-84 所示）。这样做的目的是当运行"虚拟演示制作实例"执行文件时，背景音乐就出现了，而此背景音乐文件就是"先前音乐"中所对应的音乐文件。在后面要对此音乐文件进行设置，这个音乐文件是变化的，可能是前面输入到场景中 3 个音乐的任意一个。

图 4-84　更换名称

4.3.3　按钮制作

（1）创建一个新的二维帧，改名为"2 系统设置音乐选择 1"。在其二维帧设置面板 Position 选项中设置 X 的数值为 27、Y 的数值为 193、Z Order（Z 轴次序）的数值为 0，在 Size 选项中设置 Width 的数值为 50、Height 的数值为 50，在 Parent 选项中选择"2 系统设置面板"，如图 4-85 所示。

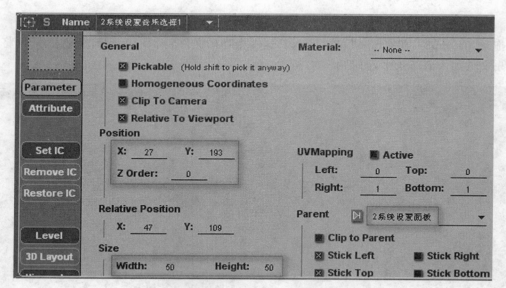

图 4-85　设置二维帧

创建一个新材质，改名为"2 系统设置音乐选择 1"，在其设置面板中将 Diffuse 颜色选择为 R、G、B 数值都为 255 的白色，在 Mode 选项中选择 Transparent（透明）模式，Texture（纹理）选项中选择名称为"系统设置音乐选择 11"的纹理图片，在 Filter Min 选项中选择 Mip Nearest，在 Filter Mag 选项中选择 Nearest，其他选项保持不变，如图 4-86 所示。

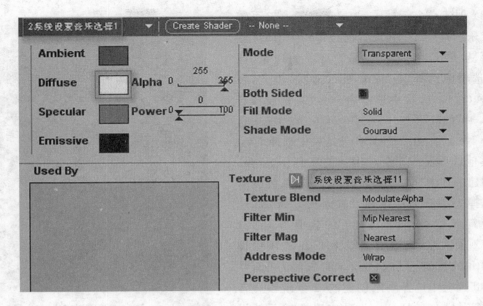

图 4-86 设置材质

切换到 2D Frame Setup 面板,在"2 系统设置音乐选择 1"二维帧设置面板 Material 选项中选择刚刚创建的"2 系统设置音乐选择 1"材质,如图 4-87 所示,材质效果如图 4-88 所示。

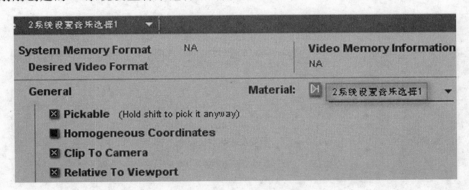

图 4-87 选择材质

(2) 创建一个新材质,改名为"2 系统设置音乐选择 2",在其设置面板中将 Diffuse 颜色选择为 R、G、B 的数值都为 255 的白色,在 Mode 选项中选择 Transparent(透明)模式,在 Texture(纹理)选项中选择名称为"系统设置音乐选择 21"的纹理图片,在 Filter Min 选项中选择 Mip Nearest,在 Filter Mag 选项中选择 Nearest,其他选项保持不变,如图 4-89 所示。

创建一个新的二维帧,改名为"2 系统设置音乐选择 2"。在其二维帧设置面板 Position 选项中设置 X 的数值为 85、Y 的数值为 193、Z Order(Z 轴次序)的数值为 0,在 Size 选项中设置 Width 的数值为 50、Height 的数值为 50,在 Material 选项中选择刚刚创建的"2 系统设置音乐选择 2"材质,在 Parent 选项中选择"2 系统设置面板",其他设置保持不变,如图 4-90 所示。

(3) 创建一个新材质, 并把它改名为"2 系统设置音乐选择 3", 在其设置面板中将 Diffuse 颜色选择为 R、G、B 的数值都为 255 的白色, 在 Mode 选项中选择 Transparent (透明) 模式, 在 Texture (纹理) 选项中选择名称为"系统设置音乐选择 31"的纹理图片, 在 Filter Min 选项中选择 Mip Nearest, 在 Filter Mag 选项中选择 Nearest, 其他选项保持不变, 如图 4-91 所示。

创建一个新的二维帧, 改名为"2 系统设置音乐选择 3"。在其二维帧设置面板 Position 选项中设置 X 的数值为 142、Y 的数值为 193、Z Order (Z 轴次序) 的数值为 0, 在 Size 选项中设置 Width 的数值为 50、Height 的数值为 50, 在 Material 选项中选择刚刚创建的"2 系统设置音乐选择 3"材质, 在 Parent 选项中选择"2 系统设置面板", 其他设置保持不变, 如图 4-92 所示。材质效果如图 4-93 所示。

图 4-88 材质效果

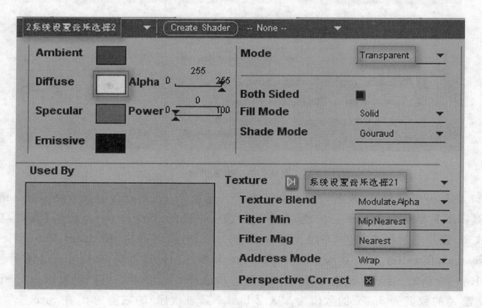

图 4-89 设置材质

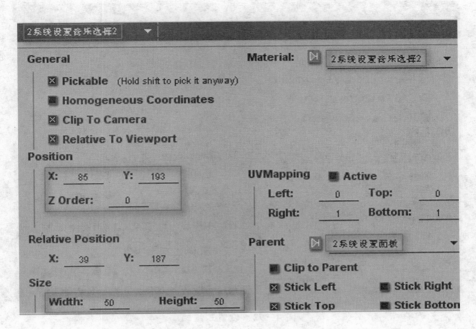

图 4-90　设置二维帧

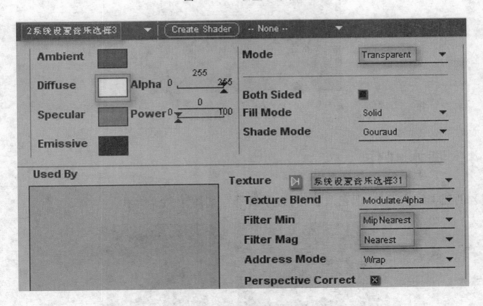

图 4-91　设置材质

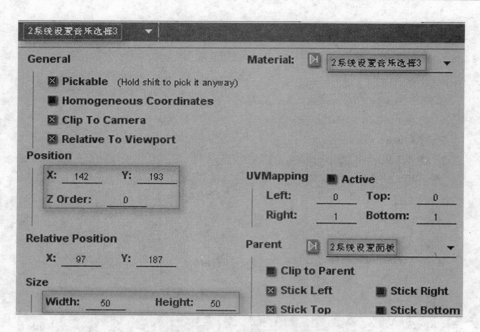

图 4-92 设置二维帧

图 4-93 材质效果

4.3.4 脚本制作

(1) 创建 Level 脚本,把它改名为"音乐选择",如图 4-94 所示。

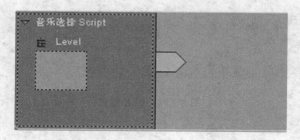

图 4-94 创建 Script

(2) 添加 Mouse Waiter(等待鼠标事件 Building Blocks/Controllers/Mouse/Mouse Waiter)BB 行为交互模块,连接 Start 开始端与 Mouse Waiter 模块的输入端"On",如图 4-95 所示。

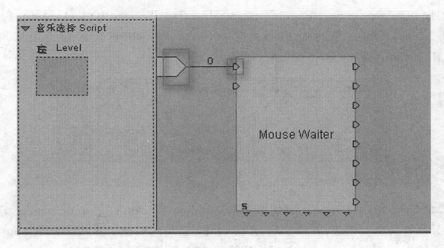

图 4-95 连接模块

右击 Mouse Waiter 模块,在弹出的右键快捷菜单中选择 Edit Settings 选项,如图 4-96 所示。

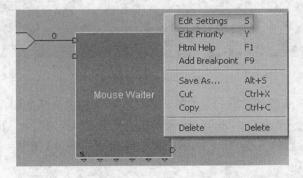

图 4-96 参数设置

在弹出的设置面板 Outputs 选项中只保留 Left Button Down 选项的叉选,其他选项均取消叉选,如图 4-97 所示。

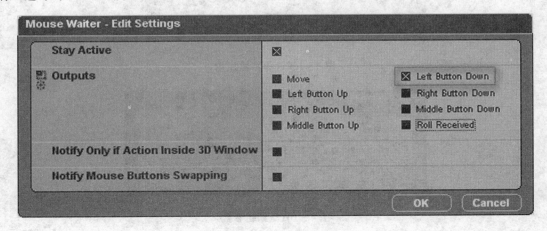

图 4-97 设置参数

（3）添加 2D Picking（单击 Building Blocks/Interface/Screen/2D Picking）BB 行为交互模块，拖动到 Mouse Waiter 模块的后面。连接 Mouse Waiter 模块的输出端"Left Button Down"与 2D Picking 模块的输入端"In"，如图 4－98 所示。

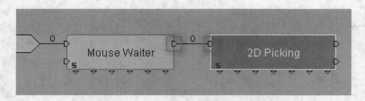

图 4－98　连接模块

（4）添加 Switch On Parameter（切换参数 Building Blocks/Logics/Streaming/Switch On Parameter）BB 行为交互模块，并拖放到 2D Picking 模块的后面。连接 2D Picking 模块的输出端"True"与 Switch On Parameter 模块的输入端"In"，如图 4－99 所示。

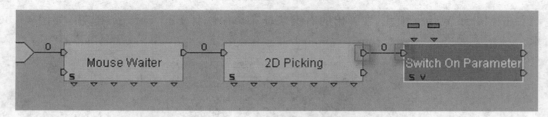

图 4－99　设置模块

Switch On Parameter 模块实现的是二维帧音乐按钮与相应音乐的切换。本实例的背景音乐有 3 个，所以添加两个 Switch On Parameter 模块的行为输出端（如图 4－100 所示），并把 Switch On Parameter 模块的参数输入端"Test"的参数类型改为 2D Entity（如图 4－101 所示）。

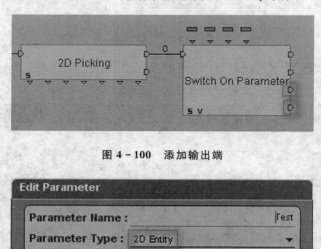

图 4－100　添加输出端

图 4－101　编辑参数

连接 2D Picking 模块的参数输出端"Sprite(Sprite)"与 Switch On Parameter 模块的参数输入端"Test(2D Entity)",如图 4-102 所示。

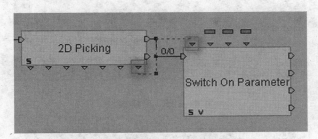

图 4-102　连接模块

双击 Switch On Parameter 模块,在其参数设置面板 Pin 1 选项中选择"2 系统设置音乐选择 1",Pin 2 选项中选择"2 系统设置音乐选择 2",Pin 3 选项中选择"2 系统设置音乐选择 3",如图 4-103 所示。

图 4-103　编辑参数

(5) 添加 Parameter Selector(参数选择器 Building Blocks/Logics/Streaming/Parameter Selector)BB 行为交互模块,并添加一个行为输入端,如图 4-104 所示。

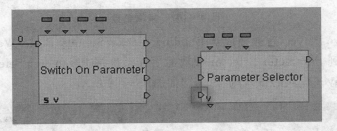

图 4-104　添加输入端

连接 Switch On Parameter 模块的输出端"Out 1"与 Parameter Selector 模块的输入端"In 0",连接 Switch On Parameter 模块的输出端"Out 2"与 Parameter Selector 模块的输入端"In 1"连接 Switch On Parameter 模块的输出端"Out 3"与 Parameter Selector 模块的输入端"In 2",如图 4-105 所示。

因为 Parameter Selector 模块对应的是音频格式文件,所以双击 Parameter Selector 模块的参数输出端"Selected(Float)",在其参数设置面板的 Parameter Type 选项中选择 Wave Sound,如图 4-106 所示。

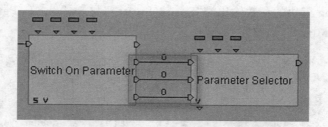

图4-105 连接模块

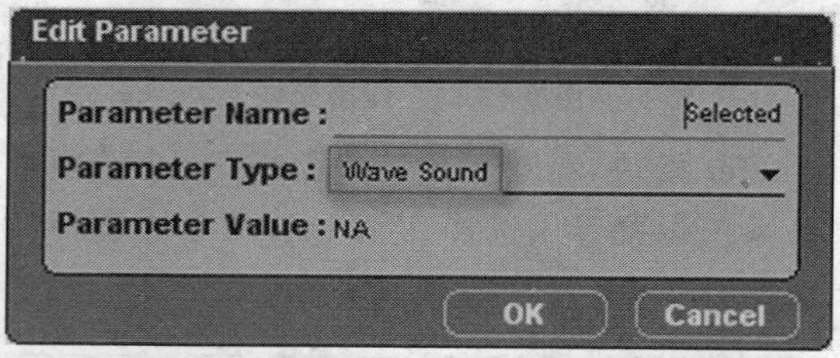

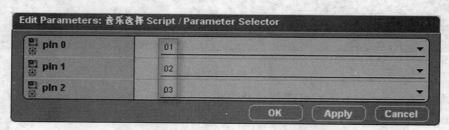

图4-106 编辑参数

双击Parameter Selector模块,在其参数设置面板pIn 0选项中选择01,pIn 1选项中选择02,pIn 2选项中选择03,如图4-107所示。

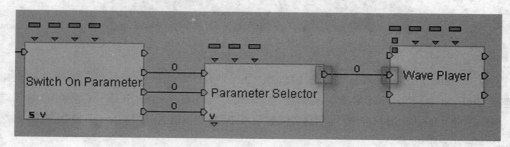

图4-107 编辑参数

(6) 添加Wave Player(音频播放器Building Blocks/Sounds/Basic/Wave Player)BB行为交互模块,并拖放到Parameter Selector模块的后面。连接Parameter Selector模块的输出端"Out"与Wave Player模块的输入端"Stop",如图4-108所示。

图4-108 连接模块

提　示：

为什么 Parameter Selector 模块的输出端"Out"连接的是 Wave Player 模块的输入端"Stop"，而不是 Wave Player 模块的输入端"Play"？

当执行"虚拟演示制作实例"时，背景音乐就开始播放，此时开启"系统设置"窗口，单击平面音乐选择按钮，则首先要终止正在播放的背景音乐，进而播放平面音乐按钮所对应的音乐。

双击 Wave Player 模块，在其参数设置面板 Target（Wave Sound）选项中选择先前音乐，并叉选 Loop 选项，如图 4-109 所示。

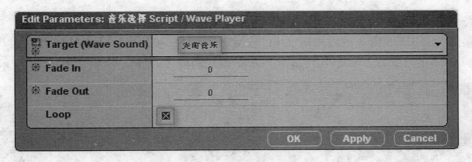

图 4-109　编辑参数

（7）添加 Sound Load（载入声音 Building Blocks/Narratives/Object Management/Sound Load）BB 行为交互模块，并拖放到 Wave Player 模块的后面。连接 Wave Player 模块的输出端"End Playing"与 Sound Load 模块的输入端"In"，连接 Parameter Selector 模块的参数输出端"Selected（Wave Sound）"与 Sound Load 模块的参数输入端"File（String）"，如图 4-110 所示。把所选择的平面按钮对应的音乐载入。在连接时弹出的参数运算设置面板的 Operation 选项中选择 Get Sound file Name，如图 4-111 所示。

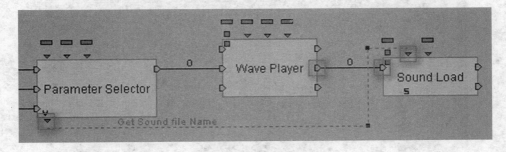

图 4-110　连接模块

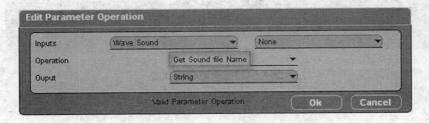

图 4-111　参数运算

双击 Sound Load 模块,在其参数设置面板 Target(Wave Sound)选项中选择先前音乐,并叉选 Streamed 选项,如图 4-112 所示。

图 4-112　编辑参数

连接 Sound Load 模块的输出端"Out"与 Wave Player 模块的输入端"Play",连接"音乐选择"Script 脚本的开始端"Start"与 Wave Player 模块的输入端"Play",如图 4-113 所示。

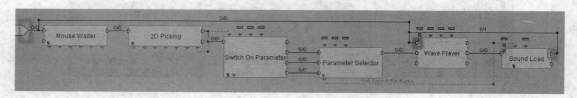

图 4-113　连接模块

(8) 单击 Level Manager 标签按钮,在 Global 目录中 Sounds 子目录下选择先前音乐,然后单击面板左上角的 Set IC For Selected 按钮,设置先前音乐的初始状态,如图 4-114 所示。这样每次执行"虚拟演示制作实例"时,播放的背景音乐就不会变化了。

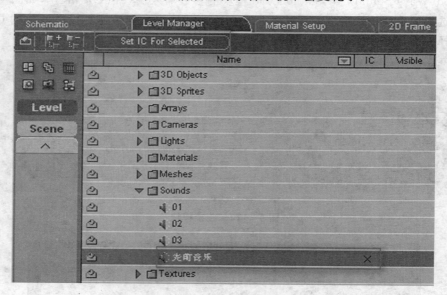

图 4-114　设定初始状态

4.4 音量调节制作

4.4.1 滑块制作

（1）创建一个新材质，改名为"2系统设置音量调节"，在其设置面板中将Diffuse颜色选择为R、G、B的数值都为255的白色，在Mode选项中选择Transparent(透明)模式，在Texture(纹理)选项中选择名称为"系统设置音量调节按钮"的纹理图片，在Filter Min 选项中选择 Mip Nearest，在Filter Mag选项中选择Nearest，其他选项保持不变，如图4-115所示。

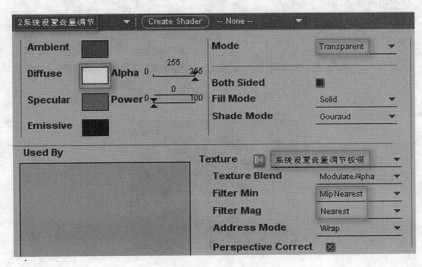

图4-115 设置材质

（2）创建一个新的二维帧，改名为"2系统设置音量调节"。在其二维帧设置面板Position选项中设置X的数值为112、Y的数值为285、Z Order(Z轴次序)的数值为0，在Size选项中设置Width的数值为22、Height的数值为22，在Material选项中选择刚刚创建的"2系统设置音量调节"材质，在Parent选项中选择"2系统设置面板"，其他设置保持不变，如图4-116所示。

4.4.2 滑块脚本

（1）在场景中选取"2系统设置音量调节"二维帧并右击，在弹出的右键快捷菜单中选择Create Script On→"2系统设置音量调节(2D Frame)"选项，创建"2系统设置音量调节"二维帧脚本，如图4-118所示。

单击Schematic标签按钮，此时可以看到"2系统设置音量调节"二维帧脚本编辑窗口，如图4-119所示。

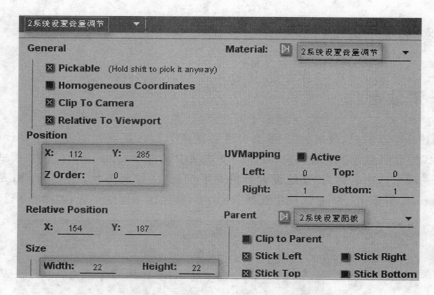

图 4-116 设置二维帧

图 4-117 滑块效果

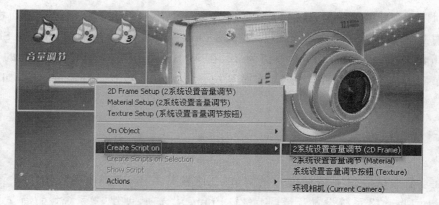

图 4-118 创建脚本

图 4-119　脚本编辑窗口

（2）添加 Mouse Waiter（等待鼠标事件 Building Blocks/Controllers/Mouse/Mouse Waiter）BB 行为交互模块，连接 Start 开始端与 Mouse Waiter 模块的输入端"On"，如图 4-120 所示。

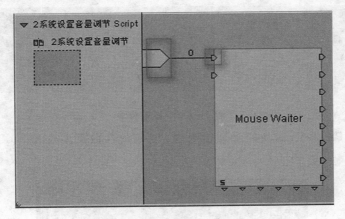

图 4-120　连接模块

右击 Mouse Waiter 模块，在弹出的右键快捷菜单中选择 Edit Settings 选项。在弹出的设置面板 Outputs 选项中，只保留 Left Button Up、Left Button Down 两项的叉选，其他项均取消叉选，如图 4-121 所示。

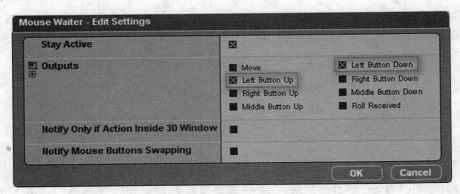

图 4-121　设置参数

（3）添加 2D Picking（鼠标单击 Building Blocks/Interface/Screen/2D Picking）BB 行为交互模块，拖动到 Mouse Waiter 模块的后面。连接 Mouse Waiter 模块的输出端"Left Button Down"与 2D Picking 模块的输入端"In"，如图 4-122 所示。

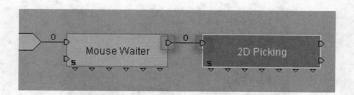

图 4-122 连接模块

（4）添加 Switch On Parameter（切换参数 Building Blocks/Logics/Streaming/Switch On Parameter）BB 行为交互模块，并拖放到 2D Picking 模块的后面。连接 2D Picking 模块的输出端"True"与 Switch On Parameter 模块的输入端"In"，如图 4-123 所示。

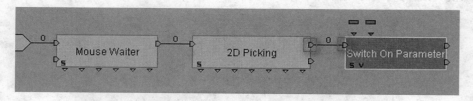

图 4-123 设置模块

把 Switch On Parameter 模块的参数输入端"Test"的参数类型改为 2D Entity，如图 4-124 所示。

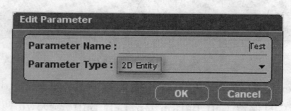

图 4-124 编辑参数

连接 2D Picking 模块的参数输出端"Sprite(Sprite)"与 Switch On Parameter 模块的参数输入端"Test(2D Entity)"，如图 4-125 所示。

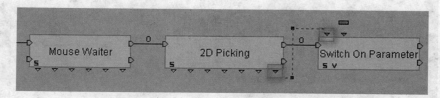

图 4-125 连接模块

双击 Switch On Parameter 模块，在其参数设置面板 Pin1 选项中选择"2 系统设置音量调节"二维帧，如图 4-126 所示。

（5）当鼠标移到音量调节滑块（"2 系统设置音量调节"二维帧）上时，除了判断出所单击的是音量调节滑块，还要获取此时鼠标的空间位置。

图 4-126 编辑参数

添加 Get Mouse Position(获取鼠标位置 Building Blocks/Controllers/Mouse/Get Mouse Position)BB 行为交互模块,并拖放到 Switch On Parameter 模块的后面。连接 Switch On Parameter 模块的输出端"Out 1"与 Get Mouse Position 模块的输入端"In",如图 4-127 所示。

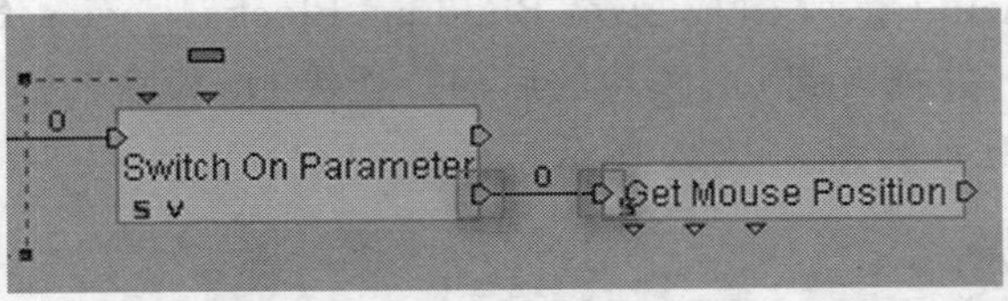

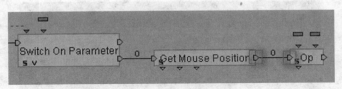

图 4-127 连接模块

(6)获取鼠标的空间位置后,要实现的是鼠标拖动音量调节滑块移动,所以还要获取音量调节滑块的位置。

添加 Op(参数运算 Building Blocks/Logics/Calculator/Op)BB 行为交互模块,并拖放到 Get Mouse Position 模块的后面。连接 Get Mouse Position 模块的输出端"Out"与 Op 模块的输入端"In"。

图 4-128 连接模块

右击 Op 模块,在弹出的右键快捷菜单中选择 Edit Setting 选项,在弹出的参数运算设置面板 Inputs 选项中选择 2D Entity、Operation 选项中选择 Get Position、Output 选项中选择 Vector 2D,如图 4-129 所示。

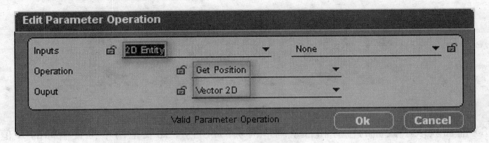

图 4-129 编辑参数

双击 Op 模块,在其参数设置面板 p1 选项中选择"2 系统设置音量调节"二维帧,如图 4-130 所示。

图 4-130 编辑参数

(7) 获取到音量调节滑块的位置后,下面要把此坐标的 X 值和 Y 值分别提取出来。

添加 Get Component(获取构成要素 Building Blocks/Logics/Calculator/Get Component)BB 行为交互模块,并拖放到 Op 模块的后面。连接 Op 模块的输出端"Out"与 Get Component 模块的输入端"In",如图 4-131 所示。

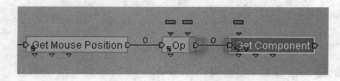

图 4-131 连接模块

双击 Get Component 模块的参数输入端"Variable(Vector)",在其参数面板 Parameter Type 选项中选择 Vector 2D,把三维空间矢量坐标更改为二维坐标,如图 4-132 所示。

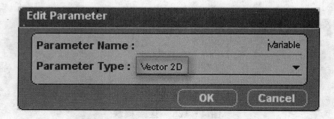

图 4-132 编辑参数

连接 Op 模块的参数输出端"res(Vector 2D)"与 Get Component 模块的参数输入端"Variable(Vector 2D)"。

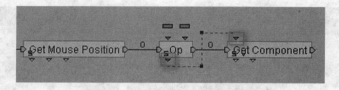

图 4-133 连接模块

(8) 前面获取了鼠标的位置和音量调节滑块的位置,下面要把两个位置坐标的 X 值相减,以判断出鼠标与音量调节滑块在 X 坐标轴上的差值。

在脚本编辑窗口添加一个参数运算。在参数运算设置面板 Inputs 选项中选择 Integer、Float，Operation 选项中选择 Subtraction，Output 选项中选择 Float，如图 4-134 所示。

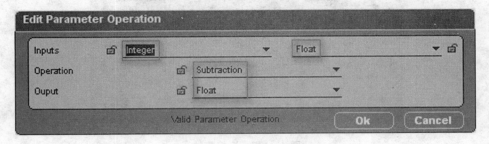

图 4-134　编辑参数

连接 Get Mouse Position 模块的参数输出端"X(Integer)"与 Subtraction 运算模块的输入端"pIn 0(Integer)"，连接 Get Component 模块的参数输出端"Component1(Float)"与 Subtraction 运算模块的输入端"pIn 1(Float)"，如图 4-135 所示。

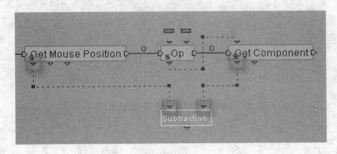

图 4-135　连接模块

在脚本编辑窗口的空白处右击，在弹出的右键快捷菜单中选择 Add Local Parameter 选项，添加一个区域参数。在参数设置面板 Parameter Type 选项中选择 Float，如图 4-136 所示。

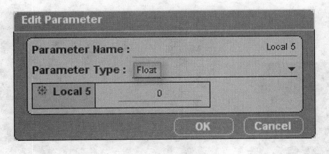

图 4-136　编辑参数

连接 Subtraction 运算模块的输出端"Pout 0(Float)"与此区域参数，把两个 X 坐标的差值传递给此参数，如图 4-137 所示。

按相同的方法，再添加一个区域参数。连接 Get Component 模块的参数输出端"Component 2(Float)"与此区域参数，把音量调节滑块的 Y 坐标数值传递给此参数，如图 4-138 所示。

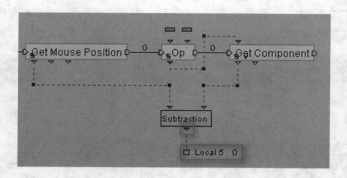

图 4-137 连接模块

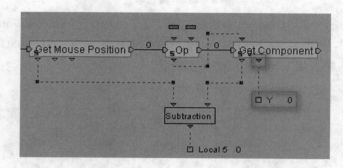

图 4-138 连接模块

提　示：

利用 Get Mouse Position 模块和 Get Component 模块取得了鼠标和音量调节滑块的 X 坐标数值，并对这两个数值相减，其意义何在？

按下状态栏的播放按钮，在场景中鼠标移动到音量调节滑块的中心位置（如图 4-139 所示），通过脚本编辑窗口，可以看出这两个坐标数值存在了一定差值，其差值为 11（如图 4-140 所示）。

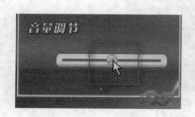

图 4-139 测试效果

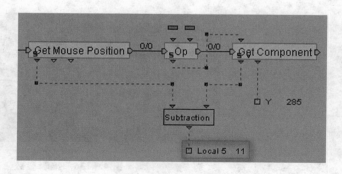

图 4-140 X 差值

出现这个差值的原因是鼠标坐标数值是以其鼠标指针的顶端位置来进行计算的，而音量调节滑块实质是一个二维帧，其坐标数值是依据此二维帧矩形方框左上角顶点的位置来进行计算的，所以就存在了一定的偏差量。实例中正是利用这个偏差量来实现音量调节滑块跟随鼠标的拖动而移动，比如说当鼠标由此时的位置（X＝123）向右拖动音量调节滑块（X＝112），当鼠标 X 坐标数值变为 124 时，124 减去刚才两个坐标的差值 11，结果为 113。然后再把这个结果数值赋给音量调节滑块的 X 坐标数值，则滑块便会向右移动数值为 1 的距离。

（9）添加 Keep Active（保持启动 Building Blocks/Logics/Streaming/Keep Active）BB 行为交互模块，并拖放到 Get Component 模块的后面。连接 Get Component 模块的输出端"Out"与 Keep Active 模块的输入端"In 1"，连接 Mouse Waiter 模块的输出端"Left Button Up Received"与 Keep Active 模块的输入端"Reset"，如图 4-141 所示。也就是当单击音量调节滑块后，松开鼠标左键，则重新初始化 Keep Active 模块。

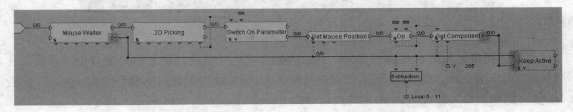

图 4-141　连接模块

（10）添加 Get Mouse Position（获取鼠标位置 Building Blocks/Controllers/Mouse/Get Mouse Position）BB 行为交互模块，并拖放到 Keep Active 模块的后面。连接 Keep Active 模块的输出端"Out 1"与 Get Mouse Position 模块的输入端"In"，如图 4-142 所示。

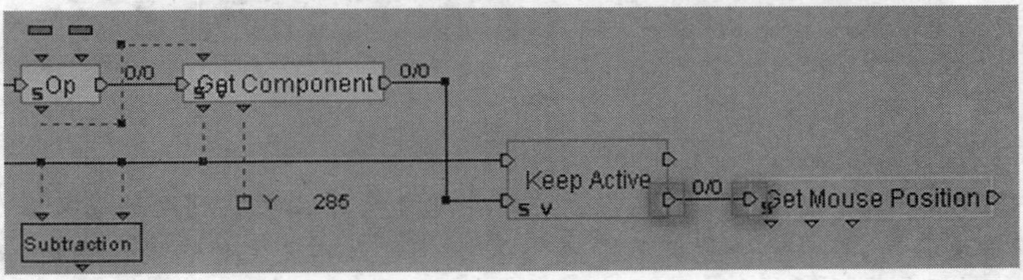

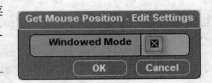

图 4-142　连接模块

右击 Get Mouse Position 模块，在弹出的右键快捷菜单中选择 Edit Settings 选项，在弹出的参数设置面板中叉选 Windowed Mode 选项，如图 4-143 所示。

（11）添加 Op（参数运算 Building Blocks/Logics/Calculator/Op）BB 行为交互模块，并拖放到 Get Mouse Position 模块的后面，如图 4-144 所示。连接 Get Mouse Position 模块的输出端"Out"与 Op 模块的输入端"In"。

图 4-143　编辑参数

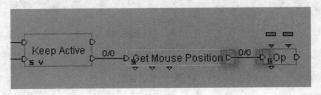

图 4-144　连接模块

右击 Op 模块,在右键快捷菜单中选择 Edit Setting 选项,在弹出的参数运算设置面板 Inputs 选项中选择 Integer、Float,Operation 选项中选择 Subtraction,Output 选项中选择 Float。

图 4-145 编辑参数

复制前面所添加的区域参数 Local 5,以快捷方式形式粘贴到脚本编辑窗口中。连接 Get Mouse Position 模块的参数输出端"X(Integer)"与 Op 模块的参数输入端"p1(Integer)",连接 Op 模块的参数输入端"p2(Float)"与区域参数 Local 5,如图 4-146 所示。

图 4-146 连接模块

提　示：

接下来要把此差值进行判断后,赋给音量调节滑块的 X 坐标。判断的意义在于当鼠标拖动音量调节滑块移动,移动时音量调节滑块的 X 数值超出其设定的移动范围时,音量调节滑块固定到移动范围的上限或下限。

(12) 添加 Threshold(界限值 Building Blocks/Logics/Calculator/Threshold)BB 行为交互模块,连接 Op 模块的输出端"Out"与 Threshold 模块的输入端"In",如图 4-147 所示。

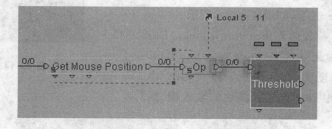

图 4-147 连接模块

提　示：

Threshold 模块(如图 4-148 所示)的流程及功能

事件流程：

- In(流程输入)：触发流程。

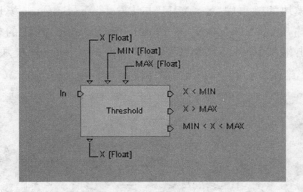

图 4-148 Threshold 模块

- X<MIN：当 X 小于最小值时启动。
- X>MAX：当 X 大于最大值时启动。
- MIN<X<MAX：当 X 大于最小值，小于最大值时启动。

功能：用来界定一个参考值最小值及最大值。

双击 Threshold 模块，在其参数设置面板 MIN 项中输入 60，MAX 项中输入 165，如图 4-149 所示。从而设了音量调节滑块 X 坐标数值的左右边界。

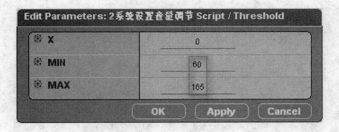

图 4-149 设定参数

连接 Op 模块的参数输出端"res(Float)"与 Threshold 模块的参数输入端"X(Float)"（如图 4-150 所示），把差值作为判断的对象。

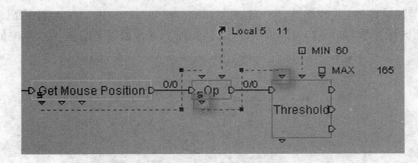

图 4-150 连接模块

（13）添加 Parameter Selector（参数选择器 Building Blocks/Logics/Streaming/Parameter Selector）BB 行为交互模块，并添加一个行为输入端。

连接 Threshold 模块的输出端"X＜MIN"与 Parameter Selector 模块的输入端"In 0",连接 Threshold 模块的输出端"X＞MAX"与 Parameter Selector 模块的输入端"In 1",连接 Threshold 模块的输出端"MIN＜X＜MAX"与 Parameter Selector 模块的输入端"In 2",如图 4-151 所示。

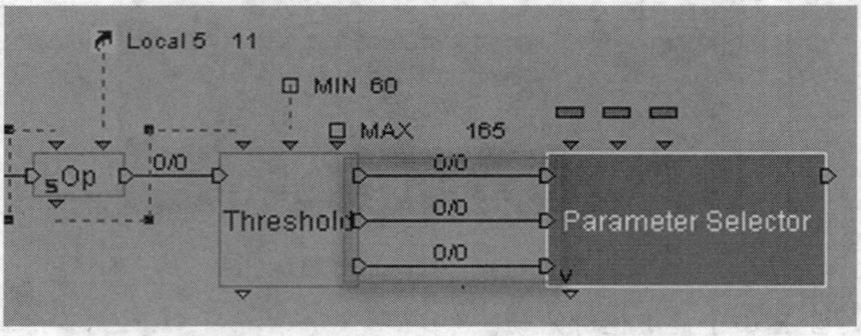

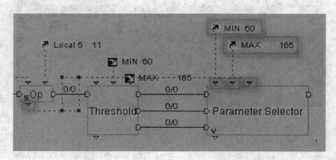

图 4-151　连接模块

复制 Threshold 模块的参数输入端"MIN"、"MAX",连接 Parameter Selector 模块的输入端"pIn 0(Float)"与 Threshold 模块参数输入端"MIN"快捷方式,连接 Parameter Selector 模块的输入端"pIn 1(Float)"与 Threshold 模块参数输入端"MAX"快捷方式,连接 Op 模块的参数输出端"res(Float)"与 Parameter Selector 模块的参数输入端"pIn 2(Float)",如图 4-152 所示。

图 4-152　连接模块

添加一个区域参数,并改名为 X。连接 Parameter Selector 模块的参数输出端"Selected(Float)"与此区域参数,如图 4-153 所示。从而实现了对音量调节滑块移动范围的设定。

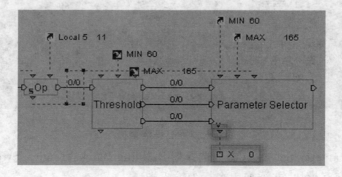

图 4-153　连接模块

（14）添加 Set Component（设定构成要素 Building Blocks/Logics/Calculator/Set Component）BB 行为交互模块，连接 Parameter Selector 模块的输出端"Out"与 Set Component 模块输入端"In"，如图 4-154 所示。

双击 Set Component 模块的参数输出端"Variable（Vector）"，在其参数设置面板 Parameter Type 选项中选择 Vector 2D，如图 4-155 所示。

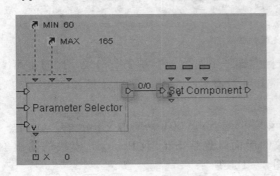
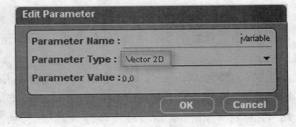

图 4-154　连接模块　　　　　　　　　图 4-155　编辑参数

复制前面添加的区域参数 X、Y，并以快捷方式形式粘贴到脚本编辑窗口中，连接 Set Component 模块的参数输入端"Component1（Float）"与区域参数 X 快捷方式，连接 Set Component 模块的参数输入端"Component2（Float）"与区域参数 Y 快捷方式，如图 4-156 所示。

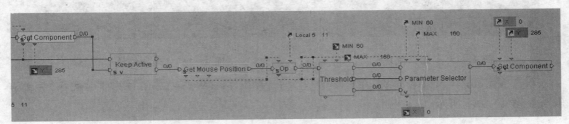

图 4-156　连接模块

（15）添加 Set 2D Position（设定二维对象位置 Building Blocks/Visuals/2D/Set 2D Position）BB 行为交互模块，并拖放到 Set Component 模块的后面。连接 Set Component 模块的输出端"Out"与 Set 2D Position 模块输入端"In"，连接 Set Component 模块的参数输出端"Variable（Vector 2D）"与 Set 2D Position 模块输入端"Position（Vector 2D）"，如图 4-157 所示。

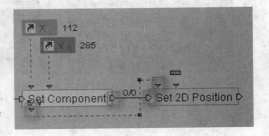

图 4-157　连接模块

添加 Set 2D Position 模块的目标对象，并在其参数设置面板 Target（2D Entity）选项中选择"2 系统设置音量调节"二维帧，如图 4-158 所示。

图 4-158 设定参数

按下状态栏的播放按钮,在场景中可以实现鼠标左键压下时拖动音量调节滑块。同时也可以发觉,随着音量调节滑块的移动,背景音乐的音量却并没有发生变化。测试效果如图 4-159 所示。

（16）添加 Volume Control(音量控制 Building Blocks/Sounds/Control/Volume Control) BB 行为交互模块,并拖放到 Set 2D Position 模块的后面。连接 Set 2D Position 模块的输出端"Out"与 Volume Control 模块输入端"In",如图 4-160 所示。

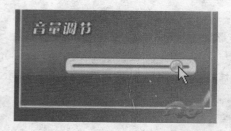

图 4-159 测试效果

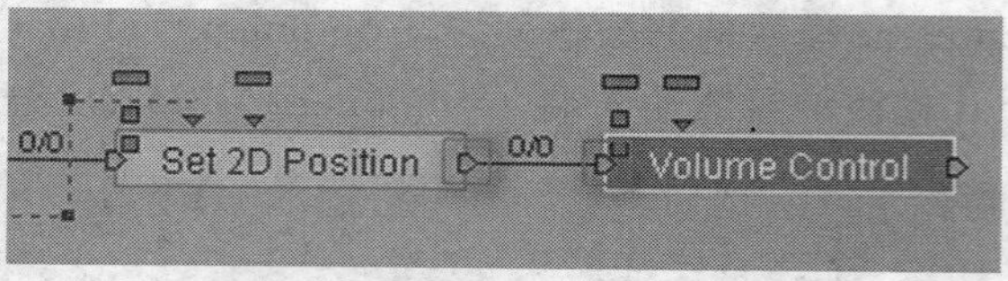

图 4-160 连接模块

双击 Volume Control 模块,在其参数设置面板 Target(Wave Sound)选项中选择"先前音乐",如图 4-161 所示。

图 4-161 编辑参数

提 示：

观察 Volume Control 模块参数设置面板 Volume 选项,其数值为 1。1 表示为最大音量,0 表示最小音量。所以音量调节滑块的 X 坐标数值从 60 变化为 165,音量数值则由 0 变为 1。如何将音量调节滑块 X 坐标数值的变化量与音量数值的变化量对应起来?

因为鼠标拖动的是音量调节滑块,而其 X 坐标数值起始数值是 60,终止数值是 165。所以当鼠标拖动音量调节滑块时的 X 坐标实时数值减去 60,再除以 105(165－60＝105),这样便可以使音量调节滑块 X 坐标数值的变化量与音量数值的变化量对应起来,进而可以控制背景音乐音量的大小。

（17）在脚本编辑窗口中，添加一个减法运算模块。在参数运算设置面板 Inputs 选项中选择 Float、Float，在 Operation 选项中选择 Subtraction，在 Output 选项中选择 Float，如图 4－162 所示。

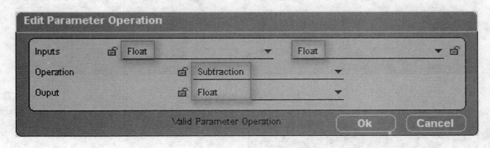

图 4－162　编辑参数

复制前面添加的区域参数 X，并以快捷方式形式粘贴到脚本编辑窗口中，连接 Subtraction 运算参数输入端"Pin 0(Float)"与区域参数 X 快捷方式，如图 4－163 所示。

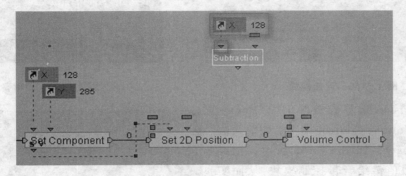

图 4－163　连接模块

双击 Subtraction 运算参数，在其参数设置面板 Local 15 选项中输入 60，如图 4－164 所示。

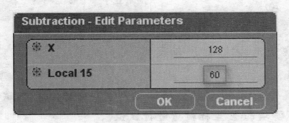

图 4－164　编辑参数

（18）在脚本编辑窗口中，添加一个除法运算模块。在参数运算设置面板 Inputs 选项中选择 Float、Float，在 Operation 选项中选择 Division，在 Output 选项中选择 Float，如图 4－165 所示。

连接 Subtraction 运算参数输出端"Pout 0(Float)"与 Division 运算参数输入端"Pin 0 (Float)"，如图 4－166 所示。

双击 Division 运算参数，在其参数设置面板 Local 16 选项中输入 105，如图 4－167 所示。

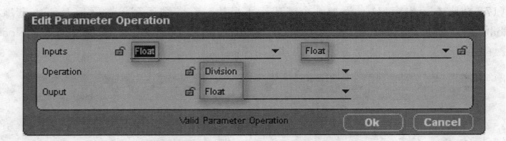

图 4-165　编辑参数

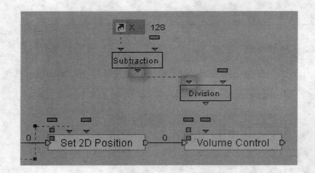

图 4-166　连接模块

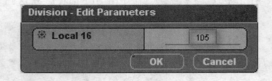

图 4-167　编辑参数

连接 Division 运算参数输出端"Pout 0 (Float)"与 Volume Control 模块参数输入端"Volume(Float)",如图 4-168 所示。把经过运算后的数值传给音量控制模块,从而实现了对音量大小的控制。

提　示:

通过测试可以发现,每次初始化后音量调节滑块总是处于上一次位置。如何使音量调节滑块在初始化后始终保持固定的位置,也就是每次执行虚拟演示实例时,背景音乐音量的大小总是个定值?

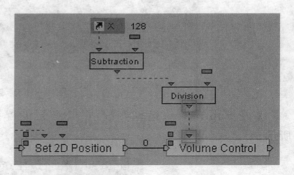

图 4-168　连接模块

通过在"2 系统设置音量调节"二维帧脚本编辑窗口中添加一个赋值模块,使此脚本一开始执行时前对音量调节滑块的 X 坐标数值进行赋值。

(19) 添加 Identity(参数指定 Building Blocks/Logics/Calculator/Identity)BB 行为交互模块,连接脚本开始端与 Identity 模块的输入端"In",连接 Identity 模块的输出端"Out"与 Set Component 模块的输入端"In",如图 4-169 所示。

复制前面添加的区域参数 X,并以快捷方式形式粘贴到脚本编辑窗口中,连接 Identity 模块的输出端"pOut 0(Float)"与区域参数 X 快捷方式,如图 4-170 所示。

双击 Identity 模块,在其参数设置面板 pIn 0 选项中输入 112.5(音量调节滑块 X 坐标数值在 60~165 范围内的中间值),如图 4-171 所示。

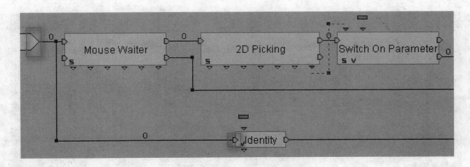

图 4-169　添加模块

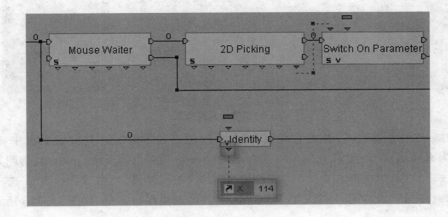

图 4-170　连接模块

图 4-171　设置参数

4.4.3　音量开启/关闭

在虚拟演示实例执行时，如果不需要播放背景音乐，则可以调节音量滑块使音量减小到 0，也可以通过关闭相应的程序中止背景音乐的播放。调节音量滑块的方法其弊端就是背景音乐及音量调节相关脚本继续在执行，从而增加系统运行时的消耗。所以在这里通过添加相应的行为模块来关闭背景音乐。

（1）创建一个新材质，改名为"2 系统设置音乐开"，在其设置面板中将 Diffuse 颜色选择为 R、G、B 的数值都为 255 的白色，在 Mode 选项中选择 Transparent（透明）模式，在 Texture（纹理）选项中选择名称为"系统设置音乐开"的纹理图片，在 Filter Min 选项中选择 Mip Nearest，在 Filter Mag 选项中选择 Nearest，其他选项保持不变，如图 4-172 所示。

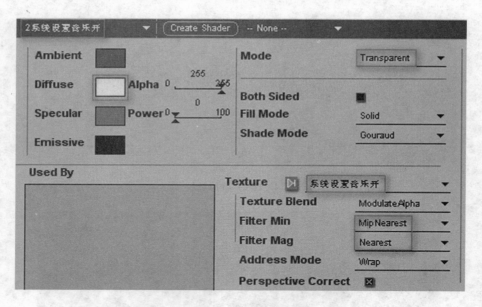

图 4-172 设置材质

（2）再创建一个新材质，并把它改名为"2系统设置音乐关"，在其设置面板中将 Diffuse 颜色选择为 R、G、B 的数值都为 255 的白色，在 Mode 选项中选择 Transparent（透明）模式，在 Texture（纹理）选项中选择名称为"系统设置音乐关"的纹理图片，在 Filter Min 选项中选择 Mip Nearest，在 Filter Mag 选项中选择 Nearest，其他选项保持不变，如图 4-173 所示。

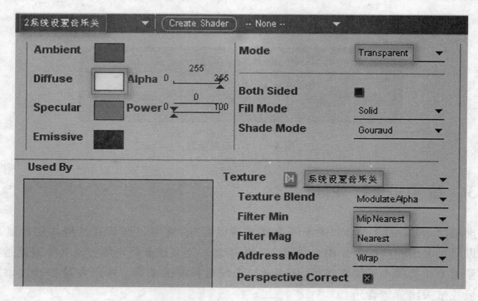

图 4-173 设置材质

（3）创建一个新的二维帧，改名为"2系统设置音乐开关"。在其二维帧设置面板 Position 选项中设置 X 的数值为 17、Y 的数值为 278、Z Order（Z轴次序）的数值为 0，在 Size 选项中设置 Width 的数值为 40、Height 的数值为 40，在 Parent 选项中选择"2系统设置面板"，如

图4-174所示。

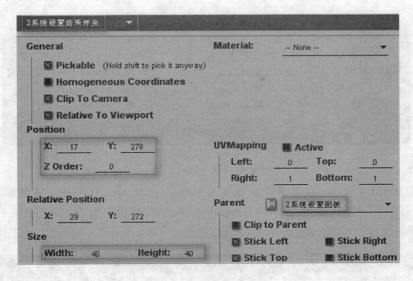

图 4-174 设置二维帧

（4）创建"2 系统设置音乐开关"二维帧 Script 脚本，如图 4-175 所示。

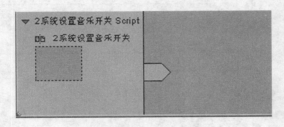

图 4-175 脚本编辑窗口

添加 PushButton（按钮 Building Blocks/Interface/Controls/PushButton）BB 行为交互模块，连接"2 系统设置音乐开关"二维帧 Script 脚本编辑窗口开始端与 PushButton 模块的输入端"On"，如图 4-176 所示。

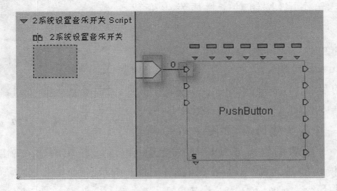

图 4-176 连接模块

右击 PushButton 模块，在弹出的右键快捷菜单中选择 Edit Settings 选项，在弹出的设置面板中取消 Released、Active、Enter Button、Exit Button、In Button 选项的叉选,如图 4-177 所示。

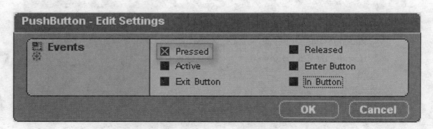

图 4-177 设置模块

双击 PushButton 模块,在其参数设置面板 Released Material(松开按钮材质)选项中选择"2 系统设置音乐开"材质,在 Pressed Material(按下按钮材质)、RollOver Material(鼠标经过时材质)选项中选择"2 系统设置音乐关"材质,如图 4-178 所示。

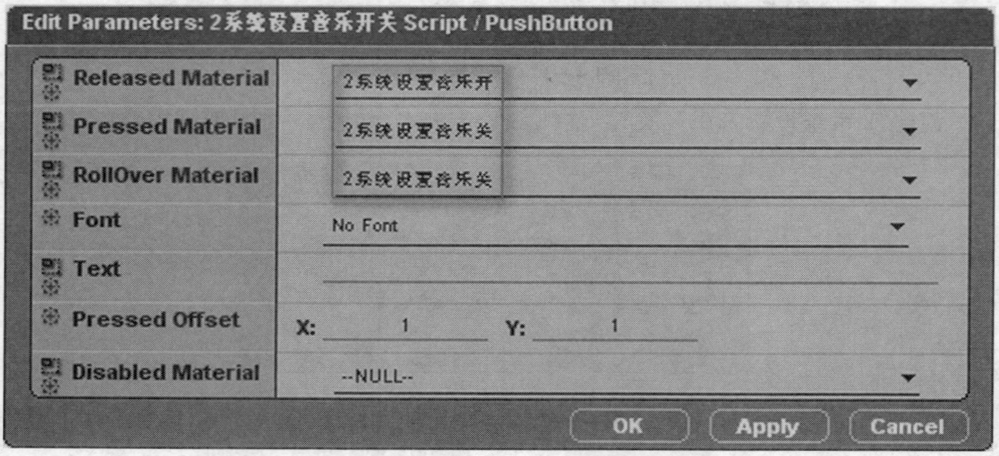

图 4-178 设置 PushButton 模块

按下状态栏的播放按钮,单击音乐开关按钮,PushButton 模块已起作用,按钮对应材质发生变化,如图 4-179 所示。

(5)添加 Sequencer(定序器 Building Blocks/Logics/Streaming/Sequencer)BB 行为交互模块,拖放到 PushButton 模块的后面。右击 Sequencer 模块,在弹出的右键快捷菜单中选择 Construct→Add Behavior Output 选项,添加一个行为输出端,如图 4-180 所示。

图 4-179 测试效果

连接 PushButton 模块的输出端"Pressed"与 Sequencer 模块的输入端"In",连接脚本开始端口与 Sequencer 模块的输入端"Reset",如图 4-181 所示。

(6)添加 Identity(参数指定 Building Blocks/Logics/Calculator/Identity)BB 行为交互模块,并添加一个参数输入端。在其参数设置面板 Parameter Type 选项中选择 Material,如图4-182 所示。

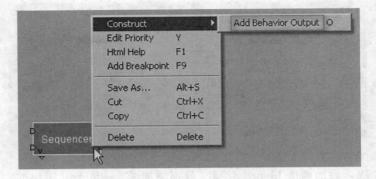

图 4-180　添加 Sequencer 模块行为输出端口

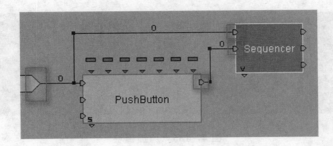

图 4-181　连接模块

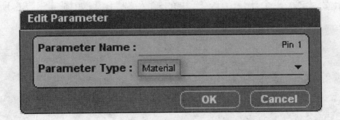

图 4-182　设置参数类型

双击 Identity 模块的参数输入端"pIn 0(Float)",在其参数设置面板 Parameter Type 选项中选择 Material,如图 4-183 所示。

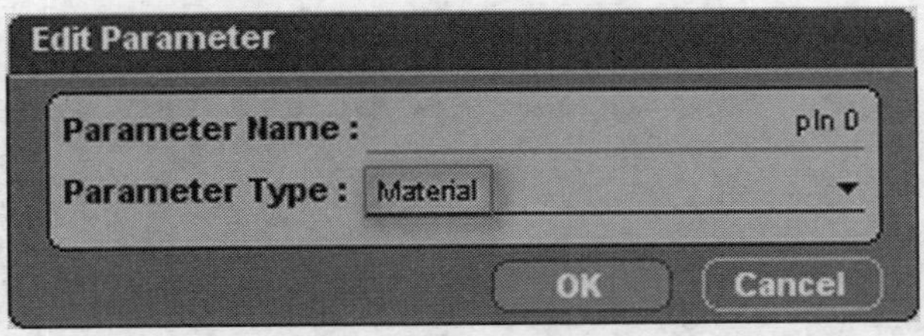

图 4-183　设置参数类型

连接 Sequencer 模块的输出端"Exit Reset"与 Identity 模块的输入端"In",如图 4-184 所示。

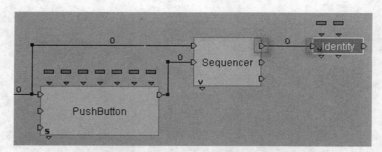

图 4-184　连接模块

按刚才的步骤再添加两个 Identity 模块，分别添加两个 Identity 模块的参数输出端，并设置其参数类型为 Material，如图 4-185 所示。

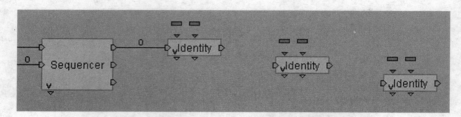

图 4-185　添加模块

连接 Sequencer 模块的输出端"Out 1"与第 2 个 Identity 模块的输入端"In"，连接 Sequencer 模块的输出端"Out 2"与第 3 个 Identity 模块的输入端"In"，如图 4-186 所示。

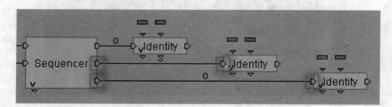

图 4-186　连接模块

复制 PushButton 模块的参数"Released Material(Material)"、"Pressed Material(Material)"和"RollOver Material(Material)"，并设置快捷方式不同的颜色加以区分，如图 4-187 所示。

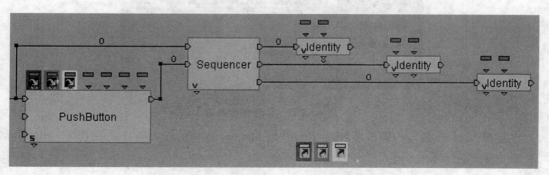

图 4-187　复制参数

连接第1个 Identity 模块的参数输出端"pOut 0(Material)"与 Push Button 模块的参数"Released Material(Material)"快捷方式,连接第1个 Identity 模块的参数输出端"pOut 1(Material)"与 PushButton 模块的参数"Pressed Material(Material)"快捷方式,连接第1个 Identity 模块的参数输出端"pOut 1(Material)"与 PushButton 模块的参数"RollOver Material(Material)"快捷方式,如图4-188所示。

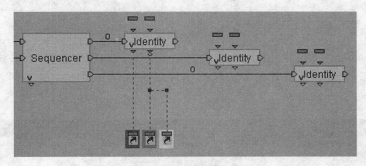

图 4-188 连接模块

按相同的方式连接第2、3个 Identity 模块与 PushButton 模块的三个参数快捷方式,如图4-189所示。

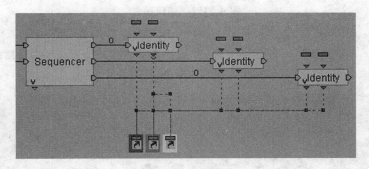

图 4-189 连接模块

双击第1个 Identity 模块,在其参数设置面板 pIn 0 选项中选择"2 系统设置音乐开",Pin 1 选项中选择"2 系统设置音乐关",如图4-190所示。实现在每次重新执行此脚本时,对最初的音乐开关按钮材质进行初始化。

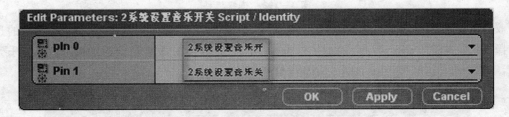

图 4-190 编辑参数

双击第2个 Identity 模块,在其参数设置面板 pIn 0 选项中选择"2 系统设置音乐关",Pin 1 选项中选择"2 系统设置音乐开",如图4-191所示。

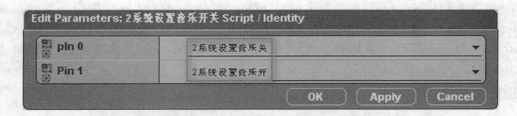

图 4-191　编辑参数

双击第 3 个 Identity 模块,在其参数设置面板 pIn 0 选项中选择"2 系统设置音乐开",Pin 1 选项中选择"2 系统设置音乐关",从而实现单击音乐开关按钮时不同状态下材质的转换,如图 4-192 所示。

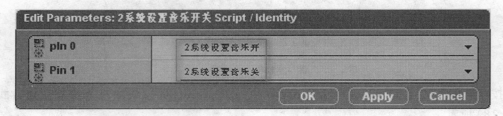

图 4-192　编辑参数

(7) 添加 Deactivate Script(解除脚本激活 Building Blocks/Narratives/Script Management/ Deactivate Script)BB 行为交互模块,并拖动到第 2 个 Identity 模块的后面,连接第 2 个 Identity 模块的输出端"Out"与 Deactivate Script 模块的输入端"In",如图 4-193 所示。

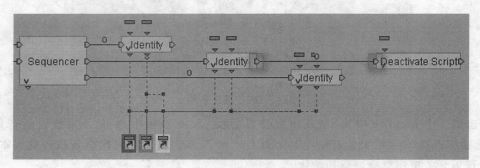

图 4-193　连接模块

双击 Deactivate Script 模块,在其参数设置面板 Script 选项中选择 Level,在下面的选项中选择"音乐选择"Script 脚本,如图 4-194 所示。实现当在背景音乐播放时,单击音乐开关按钮,解除"音乐选择"Script 脚本,关闭背景音乐。

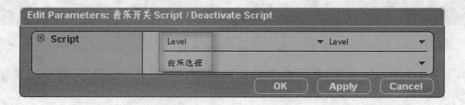

图 4-194　编辑参数

(8) 添加 Activate Script(脚本激活 Building Blocks/Narratives/Script Management/Activate Script)BB 行为交互模块,并拖动到第 3 个 Identity 模块的后面,连接第 3 个 Identity 模块的输出端"Out"与 Deactivate Script 模块的输入端"In",如图 4-195 所示。

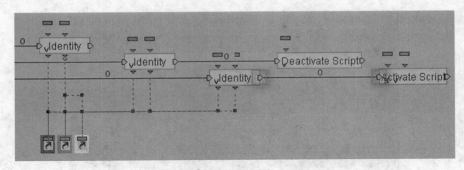

图 4-195　连接模块

双击 Activate Script 模块,在其参数设置面板 Script 选项中选择 Level,在下面的选项中选择"音乐选择"Script 脚本,并叉选 Reset 选项,如图 4-196 所示。实现当在停止背景音乐时单击音乐开关按钮,可激活"音乐选择"Script 脚本,并开启背景音乐。

图 4-196　编辑参数

至此,系统设置功能制作完成,效果如图 4-197 所示。

图 4-197　测试效果

选择"2系统设置背景选择右"、"2系统设置背景选择左"、"音乐选择"、"2系统设置音量调节"、"2系统设置音乐开关"Script脚本,并设置其显示颜色,以便和前面的脚本加以区分,如图4-198所示。

图4-198 设置显示颜色

(9)为了便于其他功能的制作,要对系统设置功能面板进行隐藏。单击Level Manager标签按钮,展开Level/Global/2D Frames目录,选择"2系统设置面板"二维帧,在其Visible选项中,设置其隐藏状态,与此二维帧同时隐藏的还有此二维帧的所有子对象二维帧,如图4-199所示。

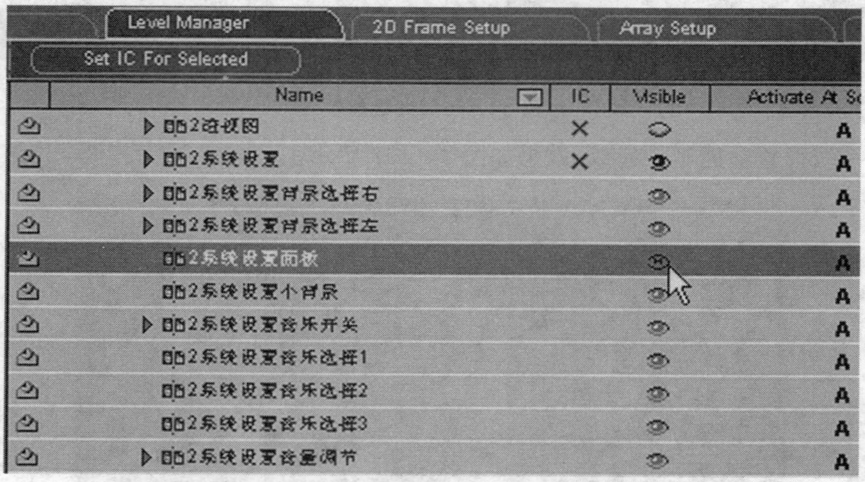

图4-199 设置隐藏

思考与练习

1. 思考题

（1）试分析"背景选择"制作中 Test 模块和第 3 章"悬浮菜单"制作中 Test 模块的异同点？

（2）如何在制作的演示实例中完全载入所需要的音乐文件？

（3）"音量调节制作"过程中如何确定音量调节滑块及鼠标的相对位置？

2. 练 习

（1）制作一个二维帧小背景，使其与背景对应。

（2）参考随书光盘中"4 系统设置制作.cmo"文件，制作一个可以切换背景音乐的实例。

（3）参考随书光盘中"4 系统设置制作.cmo"文件，制作一个通过键盘来控制音量调节滑块的实例。

第 5 章 换色演示制作

本章重点

- 色板的制作
- 机壳颜色的选取
- 颜色选取的重置

"换色演示"实现的是提取鼠标在色板中滑动时的当前颜色,以单击鼠标左键进行确认,并实时地更新照相机对象中机壳对象材质的变化,实现照相机机壳换色。需要更改机壳颜色时则单击换色演示功能面板左下角的重新选择按钮来进行颜色的重新选择。

5.1 "换色演示"功能面板制作

(1) 创建一个新材质,改名为"2 换色演示面板",在其设置面板中将 Diffuse 颜色选择为 R、G、B 的数值都为 255 的白色,在 Mode 选项中选择 Transparent(透明)模式,在 Texture(纹理)选项中选择名称为"换色演示色板"的纹理图片,在 Filter Min 选项中选择 MipNearest,在 Filter Mag 选项中选择 Nearest,其他选项保持不变,如图 5-1 所示。

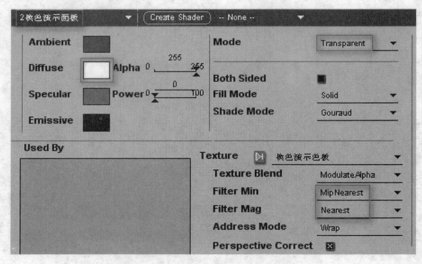

图 5-1 设置材质

创建一个新的二维帧,改名为"2 换色演示面板",在其设置面板 Position 选项中设置 X 的数值为 13、Y 的数值为 19、Z Order(Z 轴次序)的数值为 0,在 Size 选项中设置 Width 的数值为 190、Height 的数值为 218,在 Material 选项中选择"2 换色演示面板"材质,其他设置保持不变,如图 5-2 所示。

第 5 章 换色演示制作

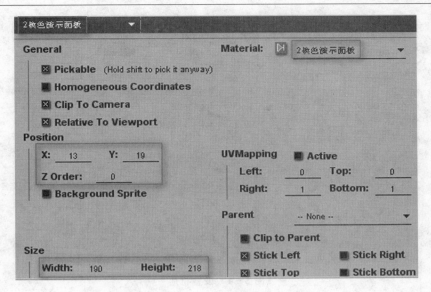

图 5-2 设置二维帧

此时场景中添加"2 换色演示面板"二维帧后的效果如图 5-3 所示。

图 5-3 色板效果

（2）创建一个新材质，改名为"2 换色演示面板边框"，在其设置面板中将 Diffuse 颜色选择为 R、G、B 的数值都为 255 的白色，在 Mode 选项中选择 Transparent（透明）模式，在 Texture（纹理）选项中选择名称为"换色演示边框"的纹理图片，在 Filter Min 选项中选择 MipNearest，在 Filter Mag 选项中选择 Nearest，其他选项保持不变，如图 5-4 所示。

创建一个新的二维帧，改名为"2 换色演示边框"，取消 General 项中 Pickable 选项的叉选标记，在 Position 选项中设置 X 的数值为-11、Y 的数值为-40、Z Order（Z 轴次序）的数值为 1，在 Size 选项中设置 Width 的数值为 249、Height 的数值为 349，在 Material 选项中选择"2 换色演示面板边框"材质，在 Parent 选项中选择"2 换色演示面板"二维帧，其他设置保持不变，如图 5-5 所示。

此时场景中添加"2 换色演示面板边框"二维帧后的效果如图 5-6 所示。

169

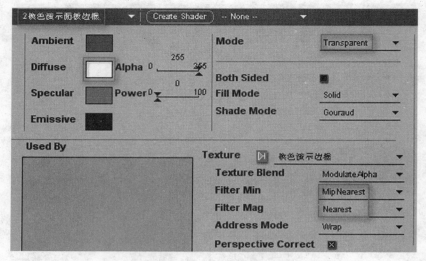

图 5-4 设置材质

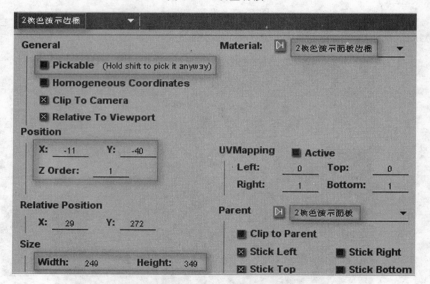

图 5-5 设置二维帧

图 5-6 色板边框效果

5.2 颜色选取制作

(1) 创建 Level 脚本,把它改名为"2 换色演示",如图 5-7 所示。

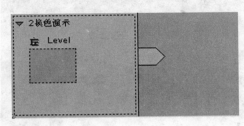

图 5-7 创建 Script

(2) 添加 Get Mouse Position(获取鼠标位置 Building Blocks/Controllers/Mouse/Get Mouse Position)BB 行为交互模块,连接脚本编辑窗口的开始端与 Get Mouse Position 模块的输入端"In",如图 5-8 所示。

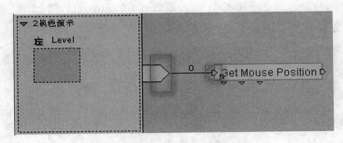

图 5-8 连接模块

右击 Get Mouse Position 模块,在弹出的右键快捷菜单中选择 Edit Settings 选项,如图 5-9 所示。

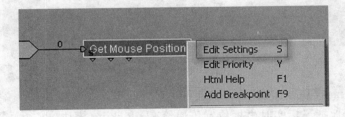

图 5-9 参数设置

在弹出的设置面板中叉选 Windowed Mode 选项,如图 5-10 所示。

(3) 添加 2D Picking(鼠标单击 Building Blocks/Interface/Screen/2D Picking)BB 行为交互模块,拖动到 Get Mouse Position 模块的后面。连接 Get Mouse Position 模块的输出端"Out"与 2D Picking 模块的输入端"In",如图 5-11 所示。

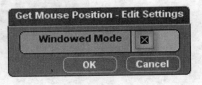

图 5-10 设置参数

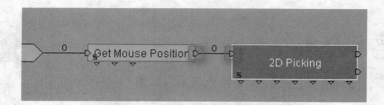

图 5-11　连接模块

右击 2D Picking 模块,在弹出的右键快捷菜单中选择 Edit Setting 选项,并在弹出的参数设置面板中取消 Use Mouse Coordinates 选项的叉选标记,如图 5-12 所示。

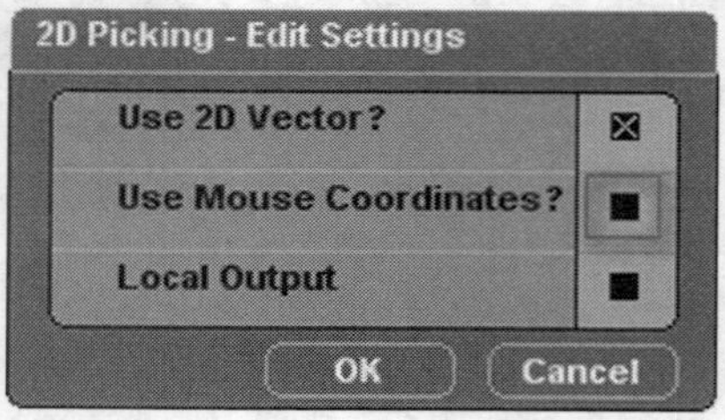

此时,可以观察到在脚本编辑窗口中 2D Picking 模块比设置前多了两个参数输入端"Pos(Vector 2D)"和"Window Relative(Boolean)",如图 5-13 所示。

连接 Get Mouse Position 模块的参数输出端"Position(Vector 2D)"与 2D Picking 模块参数输入端"Pos(Vector 2D)",如图 5-14 所示。实现把获取的鼠标坐标位置传递给 2D Picking 模块。

图 5-12　设置参数

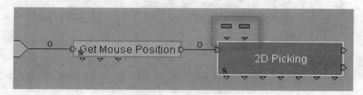

图 5-13　设置参数

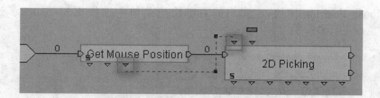

图 5-14　连接模块

连接 2D Picking 模块输出端"False"与 Get Mouse Position 模块输入端"In",如图 5-15 所示。实现不间断地把鼠标实时坐标位置传递给 2D Picking 模块。

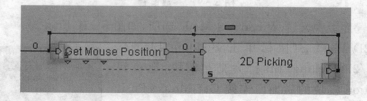

图 5-15　连接模块

双击 2D Picking 模块的参数输入端"Window Relative(Boolean)",在其参数设置面板 Parameter Name 项中输入 Absolute Coordinates，并叉选 Absolute Coordinates 选项，如图 5-16 所示。

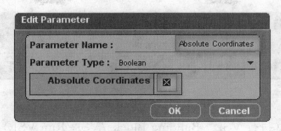

图 5-16 设置参数

（4）添加 Switch On Parameter（切换参数 Building Blocks/Logics/Streaming/Switch On Parameter）BB 行为交互模块，并拖放到 2D Picking 模块的后面，如图 5-17 所示。连接 2D Picking 模块的输出端"True"与 Switch On Parameter 模块的输入端"In"。

图 5-17 连接模块

Switch On Parameter 模块实现的是鼠标移动到"2 换色演示面板"二维帧上时，执行后续的流程，如果获取的鼠标坐标未在"2 换色演示面板"二维帧的坐标数值范围内，则继续判断。双击 Switch On Parameter 模块的参数输入端"Test（Float）"，把其参数类型改为 2D Entity，如图 5-18 所示。

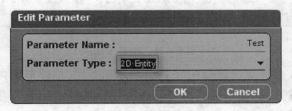

图 5-18 设置参数

连接 2D Picking 模块的参数输出端"Sprite（Sprite）"与 Switch On Parameter 模块的参数输入端"Test（2D Entity）"，连接 Switch On Parameter 模块的输出端"None"与 Get Mouse Position 模块的输入端"In"，如图 5-19 所示。

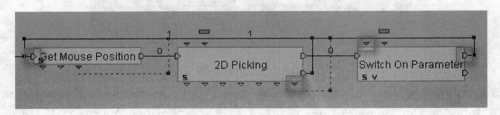

图 5-19 连接模块

双击 Switch On Parameter 模块,在其参数设置面板 Pin1 选项中选择"2 换色演示面板"二维帧,如图 5-20 所示。

图 5-20 设置参数

(5) 添加 Run VSL(执行 VSL Building Blocks/VSL/Run VSL)BB 行为交互模块,拖放到 Switch On Parameter 模块的后面。双击 Run VSL 模块,打开 VSL 的编辑窗口,在编辑窗口中输入以下的代码(如图 5-21 所示)。

```
void main()
{
    Vector2D pos_frame;
    Vector2D size_frame;
    frame.GetPosition(pos_frame);
    frame.GetSize(size_frame);
    out_vector.x = (Mouse_Position.x - pos_frame.x) / size_frame.x;
    out_vector.y = (Mouse_Position.y - pos_frame.y) / size_frame.y;
```

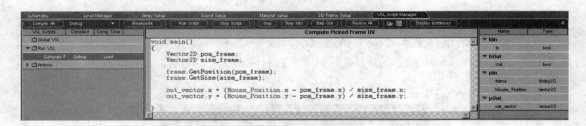

图 5-21 编辑 VSL

此模块实现的是实时计算出鼠标在"2 换色演示面板"二维帧范围内的 UV 坐标数值。为此模块添加两个参数输入端,分别命名为"frame"、"Mouse Position",并分别设定参数类型为"Entity 2D"、"Vector 2D",再添加一个参数输出端"out Vecter",设定参数类型为"Vector 2D",把此模块更名为 Compute Picked Frame UV,如图 5-22 所示。

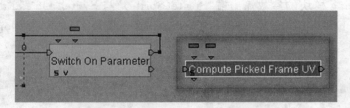

图 5-22 编辑名称

连接 Switch On Parameter 模块的输出端"Out 1"与 Compute Picked Frame UV 模块的输入端"In",连接 Get Mouse Position 模块的参数输出端"Position(Vector 2D)"与 Compute

Picked Frame UV 模块的参数输入端"Mouse_Position(Vector 2D)",连接 2D Picking 模块的参数输出端"Sprite(Sprite)"与 Compute Picked Frame UV 模块的参数输入端"frame(2D Entity)",如图 5-23 所示。

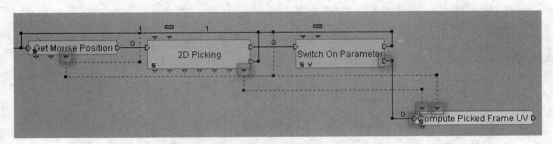

图 5-23　连接模块

（6）添加 Pixel Value（像素值 Building Blocks/Materials－Txtures/Texture/Pixel Value）BB 行为交互模块,并拖放到 Compute Picked Frame UV 模块的后面,如图 5-24 所示。连接 Compute Picked Frame UV 模块的输出端"Out"与 Pixel Value 模块的输入端"In"。

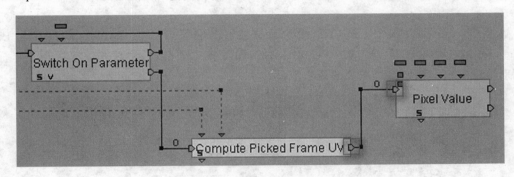

图 5-24　连接模块

提　示：
Pixel Value 模块（如图 5-25 所示）的流程及功能

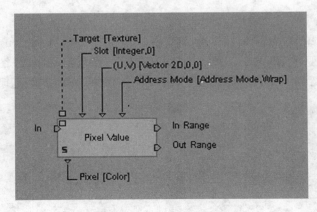

图 5-25　Pixel Value 模块

事件流程：

In：触发流程。
In Range(范围内)：如果(U,V)坐标在[0,1]范围内则启动。
Out Range(范围外)：如果(U,V)坐标不在[0,1]范围内则启动。
功能：输出特定的贴图像素的 RGB 数值。

双击 Pixel Value 模块，在其参数设置面板 Traget(Texture)选项中选择"换色演示色板"纹理图片，Address Mode 选项中选择 Clamp，如图 5-26 所示。

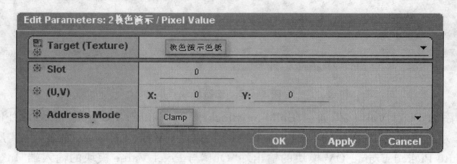

图 5-26 设置参数

连接 Compute Picked Frame UV 模块的参数输出端"Out_Vector(Vector 2D)"与 Pixel Value 模块的参数输入端"(U,V)(Vector 2D)"，如图 5-27 所示，实现获取鼠标顶点坐标位置所对应的"换色演示"纹理图片的像素值。

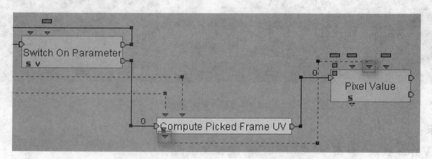

图 5-27 连接模块

连接 Pixel Value 模块的输出端"Out Range"与 Get Mouse Position 模块的输入端"In"，如图 5-28 所示，实现当获取的鼠标顶点坐标位置超出"换色演示"纹理图片所对应二维帧的坐标数值时，重新进行判断鼠标坐标数值是否在贴图二维帧坐标数值范围内。

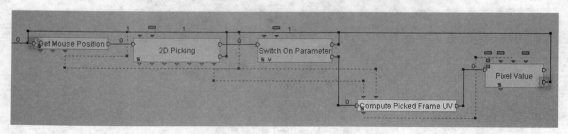

图 5-28 连接模块

（7）实现照相机对象机身换色功能，其实际上只改变了"机身前部"、"机身后部"两个对象所对应的三种材质。

添加 Set Diffuse(设定漫反射颜色 Building Blocks/Logics/Materials-Textures/Basic/Set Diffuse)BB 行为交互模块，拖放到 Pixel Value 模块的后面，如图 5-29 所示。连接 Pixel Value 模块的输出端"In Range"与 Set Diffuse 模块的输入端"In"。

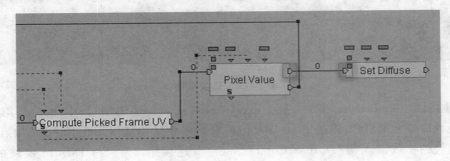

图 5-29　连接模块

双击 Set Diffuse 模块，在其参数设置面板 Target(Material)选项中选择 front 材质，如图5-30 所示。

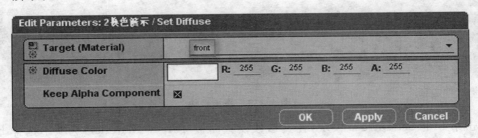

图 5-30　设置参数

连接 Pixel Value 模块的参数输出端"Pixel(Color)"与 Set Diffuse 模块的参数输入端"Diffuse Color(Color)"，如图 5-31 所示。实现把获取的颜色像素数值传递给 Set Diffuse 模块，从而改变"机身前部"对象 front 材质。

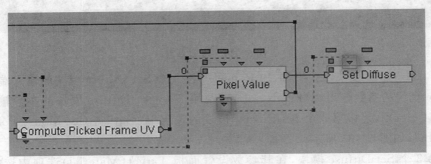

图 5-31　连接模块

连接 Set Diffuse 模块的输出端"Out"与 Get Mouse Position 模块的输入端"In",如图 5-32 所示。实现把所取得的颜色像素数值随鼠标的移动不间断的传递给 Set Diffuse 模块,以改变照相机对象的机壳颜色。

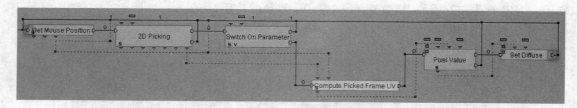

图 5-32 连接模块

再添加两个 Set Diffuse 模块,连接 Pixel Value 模块的输出端"In Range"与第 2 个 Set Diffuse 模块的输入端"In",连接 Pixel Value 模块的参数输出端"Pixel(Color)"与第 2 个 Set Diffuse 模块的参数输入端"Diffuse Color(Color)",连接第 2 个 Set Diffuse 模块的输出端"Out"与 Get Mouse Position 模块的输入端"In",如图 5-33 所示。

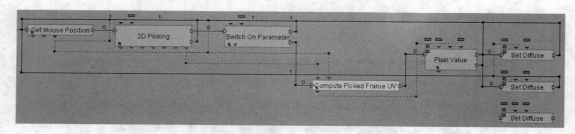

图 5-33 连接模块

双击第 2 个 Set Diffuse 模块,在其参数设置面板 Target(Material)选项中选择 back 材质,如图 5-34 所示。

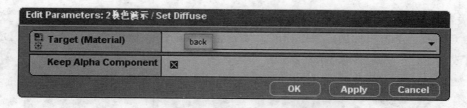

图 5-34 设置参数

连接 Pixel Value 模块的输出端"In Range"与第 3 个 Set Diffuse 模块的输入端"In",连接 Pixel Value 模块的参数输出端"Pixel(Color)"与第 3 个 Set Diffuse 模块的参数输入端"Diffuse Color(Color)",连接第 3 个 Set Diffuse 模块的输出端"Out"与 Get Mouse Position 模块的输入端"In",如图 5-35 所示。

双击第 3 个 Set Diffuse 模块,在其参数设置面板 Target(Material)选项中选择 backtop 材质,如图 5-36 所示。

按下状态栏的播放按钮,在场景中可以实现鼠标在换色演示面板中滑动时,以鼠标顶点所指颜色像素数值传递给照相机对象材质的漫反射颜色数值。测试效果如图 5-37 所示。

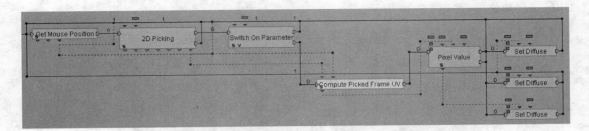

图 5-35 连接模块

图 5-36 设置参数

图 5-37 测试效果

(8) 通过测试可以观察出, 照相机对象机身颜色随鼠标选取颜色变化而变化, 不能固定于其中的一种颜色, 而且每次启动时的照相机机身对象材质漫反射颜色也不能确定。

删除 Pixel Value 模块的输出端"In Range"与三个 Set Diffuse 模块的输入端"In"之间的连线, 如图 5-38 所示。

添加 Binary Switch(二进制转换 Building Blocks/Logics/Streaming/Binary Switch) BB 行为交互模块, 拖放到 Pixel Value 模块与 Set

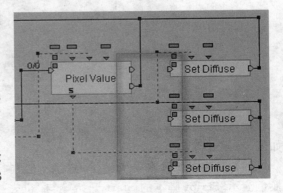

图 5-38 删除连线

Diffuse 模块之间,如图 5-39 所示。

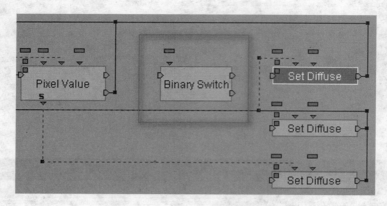

图 5-39 添加模块

提 示：

Binary Switch 模块(如图 5-40 所示)会根据布尔值 (Boolean)的真假来启动相对应的流程输出。所以可以设置相应的条件,进而通过 Binary Switch 模块启动相应的流程。相当于起到了"开关"的作用。

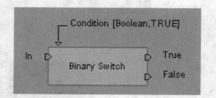

图 5-40 Binary Switch 模块

Binary Switch 模块流程：

In：触发流程。

True：当逻辑条件为 TRUE 时启动。

False：当逻辑条件为 FALSE 时启动。

连接 Pixel Value 模块的输出端"In Range"与 Binary Switch 模块的输入端"In",连接 Binary Switch 模块的输出端"True"与三个 Set Diffuse 模块的输入端"In",如图 5-41 所示。

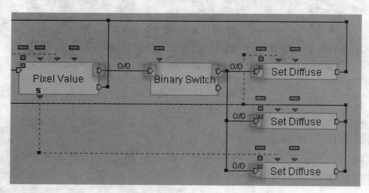

图 5-41 连接模块

连接 Binary Switch 模块的输出端"False"与 Get Mouse Position 模块的输入端"In",如图 5-42 所示。

(9) 框选在此脚本中所创建的模块,绘制行为脚本框图,并改名为"机壳换色"。连接"2 换色演示"Script 脚本的 Start 开始端与"机壳换色"脚本框图的输入端"In 0",连接"机壳换色"脚本框图的输入端"In 0"与 Get Mouse Position 模块的输入端"In",如图 5-43 所示。

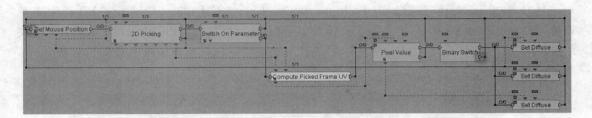

图 5-42 连接模块

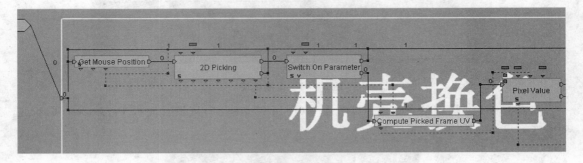

图 5-43 连接模块

添加 Wait Message(等待信息 Building Blocks/Logics/Message/Wait Message)BB 行为交互模块。连接"2 换色演示"Script 脚本的开始端与 Wait Message 模块的输入端"In",如图 5-44 所示。

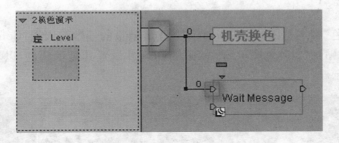

图 5-44 连接模块

为 Wait Message 模块添加目标参数。双击 Wait Message 模块,在其参数设置面板 Target(Behavioral Object)选项中选择"2 换色演示面板"二维帧,如图 5-45 所示。

图 5-45 设置参数

（10）添加 Identity（参数指定 Building Blocks/Logics/Calculator/Identity）BB 行为交互模块，拖放到 Wait Message 模块后。连接 Wait Message 模块的输出端"Out"与 Identity 模块的输入端"In"，连接 Identity 模块的输出端"Out"与 Wait Message 模块的输入端"In"，如图 5-46 所示。

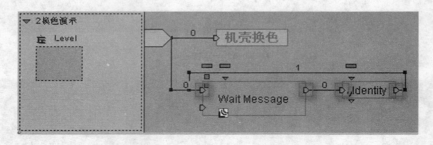

图 5-46 连接模块

双击 Identity 模块的参数输入端"pIn 0（Float）"，在其参数设置面板 Parameter Type 选项中选择 Boolean，如图 5-47 所示。

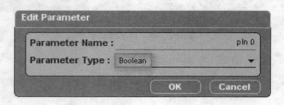

图 5-47 设置参数

打开"机壳换色"脚本框图，复制 Binary Switch 模块的参数输入端"Condition（Boolean）"，以快捷方式形式粘贴到"2 换色演示"脚本编辑窗口，并设置其显示颜色，以名称和数值形式显示，如图 5-48 所示。

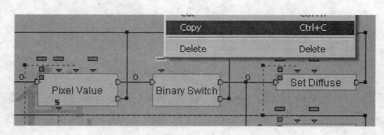

图 5-48 复制参数

连接 Identity 模块的参数输出端"pOut 0（Boolean）"与 Binary Switch 模块参数输入端"Condition（Boolean）"快捷方式，如图 5-49 所示。

双击 Identity 模块，在其参数设置面板取消 pIn 0 选项的叉选（如图 5-50 所示），也就是赋假值给 Binary Switch 模块参数输入端"Condition（Boolean）"快捷方式。

按下状态栏的播放按钮，在选取照相机机壳材质漫反射颜色时，单击鼠标左键，则机壳材质漫反射颜色就定位于此时鼠标选择的颜色。而再移动鼠标，照相机机壳颜色则不再更改。测试效果如图 5-51 所示。

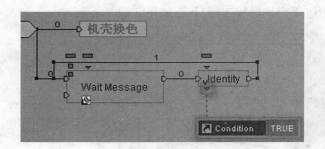
图 5-49 连接模块

图 5-50 设置参数

图 5-51 测试效果

（11）删除"2换色演示"脚本开始端与"机壳换色"脚本框图的连线。添加三个 Set Diffuse（设定漫反射颜色 Building Blocks/Logics/Materials-Textures/Basic/Set Diffuse）BB 行为交互模块，如图 5-52 所示。这三个 Set Diffuse 模块的作用是赋于照相机机壳材质漫反射颜色的初始值。

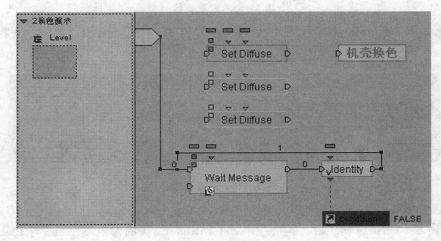
图 5-52 添加模块

分别连接脚本开始端与三个 Set Diffuse 模块的输入端"In",如图 5-53 所示。

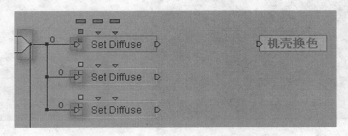

图 5-53 连接模块

双击新添加的第 1 个 Set Diffuse 模块,在其参数设置面板 Target(Material)选项中选择 front 材质,如图 5-54 所示。

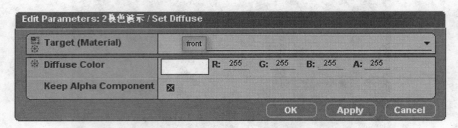

图 5-54 设置参数

双击第 2 个 Set Diffuse 模块,在其参数设置面板 Target(Material)选项中选择 back 材质,如图 5-55 所示。

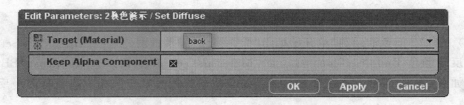

图 5-55 设置参数

双击第 3 个 Set Diffuse 模块,在其参数设置面板 Target(Material)选项中选择 backtop 材质,如图 5-56 所示。

图 5-56 设置参数

(12) 添加 Identity(参数指定 Building Blocks/Logics/Calculator/Identity)BB 行为交互模块,拖放到 Set Diffuse 模块后。连接三个 Set Diffuse 模块的输出端"Out"与 Identity 模块

的输入端"In",连接 Identity 模块的输出端"Out"与"机壳换色"脚本框图的输入端"In0",如图 5-57 所示。

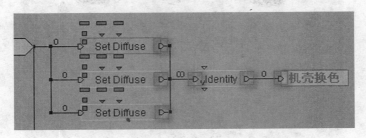

图 5-57 连接模块

双击 Identity 模块的参数输入端"pIn 0(Float)",在其参数设置面板 Parameter Type 选项中选择 Boolean,如图 5-58 所示。

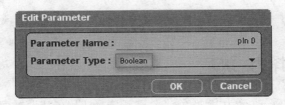

图 5-58 设置参数

再复制一个 Binary Switch 模块的参数输入端"Condition(Boolean)",以快捷方式形式粘贴到"2 换色演示"脚本编辑窗口。连接 Identity 模块的参数输出端"pOut 0(Boolean)"与 Binary Switch 模块参数输入端"Condition(Boolean)"快捷方式,如图 5-59 所示。

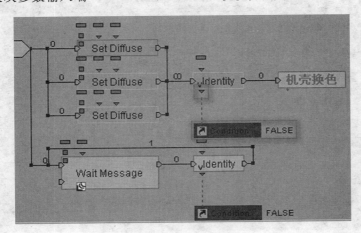

图 5-59 连接模块

双击 Identity 模块,在其参数设置面板叉选 pIn 0 选项,如图 5-60 所示。赋真值给 Binary Switch 模块参数输入端"Condition(Boolean)"快捷方式。实现了每次启动时的照相机机身对象材质漫反射颜色的初始化,测试效果如图 5-61 所示。

图 5-60 设置参数

图 5-61 测试效果

5.3 重新选择按钮

（1）创建一个新材质，改名为"2 换色演示重新选择 1"，在其设置面板 Diffuse 颜色选择为 R、G、B 的数值都为 255 的白色，在 Mode 选项中选择 Transparent（透明）模式，在 Texture（纹理）选项中选择名称为"换色演示重新选择 1"的纹理图片，在 Filter Min 选项中选择 MipNearest，在 Filter Mag 选项中选择 Nearest，其他选项保持不变，如图 5-62 所示。

图 5-62 设置材质

再创建一个新材质，改名为"2 换色演示重新选择 2"，在其设置面板中将 Diffuse 颜色选择为 R、G、B 的数值都为 255 的白色，在 Mode 选项中选择 Transparent（透明）模式，在 Texture（纹理）选项中选择名称为"换色演示重新选择 2"的纹理图片，在 Filter Min 选项中选择 MipNearest，在 Filter Mag 选项中选择 Nearest，其他选项保持不变，如图 5-63 所示。

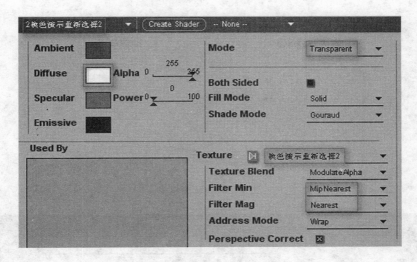

图 5-63 设置材质

（2）创建一个新的二维帧，改名为"2 换色演示重新选择"，在其设置面板中将 Position 选项中设置 X 的数值为 8、Y 的数值为 231、Z Order（Z 轴次序）的数值为 1，在 Size 选项中设置 Width 的数值为 80、Height 的数值为 40，在 Parent 选项中选择"2 换色演示面板"二维帧，如图 5-64 所示。

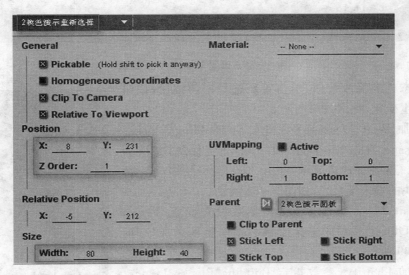

图 5-64 设置二维帧

（3）创建"2 换色演示重新选择"二维帧 Script 脚本。添加 PushButton（按钮 Building Blocks/Interface/Controls/PushButton）BB 行为交互模块，连接"2 换色演示重新选择"二维帧 Script 脚本编辑窗口开始端与 PushButton 模块的输入端"On"，如图 5-65 所示。

双击 PushButton 模块，在其参数设置面板 Released Material（松开按钮材质）选项中选择"2 换色演示重新选择 1"材质，在 Pressed Material（按下按钮材质）、RollOver Material（鼠标经过时材质）选项中选择"2 换色演示重新选择 2"材质，如图 5-66 所示。

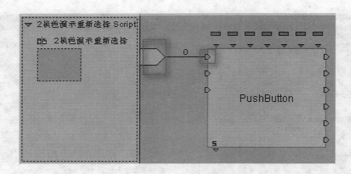

图 5-65 连接模块

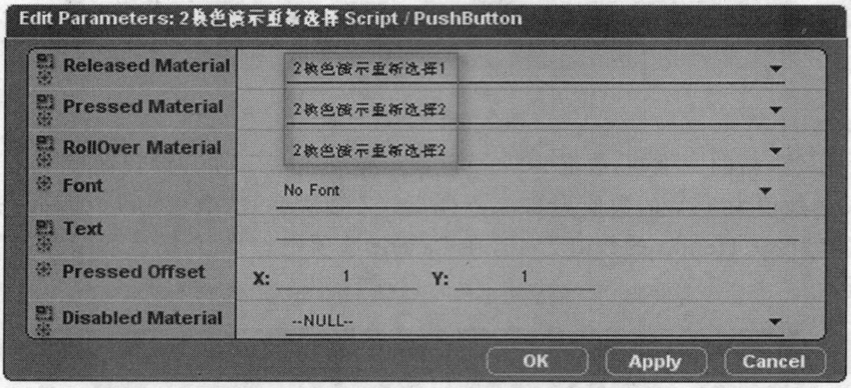

图 5-66 设置 Push Button 模块

按下状态栏的播放按钮,单击重新选择平面按钮,按钮对应材质发生变化,测试效果如图 5-67 所示。

(4) 添加 Wait Message(等待信息 Building Blocks/Logics/Message/Wait Message)BB 行为交互模块,并添加其目标参数。连接"2 换色演示"Script 脚本的开始端与 Wait Message 模块的输入端"In",如图 5-68 所示。

双击 Wait Message 模块,在其参数设置面板 Target (Behavioral Object)选项中选择"2 换色演示重新选择"二维帧,如图 5-69 所示。

(5) 添加 Identity(参数指定 Building Blocks/Logics/Calculator/Identity) BB 行为交互模块,拖放到 Wait Message模块后。连接 Wait Message 模块的输出端"Out"与 Identity 模块的输入端"In",连接 Identity 模块的输出端"Out"与 Wait Message 模块的输入端"In",如图 5-70 所示。

图 5-67 测试效果

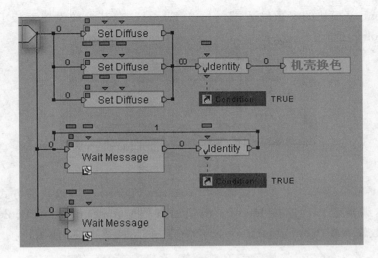

图 5-68 连接模块

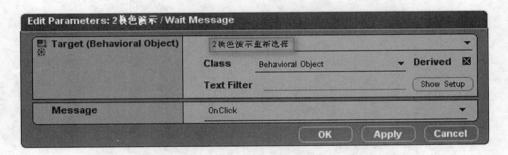

图 5-69 设置参数

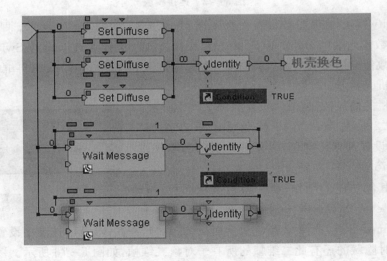

图 5-70 连接模块

双击此 Identity 模块的参数输入端"pIn 0(Float)",在其参数设置面板 Parameter Type 选项中选择 Boolean,如图 5-71 所示。

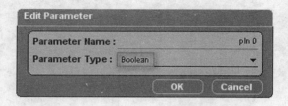

图 5-71 设置参数

复制 Binary Switch 模块的参数输入端"Condition(Boolean)",以快捷方式形式粘贴到"2 换色演示"脚本编辑窗口。连接 Identity 模块的参数输出端"pOut 0(Boolean)"与 Binary Switch 模块参数输入端"Condition(Boolean)"快捷方式,如图 5-72 所示。

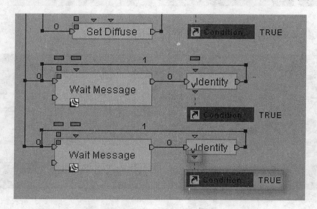

图 5-72 连接模块

双击 Identity 模块,在其参数设置面板叉选 pIn 0 选项,如图 5-73 所示。赋真值给 Binary Switch 模块参数输入端"Condition(Boolean)"快捷方式。这样通过 Binary Switch 模块,实现了终止赋颜色数值给照相机对象机壳材质,又实现了利用"重新选择"按钮再继续赋颜色数值给照相机对象机壳材质。

按下状态栏的播放按钮,测试效果如图 5-74 所示。

(6) 选择"2 换色演示"、"2 换色演示重新选择"Script 脚本,并设置其显示颜色,以便和前面的脚本加以区分(如图 5-75 所示)。

图 5-73 设置参数

为了便于其他功能的制作,要对换色演示面板进行隐藏。单击 Level Manager 标签按钮,展开 Level/Global/2D Frames 目录,选择"2 换色演示面板"二维帧,在其 Visible 选项中设置其隐藏状态,与此二维帧同时隐藏的还有此二维帧的所有子对象二维帧,如图 5-76 所示。

图 5-74 测试效果

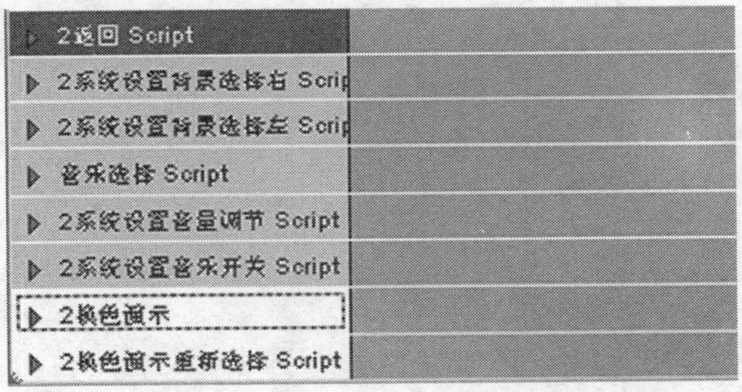

图 5-75 设置显示颜色

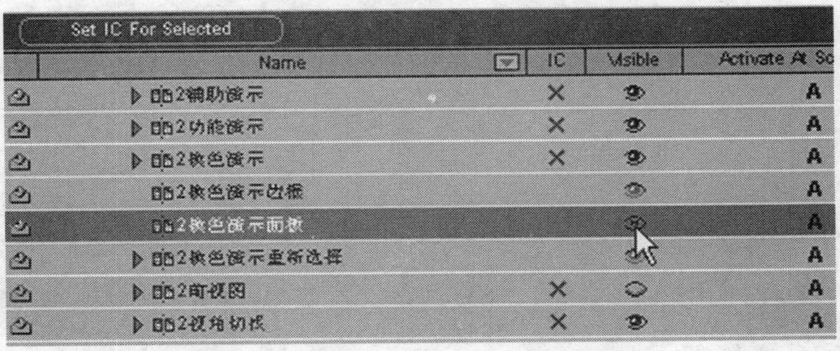

图 5-76 设置隐藏

思考与练习

1. 思考题

(1) 如何实现把所选择的颜色赋予给虚拟对象的材质？
(2) 自创 Compute Picked Frame UV 模块的意义是什么？
(3) 在"重新选择"制作过程中，Binary Switch 模块的作用是什么？

2. 练　习

(1) 参考随书光盘中"5 换色演示制作.cmo"文件，制作一个圆形的色彩选取面板，用于实现在圆形区域内选择颜色。
(2) 通过 Binary Switch 模块，制作一个具有开启、关闭演示功能的实例。

第 6 章 辅助演示制作

本章重点

- 3D Sprite 的使用
- 辅助按钮的应用
- 材质的转换

"辅助演示"实现了两个功能,其一是通过相应的按钮开启/关闭 3D Sprite 辅助标识,其二是通过相应的按钮实现照相机对象的填色模式的点、线、实体之间的转换。

6.1 "辅助演示"选项面板制作

创建一个新材质,改名为"2辅助演示面板",在其设置面板 Diffuse 颜色选择为 R、G、B 的数值都为 255 的白色,在 Mode 选项中选择 Transparent(透明)模式,在 Texture(纹理)选项中选择名称为"辅助演示"的纹理图片,在 Filter Min 选项中选择 MipNearest,在 Filter Mag 选项中选择 Nearest,其他选项保持不变,如图 6-1 所示。

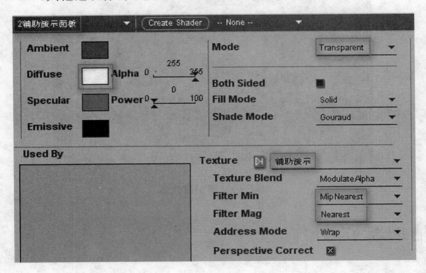

图 6-1 设置材质

创建一个新的二维帧,改名为"2辅助演示面板",在其设置面板 Position 选项中设置 X 的数值为-12、Y 的数值为-35、Z Order(Z轴次序)的数值为-1,在 Size 选项中设置 Width 的数值为 250、Height 的数值为 350,在 Material 选项中选择名称为"2辅助演示面板"材质,其他设置保持不变,如图 6-2 所示。

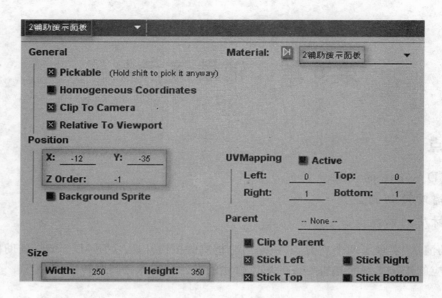

图 6-2 设置二维帧

此时场景中添加"2 辅助演示面板"二维帧后的效果如图 6-3 所示。

图 6-3 添加后效果

6.2 辅助标识制作

6.2.1 3D Sprite 设置

（1）单击 Level Manage（层级管理）标签按钮，在层级管理器窗口的 Global 目录下找到 3D Sprite 目录，展开目录就会发现前面所导入的 3D Sprite 对象，并取消其全部 3D Sprite 对象隐藏标记，使其全部显示出来，如图 6-4 所示。

第 6 章　辅助演示制作

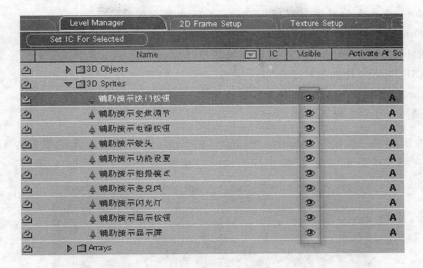

图 6-4　3D Sprite 对象

（2）双击 3D Sprite 目录下"辅助演示快门按钮"3D Sprite 对象，开启 3D Sprite 设置窗口，如图 6-5 所示。

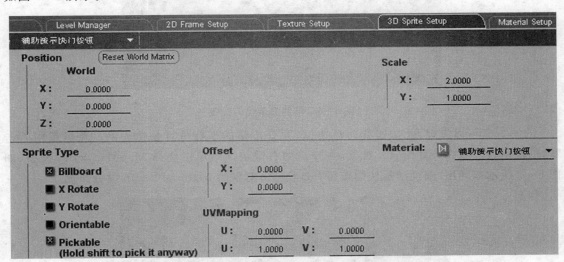

图 6-5　3D Sprite 窗口

提　示：

3D Sprite Setup 设置面板

Name：3D Sprite 名称。

World Position：3D Sprite 对象在世界坐标系中的位置。

Scale：3D Sprite 对象的尺寸。

Sprite Type：设定 3D Sprite 对象的类型。

- Billboard：永远面对摄影机。

- X Rotate：永远面对摄影机，但只能以 X 轴为轴心旋转。

- Y Rotate：永远面对摄影机，但只能以 Y 轴为轴心旋转。
- Orientable：启用此项，则根据 Orientation 确定 3D Sprite 对象的方位角。
- Pickable：设定 3D Sprite 对象可否被鼠标选取。

Offset：3D Sprite 对象相对于轴心的偏移。

UVMapping：3D Sprite 对象左上角和右下角的贴图坐标。

Material：3D Sprite 对象应用的材质。

在"辅助演示快门按钮"3D Sprite 设置窗口的 Scale 选项中输入 X 的数值为 40、Y 的数值为 20，此时在场景中就可以看到"辅助演示快门按钮"显示出来，如图 6-6 所示。

图 6-6　辅助演示快门按钮

（3）观察可以发现，此按钮有白色边框，并且按钮的坐标位置是错误的。在场景中右击"辅助演示快门按钮"3D Sprite 对象，在弹出的右键快捷菜单中选择 Material Setup 选项（如图 6-7 所示），弹出"辅助演示快门按钮"3D Sprite 对象的 Material Setup 设置面板。

图 6-7　开启材质设置窗口

在其 Material Setup 设置面板 Mode 选项中选择 Transparent（透明）模式，其他选项保持不变（如图 6-8 所示）。这样就去除了"辅助演示快门按钮"3D Sprite 对象的白色边框。

（4）按下状态栏的播放按钮，在场景中通过先前所创建的视角切换按钮，选择以右视图的方式观看场景，如图 6-9 所示。

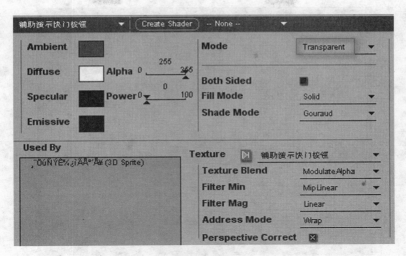

图6-8 设置材质

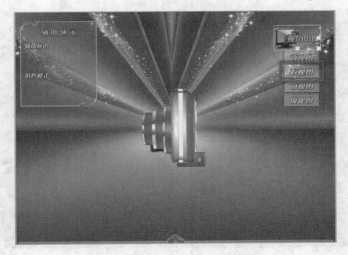

图6-9 转换观看方式

在此观看方式下,按下状态栏的停止按钮。单击3D Layout视窗左侧调节面板上的"Select and Translate(选择和变换)"按钮,并选择沿Z轴方向移动,如图6-10所示。

在场景中参考照相机对象,用鼠标沿Z轴拖动"辅助演示快门按钮"3D Sprite对象,使其处于相对合适的空间位置,如图6-11所示。

再按下状态栏的播放按钮,通过视角切换按钮,选择以顶视图方式观看场景,如图6-12所示。

在此观看方式下,按下状态栏的停止按钮。单击3D Layout视窗左侧调节面板上的"Select and Translate(选择和变换)"按钮,并选择沿X轴方向移动。在场景中参考照相机对象,用鼠标沿X轴拖动"辅助演示快门按钮"3D Sprite对象,使其处于相对合适的空间位置,如图6-13所示。

再按下状态栏的播放按钮,通过视角切换按钮,选择以前视图方式观看场景,如图6-14所示。

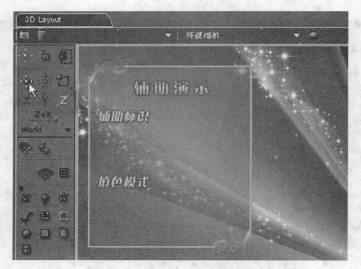

图 6-10 选择按钮

图 6-11 调整坐标位置

图 6-12 切换观看方式

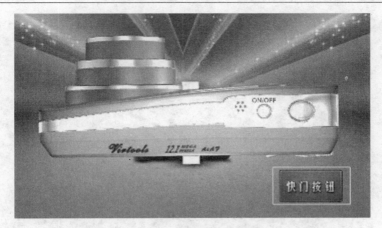

图 6-13 调整坐标位置

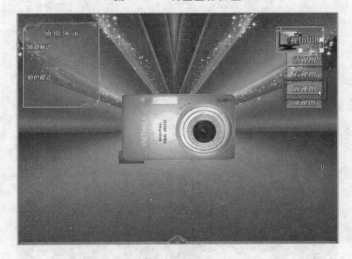

图 6-14 切换观看方式

在此观看方式下,按下状态栏的停止按钮。单击 3D Layout 视窗左侧调节面板上的"Select and Translate(选择和变换)"按钮,并选择沿 Y 轴方向移动。在场景中参考照相机对象,用鼠标沿 Y 轴拖动"辅助演示快门按钮"3D Sprite 对象,使其处于相对合适的空间位置,如图 6-15 所示。

再按下状态栏的播放按钮,单击鼠标右键,通过移动鼠标,在场景中旋转观察视角,可以观察到"辅助演示快门按钮"3D Sprite 对象始终面对着用户,如图 6-16 所示。

单击 3D Sprite 标签按钮,在"辅助演示快门按钮"3D Sprite 设置窗口中可以看到该位置的"辅助演示快门按钮"3D Sprite 对象空间坐标为"X:-65.1435、Y:96.0411、Z:-12.8536",如图 6-17 所示。需要说明的是,这个坐标数值可以由读者自己根据调节情况而不同,不是绝对的,但前提是要根据照相机对象的空间位置,使"辅助演示快门按钮"3D Sprite 对象放置于合适的位置。

(5) 按上面设置"辅助演示快门按钮"3D Sprite 对象的方法和步骤,分别添加"辅助演示变焦调节"、"辅助演示电源按钮"、"辅助演示功能设置"、"辅助演示镜头"、"辅助演示麦克风"、"辅助演示拍摄模式"、"辅助演示闪光灯"、"辅助演示显示按钮"、"辅助演示显示屏"3D Sprite

图 6-15　调整坐标位置

图 6-16　测试效果

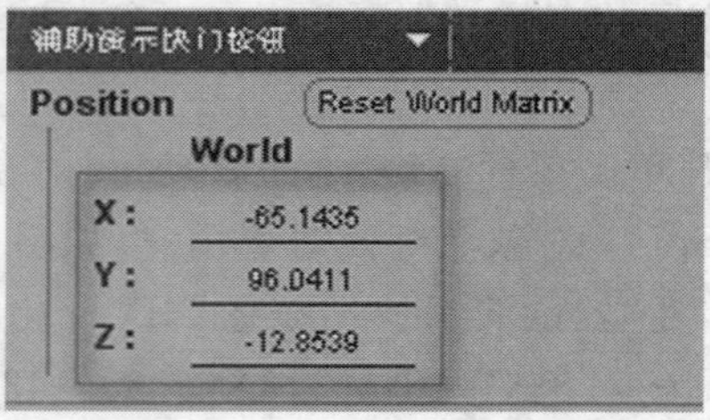

图 6-17　坐标数值

对象,并设置它们相应的坐标、尺寸及材质。

"辅助演示变焦调节"3D Sprite 对象的参考坐标及尺寸数值为(如图 6-18 所示):

　　World　　X:-11.4586、Y:71.7645、Z:23.7777

　　Scale　　X:40.0000、Y:20.0000

图 6-18 坐标数值

"辅助演示电源按钮"3D Sprite 对象的参考坐标及尺寸数值为（如图 6-19 所示）：
World X：-28.5409、Y：95.7361、Z：-14.8383
Scale X：40.0000、Y：20.0000

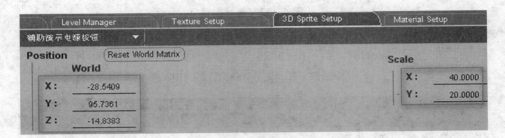

图 6-19 坐标数值

"辅助演示功能设置"3D Sprite 对象的参考坐标及尺寸数值为（如图 6-20 所示）：
World X：-76.0707、Y：22.6435、Z：22.5344
Scale X：40.0000、Y：20.0000

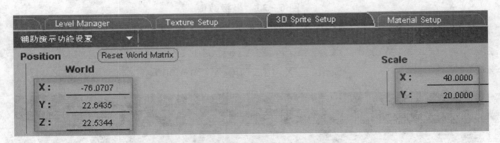

图 6-20 坐标数值

"辅助演示镜头"3D Sprite 对象的参考坐标及尺寸数值为（如图 6-21 所示）：
World X：71.3812、Y：38.7197、Z：-41.8172
Scale X：40.0000、Y：20.0000

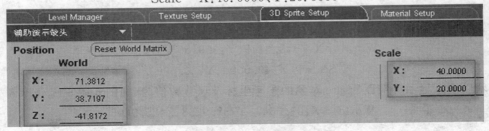

图 6-21 坐标数值

"辅助演示麦克风"3D Sprite 对象的参考坐标及尺寸数值为(如图 6-22 所示)：
World　　X：19.7535、Y：84.0234、Z：－40.2724
　　Scale　　X：40.0000、Y：20.0000

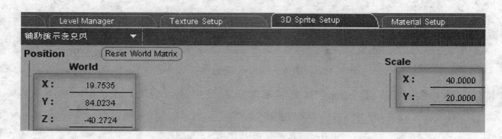

图 6-22　坐标数值

"辅助演示拍摄模式"3D Sprite 对象的参考坐标及尺寸数值为(如图 6-23 所示)：
World　　X：－85.9820、Y：53.5848、Z：14.8102
　　Scale　　X：40.0000、Y：20.0000

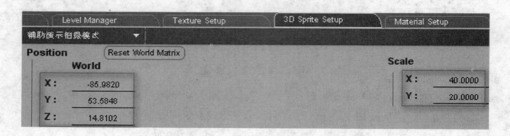

图 6-23　坐标数值

"辅助演示闪光灯"3D Sprite 对象的参考坐标及尺寸数值为(如图 6-24 所示)：
World　　X：－41.5432、Y：64.8401、Z：－45.7313
　　Scale　　X：40.0000、Y：20.0000

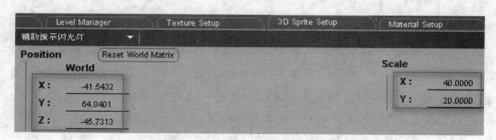

图 6-24　坐标数值

"辅助演示显示按钮"3D Sprite 对象的参考坐标及尺寸数值为(如图 6-25 所示)：
World　　X：－18.0149、Y：9.9159、Z：25.6528
　　Scale　　X：40.0000、Y：20.0000

"辅助演示显示屏"3D Sprite 对象的参考坐标及尺寸数值为(如图 6-26 所示)：
World　　X：39.6347、Y：38.9258、Z：25.9606
　　Scale　　X：40.0000、Y：20.0000

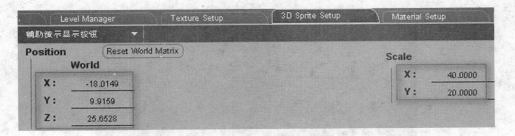

图 6-25　坐标数值

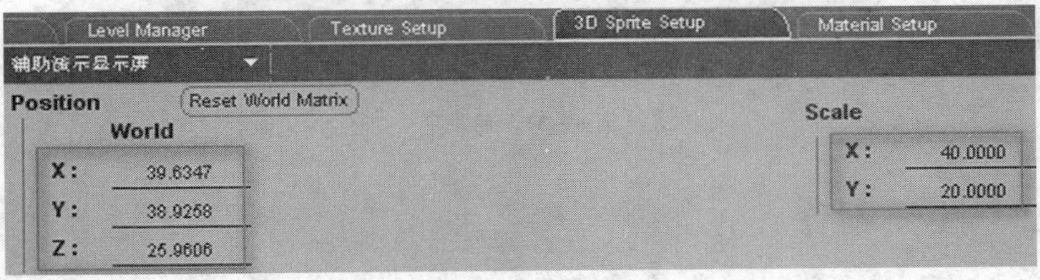

图 6-26　坐标数值

最终效果如图 6-27～图 6-31 所示。

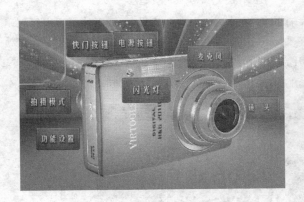

图 6-27　透视图

图 6-28　右视图

图 6-29　前视图

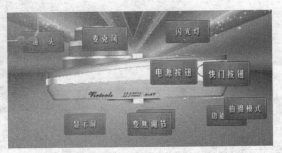

图 6-30　顶视图

图 6-31 后视图

6.2.2 按钮制作

辅助标识的按钮有两种：一种是开启按钮，即单击此按钮后刚才所创建的 3D Sprite 对象便全部在预设的位置显示出来；另一种是关闭按钮，即单击此按钮后全部隐藏显示出来的 3D Sprite 对象。

（1）创建一个新材质，改名为"2 辅助演示辅助标识开启 1"。在其设置面板中将 Diffuse 颜色选择为 R、G、B 的数值都为 255 的白色，在 Mode 选项中选择 Transparent（透明）模式，在 Texture（纹理）选项中选择名称为"辅助演示开启 1"的纹理图片，在 Filter Min 选项中选择 Mip Nearest，在 Filter Mag 选项中选择 Nearest，其他选项保持不变，如图 6-32 所示。

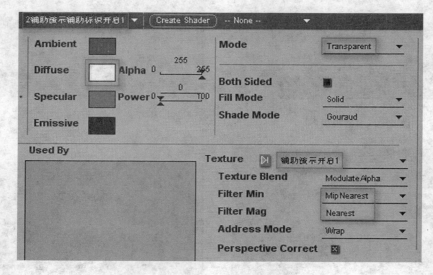

图 6-32 设置材质

创建一个新材质，改名为"2 辅助演示辅助标识开启 2"。在其设置面板中将 Diffuse 颜色选择为 R、G、B 的数值都为 255 的白色，在 Mode 选项中选择 Transparent（透明）模式，在 Texture（纹理）选项中选择名称为"辅助演示开启 2"的纹理图片，在 Filter Min 选项中选择

Mip Nearest，在 Filter Mag 选项中选择 Nearest，其他选项保持不变，如图 6-33 所示。

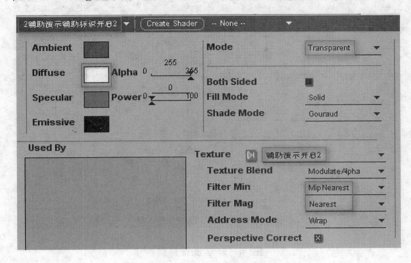

图 6-33 设置材质

创建一个新材质，命名为"2 辅助演示辅助标识关闭 1"，在其设置面板中将 Diffuse 颜色选择为 R、G、B 的数值都为 255 的白色，在 Mode 选项中选择 Transparent（透明）模式，在 Texture（纹理）选项中选择名称为"辅助演示关闭 1"的纹理图片，在 Filter Min 选项中选择 Mip Nearest，在 Filter Mag 选项中选择 Nearest，其他选项保持不变，如图 6-34 所示。

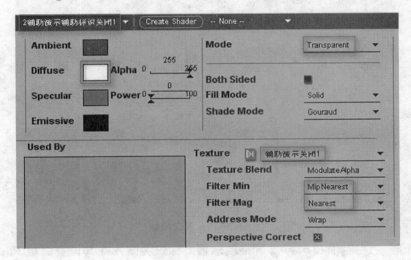

图 6-34 设置材质

创建一个新材质，改名为"2 辅助演示辅助标识关闭 2"，在其设置面板中将 Diffuse 颜色选择为 R、G、B 的数值都为 255 的白色，在 Mode 选项中选择 Transparent（透明）模式，在 Texture（纹理）选项中选择名称为"辅助演示关闭 2"的纹理图片，在 Filter Min 选项中选择 Mip Nearest，在 Filter Mag 选项中选择 Nearest，其他选项保持不变，如图 6-35 所示。

（2）创建一个新的二维帧，改名为"2 辅助演示辅助标识开启"。在其设置面板 Position 选项中设置 X 的数值为 22、Y 的数值为 106、Z Order（Z 轴次序）的数值为 1，在 Size 选项中设置

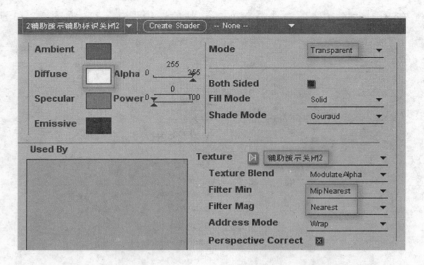

图 6-35 设置材质

Width 的数值为 74、Height 的数值为 36，在 Parent 选项中选择"2 辅助演示面板"二维帧，如图 6-36 所示。

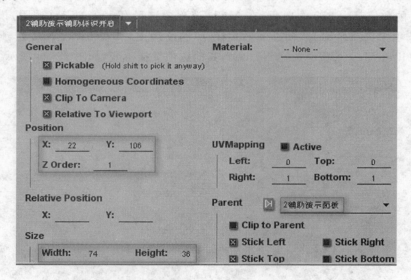

图 6-36 设置二维帧

创建一个新的二维帧，改名为"2 辅助演示辅助标识关闭"，在其设置面板 Position 选项中设置 X 的数值为 119、Y 的数值为 106、Z Order（Z 轴次序）的数值为 1，在 Size 选项中设置 Width 的数值为 74、Height 的数值为 36，在 Parent 选项中选择"2 辅助演示面板"二维帧，如图 6-37 所示。

（3）创建"2 辅助演示辅助标识开启"二维帧 Script 脚本。添加 PushButton（按钮 Building Blocks/Interface/Controls/PushButton）BB 行为交互模块，连接"2 辅助演示辅助标识开启"二维帧 Script 脚本编辑窗口 Start 开始端与 PushButton 模块的输入端"On"，如图 6-38 所示。

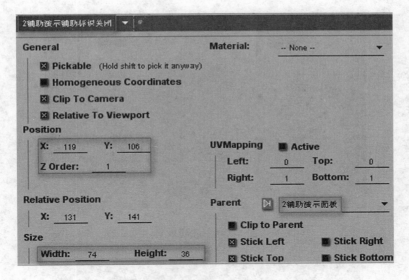

图 6-37 设置二维帧

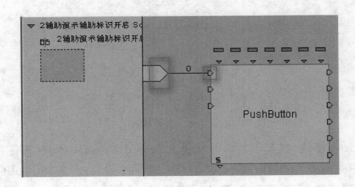

图 6-38 连接模块

双击 PushButton 模块,在其参数设置面板 Released Material(松开按钮材质)选项选择"2 辅助演示辅助标识开启 1"材质,Pressed Material(按下按钮材质)选项、RollOver Material(鼠标经过时材质)选项选择"2 辅助演示辅助标识开启 2"材质,如图 6-39 所示。按钮效果如图 6-40 所示。

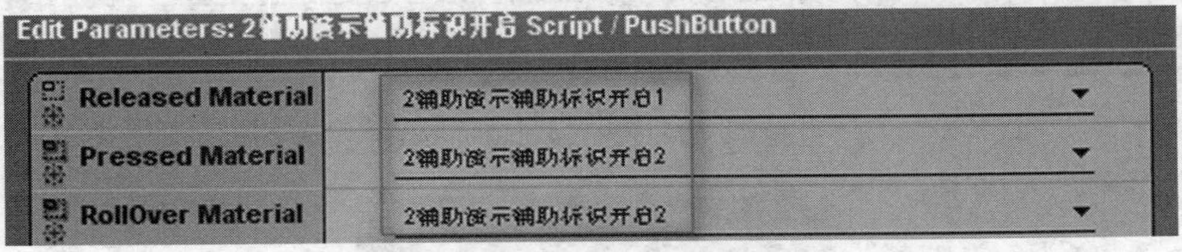

图 6-39 设置 PushButton 模块

创建"2 辅助演示辅助标识关闭"二维帧 Script 脚本。添加 PushButton(按钮 Building Blocks/Interface/Controls/PushButton)BB 行为交互模块,连接"2 辅助演示辅助标识关闭"二维帧 Script 脚本编辑窗口 Start 开始端与 PushButton 模块的输入端"On",如图 6-41 所示。

图 6-40　按钮效果

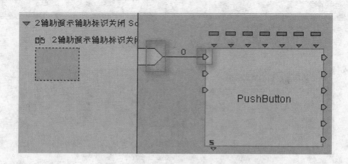

图 6-41　连接模块

双击 PushButton 模块,在其参数设置面板 Released Material(松开按钮材质)选项选择"2 辅助演示辅助标识关闭 1"材质,Pressed Material(按下按钮材质)选项、RollOver Material(鼠标经过时材质)选项选择"2 辅助演示辅助标识关闭 2"材质,如图 6-42 所示。按钮效果如图 6-43 所示。

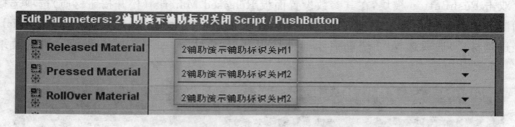

图 6-42　设置 PushButton 模块

图 6-43　按钮效果

提　示：

　　辅助标识功能开启前，3D Sprite 对象是隐藏的。单击开启按钮，则显示出 3D Sprite 对象，而开启按钮在此次单击后则不能再次单击，此时开启二维帧按钮对应的是"2 辅助演示辅助标识开启 2"材质。在这个状态下，关闭二维帧按钮则可以响应。单击关闭按钮，隐藏 3D Sprite 对象，同时关闭按钮在此次单击后不能再次单击，关闭二维帧按钮对应的是"2 辅助演示辅助标识关闭 2"材质，此时开启二维帧按钮后又可以响应。（如果此时不理解，按照后续的操作步骤即可明白。）

　　如果在一个二维帧按钮上实现相对复杂的功能，就不是很容易。在这里通过再次添加新的二维帧按钮，并设置其 Z Order 的值大于上面的二维帧按钮数值，这样的话，当单击开启二维帧按钮时，新创建的二维帧按钮就显示出来，并且盖在了开启二维帧按钮的上面，使开启二维帧按钮处于不可选取的状态。如果单击的是关闭二维帧按钮，则另一个新创建的二维帧按钮显示出来，盖在关闭二维帧按钮上面，使关闭二维帧按钮处于不可选取状态，同时隐藏上面的新创建的二维帧按钮，使开启二维帧按钮处于可选取状态。

　　（4）创建一个新的二维帧，改名为"2 辅助演示辅助标识开启新"，在其设置面板 Position 选项中设置 X 的数值为 22、Y 的数值为 106、Z Order(Z 轴次序)的数值为 2，在 Size 选项中设置 Width 的数值为 74、Height 的数值为 36，在 Material 选项中选择"2 辅助演示辅助标识开启 2"材质，Parent 选项中选择"2 辅助演示面板"二维帧，如图 6-44 所示。

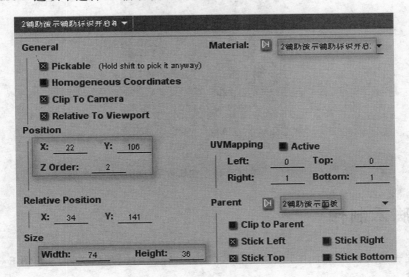

图 6-44　设置二维帧

　　创建一个新的二维帧，改名为"2 辅助演示辅助标识关闭新"，在其设置面板 Position 选项中设置 X 的数值为 119、Y 的数值为 106、Z Order(Z 轴次序)的数值为 2，在 Size 选项中设置 Width 的数值为 74、Height 的数值为 36，在 Material 选项中选择"2 辅助演示辅助标识关闭 2"材质，Parent 选项中选择"2 辅助演示面板"二维帧，如图 6-45 所示。按钮效果如图 6-46 所示。

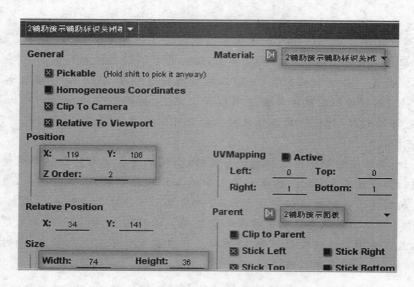

图 6-45 设置二维帧

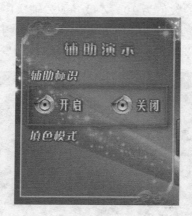

图 6-46 按钮效果

6.2.3 脚本制作

(1) 创建一个 Level Script 脚本,把它改名为"2 辅助标识开启关闭",如图 6-47 所示。

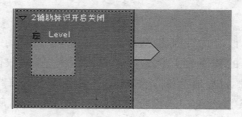

图 6-47 创建 Script

添加 Show(显示 Building Blocks/Visuals/Show-Hide/Show)BB 行为交互模块,连接脚本 Start 开始端与 Show 模块的输入端"In",并添加 Show 模块的目标参数,如图 6-48 所示。

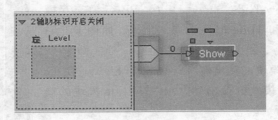

图 6-48 连接模块

双击 Show 模块,在其参数设置面板 Target(Behavioral Object)选项中选择"2 辅助演示辅助标识关闭新"二维帧,如图 6-49 所示。

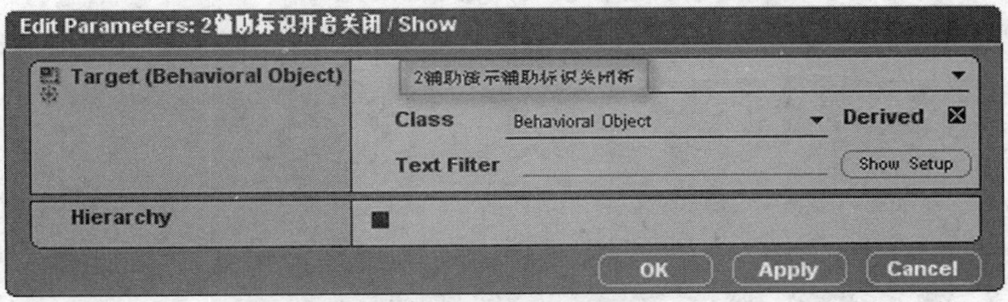

图 6-49 设置参数

(2)添加 Hide(隐藏 Building Blocks/Visuals/Show-Hide/Hide)BB 行为交互模块,连接 Show 模块的输出端"Out"与 Hide 模块的输入端"In",并添加 Hide 模块的目标参数,如图 6-50 所示。

双击 Hide 模块,在其参数设置面板 Target(Behavioral Object)选项中选择"2 辅助演示辅助标识开启新"二维帧,如图 6-51 所示。

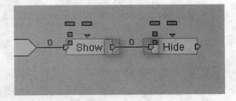

图 6-50 连接模块

图 6-51 设置参数

按下状态栏的播放按钮,效果如图 6-52 所示。

（3）打开"2辅助演示辅助标识开启"二维帧Script脚本编辑窗口，在此窗口中分别添加Show和Hide[显示（隐藏）Building Blocks/Visuals/Show-Hide/Show（Hide）]BB行为交互模块，并添加Show模块和Hide模块的参考目标，如图6-53所示。

连接Push Button模块的输出端"Pressed"与Show模块的输入端"In"，连接Show模块的输出端"Out"与Hide模块的输入端"In"，如图6-54所示。

双击Show模块，在其参数设置面板Target（Behavioral Object）选项中选择"2辅助演示辅助标识开启新"二维帧，如图6-55所示。

双击Hide模块，在其参数设置面板Target（Behavioral Object）选项中选择"2辅助演示辅助标识关闭新"二维帧，如图6-56所示。

图6-52　测试效果

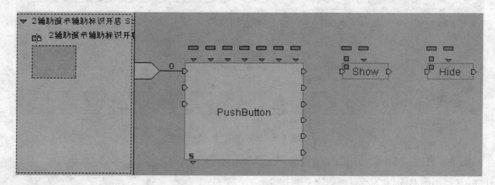

图6-53　添加模块

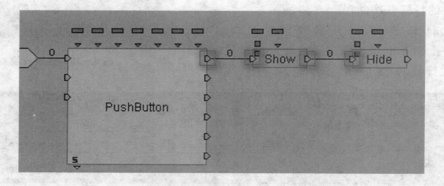

图6-54　连接模块

（4）打开"2辅助演示辅助标识关闭"二维帧Script脚本编辑窗口，在此窗口中分别添加Show和Hide[显示（隐藏）Building Blocks/Visuals/Show-Hide/Show（Hide）]BB行为交互模块，并添加Show模块和Hide模块的参考目标。

图 6-55 设置参数

图 6-56 设置参数

连接 PushButton 模块的输出端"Pressed"与 Show 模块的输入端"In",连接 Show 模块的输出端"Out"与 Hide 模块的输入端"In",如图 6-57 所示。

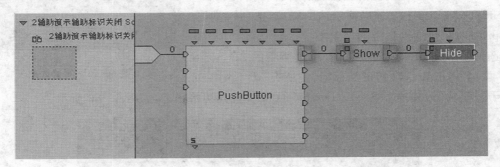

图 6-57 连接模块

双击 Show 模块,在其参数设置面板 Target(Behavioral Object)选项中选择"2 辅助演示辅助标识关闭新"二维帧,如图 6-58 所示。

图 6-58 设置参数

双击 Hide 模块,在其参数设置面板 Target(Behavioral Object)选项中选择"2 辅助演示辅助标识关闭新"二维帧,如图 6-59 所示。

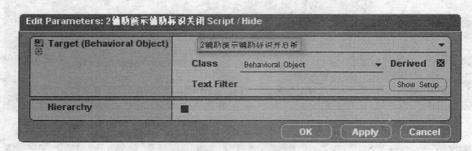

图 6-59 设置参数

按下状态栏的播放按钮,测试结果符合预设的效果,如图 6-60 所示。

(5) 单击 Level Manager 标签按钮,单击左边创建面板中的 Create Group(创建群组)按钮,创建一个新的群组,并把群组改名为"2 辅助演示辅助标识",如图 6-61 所示。此群组用来存放辅助标识的 3D Sprite 对象。

展开 Global 目录,在子目录中展开 3D Sprite 目录,选择从"辅助演示变焦调节"到"辅助演示显示屏"的所有 3D Sprite 对象,选中后右击,在弹出的右键快捷菜单中选择 Send To Group→"2 辅助演示辅助标识"选项,把所有 3D Sprite 对象传递到指定的群组中。

选择"2 辅助演示辅助标识"群组里所有的 3D Sprite 对象,取消 Visible 选项的可见标记,使所有 3D Sprite 对

图 6-60 测试效果

象处于隐藏状态,并按下 Set IC For Selected 设置其初始状态,如图 6-63 所示。

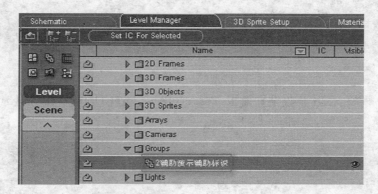

图 6-61 创建群组

(6) 添加 Mouse Waiter(等待鼠标事件 Building Blocks/Controllers/Mouse/Mouse Waiter)BB 行为交互模块,连接 Hide 模块的输出端"Out"与 Mouse Waiter 模块的输入端"On",如图 6-64 所示。

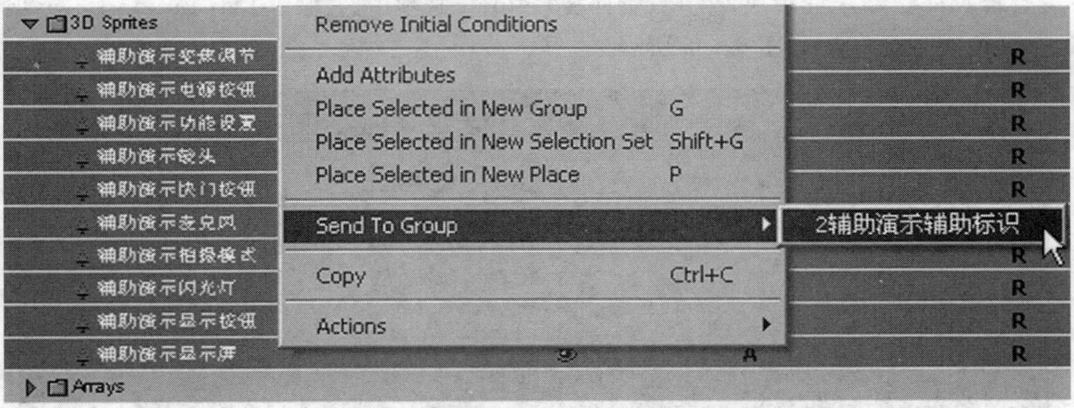

图 6-62 导入群组对象

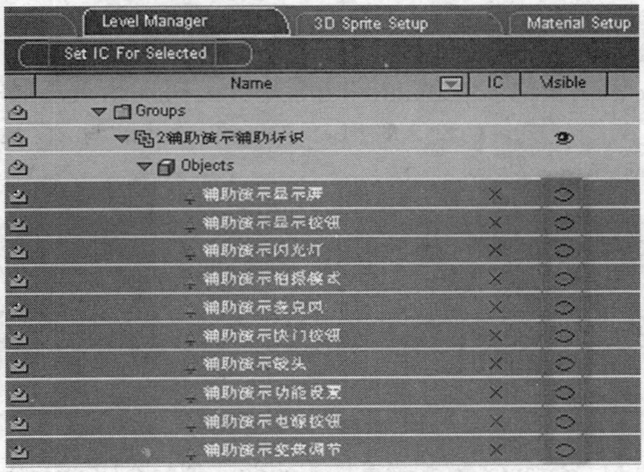

图 6-63 设置群组

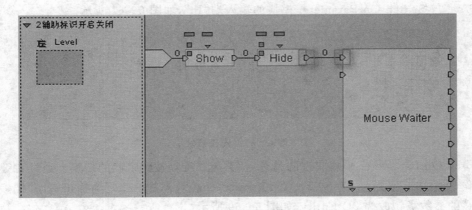

图 6-64 添加模块

编辑 Mouse Waiter 模块，在其设置面板 Outputs 选项中，只保留 Left Button Down 项的叉选，其他项取消叉选，如图 6-65 所示。

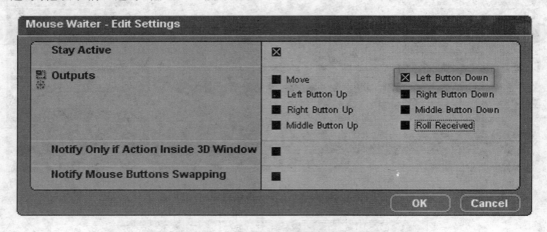

图 6-65　设置参数

（7）添加 2D Picking（鼠标单击 Building Blocks/Interface/Screen/2D Picking）BB 行为交互模块，连接 Mouse Waiter 模块的输入端"Left Button Down"与 2D Picking 模块的输入端"In"，如图 6-66 所示。

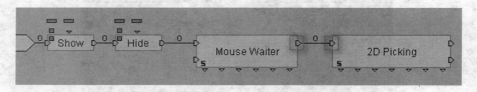

图 6-66　连接模块

（8）添加 Switch On Parameter（切换参数 Building Blocks/Logics/Streaming/Switch On Parameter）BB 行为交互模块，并拖放到 2D Picking 模块的后面。连接 2D Picking 模块的输出端"True"与 Switch On Parameter 模块的输入端"In"，如图 6-67 所示。

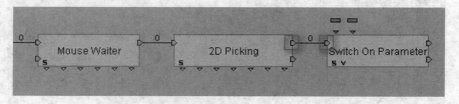

图 6-67　连接模块

Switch On Parameter 模块实现的是开启/关闭二维帧按钮之间的切换。通过右键快捷菜单的操作（如图 6-68 所示）为 Switch On Parameter 模块添加一个行为输出端，并把参数输入端"Test"的参数类型改为 2D Entity，如图 6-69 所示。

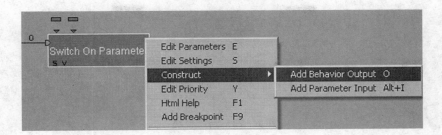

图 6-68 添加行为输出端

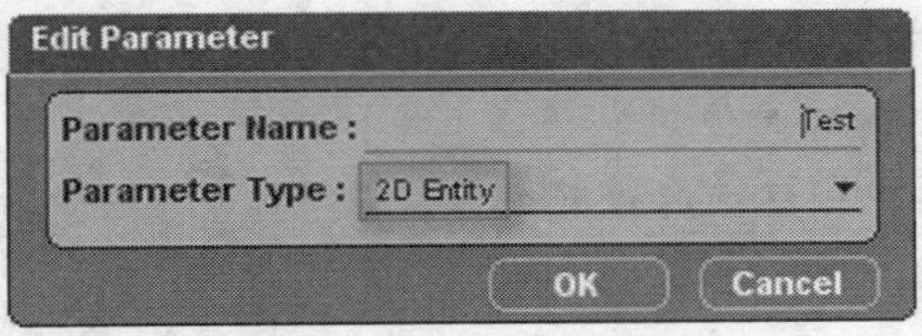

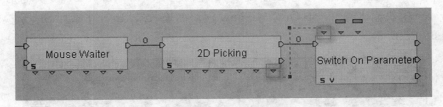

图 6-69 编辑参数

连接 2D Picking 模块的参数输出端"Sprite(Sprite)"与 Switch On Parameter 模块的参数输入端"Test(2D Entity)",如图 6-70 所示。

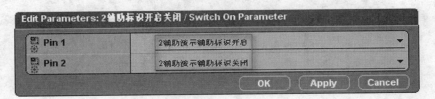

图 6-70 连接模块

双击 Switch On Parameter 模块,在其参数设置面板 Pin 1 选项中选择"2 辅助演示辅助标识开启",Pin 2 选项中选择"2 辅助演示辅助标识关闭",如图 6-71 所示。

图 6-71 设置参数

(9) 添加 Group Iterator(群组迭代器 Building Blocks/Logics/Groups/Group Iterator)BB 行为交互模块,拖动到 Switch On Parameter 模块的后面。连接 Switch On Parameter 模块的输出端"Out 1"与 Group Iterator 模块的输入端"In",如图 6-72 所示。

提　　示:

Group Iterator 模块(如图 6-73 所示)的流程及功能

事件流程:

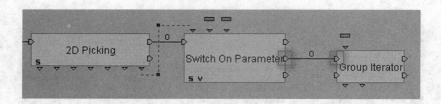

图 6-72 连接模块

In(流程输入):触发流程。
Loop In:在循环过程中触发一个流程。
Out:当行为动作完成时被触发。
Loop Out:当流程需要循环时使用。
功能:用来从一个群组中循环选取每一个对象。

双击 Group Iterator 模块,在其参数设置面板 Group 选项中选择"2 辅助演示辅助标识"群组,如图 6-74 所示。

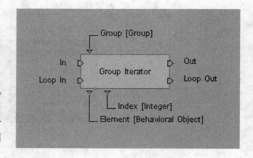

图 6-73 Group Iterator 模块

(10)添加 Show(显示 Building Blocks/Visuals/Show-Hide/Show)BB 行为交互模块,并拖放到 Group Iterator 模块的后面。连接 Group Iterator 模块输出端"Loop Out"与 Show 模块的输入端"In",并添加 Show 模块的目标参数,如图 6-75 所示。

图 6-74 指定群组对象

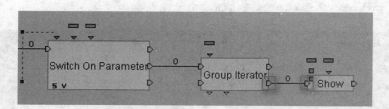

图 6-75 连接模块

连接 Group Iterator 模块参数输出端"Element(Behavioral Object)"与 Show 模块的参数输入端"Target(Behavioral Object)",连接 Show 模块的输出端"Out"与 Group Iterator 模块输入端"Loop In",如图 6-76 所示。实现把从指定群组中获取的每一个 3D Sprite 对象显示出来。

(11)添加第 2 个 Group Iterator(群组迭代器 Building Blocks/Logics/Groups/Group Iterator)BB 行为交互模块,拖动到 Switch On Parameter 模块的后面。连接 Switch On Parameter 模块的输出端"Out 1"与第 2 个 Group Iterator 模块的输入端"In",如图 6-77 所示。

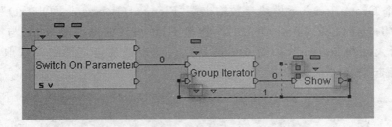

图 6-76 连接模块

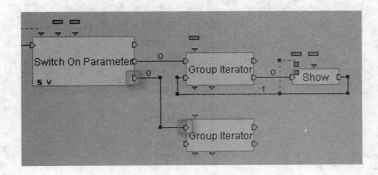

图 6-77 连接模块

双击此 Group Iterator 模块,在其参数设置面板 Group 选项中选择"2 辅助演示辅助标识"群组,如图 6-78 所示。

图 6-78 指定群组对象

(12) 添加 Hide(显示 Building Blocks/Visuals/Show-Hide/Hide)BB 行为交互模块,并拖放到第 2 个 Group Iterator 模块的后面。连接第 2 个 Group Iterator 模块输出端"Loop Out"与 Hide 模块的输入端"In",并添加 Hide 模块的目标参数,如图 6-79 所示。

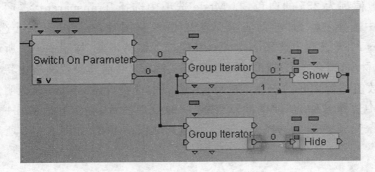

图 6-79 连接模块

连接第 2 个 Group Iterator 模块参数输出端"Element(Behavioral Object)"与 Hide 模块的参数输入端"Target(Behavioral Object)",连接 Hide 模块的输出端"Out"与第 2 个 Group Iterator 模块输入端"Loop In",如图 6-80 所示。实现把从指定群组中获取的每一个 3D Sprite 对象隐藏起来。

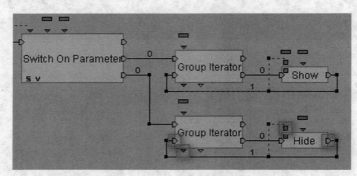

图 6-80 连接模块

6.3 填色模式制作

填色模式就是指通过单击不同的填色模式按钮,对应以顶点、线框或实体模式显示照相机对象的填色模式。

6.3.1 按钮制作

填色模式的按钮有三种:顶点、线框和实体。

(1) 创建一个新材质,改名为"2 辅助演示填色模式顶点 1",在其设置面板中将 Diffuse 颜色选择为 R、G、B 的数值都为 255 的白色,在 Mode 选项中选择 Transparent(透明)模式,在 Texture(纹理)选项中选择名称为"辅助演示顶点 1"的纹理图片,在 Filter Min 选项中选择 Mip Nearest,在 Filter Mag 选项中选择 Nearest,其他选项保持不变,如图 6-81 所示。

创建一个新材质,改名为"2 辅助演示填色模式顶点 2",在其设置面板中将 Diffuse 颜色选择为 R、G、B 的数值都为 255 的白色,在 Mode 选项中选择 Transparent(透明)模式,在 Texture(纹理)选项中选择名称为"辅助演示顶点 2"的纹理图片,在 Filter Min 选项中选择 Mip Nearest,在 Filter Mag 选项中选择 Nearest,其他选项保持不变,如图 6-82 所示。

创建一个新材质,改名为"2 辅助演示填色模式线框 1",在其设置面板中将 Diffuse 颜色选择为 R、G、B 的数值都为 255 的白色,在 Mode 选项中选择 Transparent(透明)模式,在 Texture(纹理)选项中选择名称为"辅助演示线框 1"的纹理图片,在 Filter Min 选项中选择 Mip Nearest,在 Filter Mag 选项中选择 Nearest,其他选项保持不变,如图 6-83 所示。

第 6 章 辅助演示制作

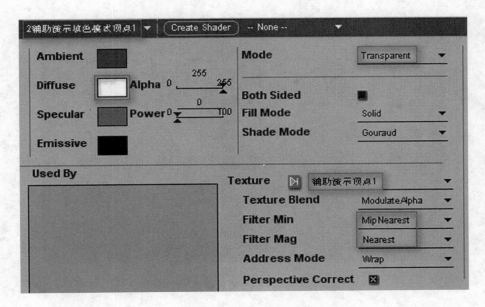

图 6-81 设置材质

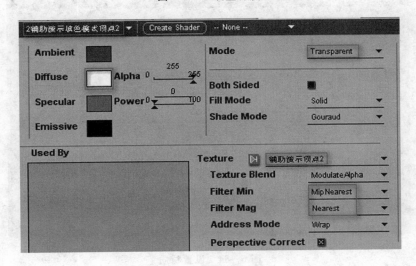

图 6-82 设置材质

创建一个新材质,改名为"2 辅助演示填色模式线框 2",在其设置面板中将 Diffuse 颜色选择为 R、G、B 的数值都为 255 的白色,在 Mode 选项中选择 Transparent(透明)模式,在 Texture(纹理)选项中选择名称为"辅助演示线框 2"的纹理图片,在 Filter Min 选项中选择 Mip Nearest,在 Filter Mag 选项中选择 Nearest,其他选项保持不变,如图 6-84 所示。

创建一个新材质,改名为"2 辅助演示填色模式实体 1",在其设置面板中将 Diffuse 颜色选择为 R、G、B 的数值都为 255 的白色,在 Mode 选项中选择 Transparent(透明)模式,在 Texture(纹理)选项中选择名称为"辅助演示实体 1"的纹理图片,在 Filter Min 选项中选择 Mip Nearest,在 Filter Mag 选项中选择 Nearest,其他选项保持不变,如图 6-85 所示。

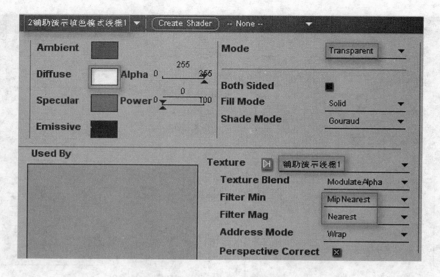

图 6-83 设置材质

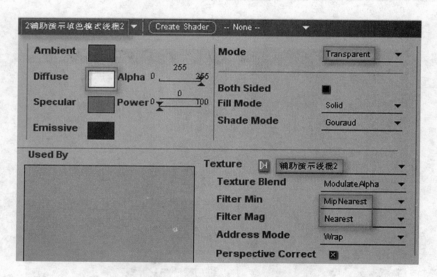

图 6-84 设置材质

创建一个新材质,改名为"2辅助演示填色模式实体2",在其设置面板中将 Diffuse 颜色选择为 R、G、B 的数值都为 255 的白色,在 Mode 选项中选择 Transparent(透明)模式,在 Texture(纹理)选项中选择名称为"辅助演示实体2"的纹理图片,在 Filter Min 选项中选择 Mip Nearest,在 Filter Mag 选项中选择 Nearest,其他选项保持不变,如图 6-86 所示。

(2) 创建一个新的二维帧,改名为"2辅助演示填色模式顶点",在其设置面板 Position 选项中设置 X 的数值为 12、Y 的数值为 192、Z 的 Order(Z 轴次序)的数值为 1,在 Size 选项中设置 Width 的数值为 64、Height 的数值为 32,在 Parent 选项中选择"2辅助演示面板"二维帧,如图 6-87 所示。

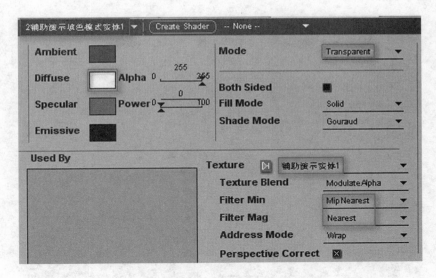

图 6-85 设置材质

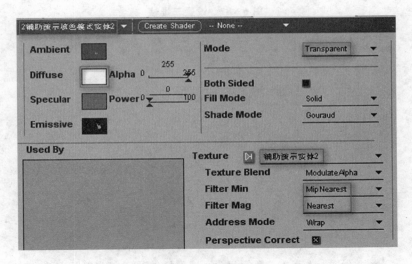

图 6-86 设置材质

　　创建一个新的二维帧,改名为"2 辅助演示填色模式线框",在其设置面板 Position 选项中设置 X 的数值为 78、Y 的数值为 192、Z Order(Z 轴次序)的数值为 1,在 Size 选项中设置 Width 的数值为 64、Height 的数值为 32,在 Parent 选项中选择"2 辅助演示面板"二维帧,如图 6-88 所示。

　　创建一个新的二维帧,改名为"2 辅助演示填色模式实体",在其设置面板 Position 选项中设置 X 的数值为 143、Y 的数值为 192、Z Order(Z 轴次序)的数值为 1,在 Size 选项中设置 Width 的数值为 64、Height 的数值为 32,在 Parent 选项中选择"2 辅助演示面板"二维帧,如图6-89 所示。

　　此时还要继续添加三个二维帧按钮,覆盖在刚创建的三个二维帧上,具体的功能可以参考前面所创建的"2 辅助演示辅助标识开启新"、"2 辅助演示辅助标识关闭新"二维帧。

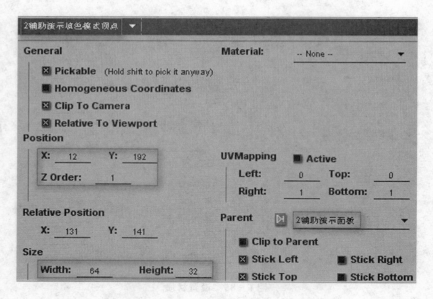

图 6-87 设置二维帧

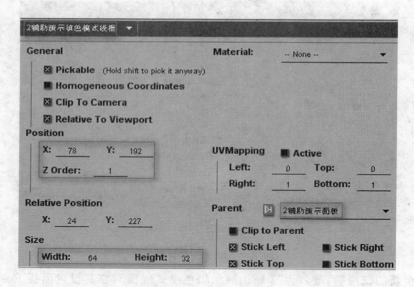

图 6-88 设置二维帧

（3）创建一个新的二维帧，改名为"2 辅助演示填色模式顶点新"，在其设置面板 Position 选项中设置 X 的数值为 12、Y 的数值为 192、Z Order(Z 轴次序)的数值为 2，在 Size 选项中设置 Width 的数值为 64、Height 的数值为 32，在 Material 选项中选择"2 辅助演示填色模式顶点 2"材质，在 Parent 选项中选择"2 辅助演示面板"二维帧，如图 6-90 所示。按钮效果如图 6-91 所示。

创建一个新的二维帧，改名为"2 辅助演示填色模式线框新"。在其设置面板 Position 选项中设置 X 的数值为 78、Y 的数值为 192、Z Order(Z 轴次序)的数值为 2，在 Size 选项中设置 Width 的数值为 64、Height 的数值为 32，在 Material 选项中选择"2 辅助演示填色模式线框 2"材质，在 Parent 选项中选择"2 辅助演示面板"二维帧，如图 6-92 所示。按钮效果如

图6-93所示。

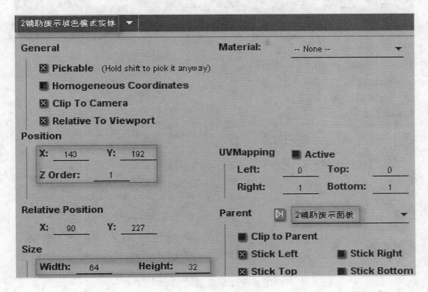

图6-89 设置二维帧

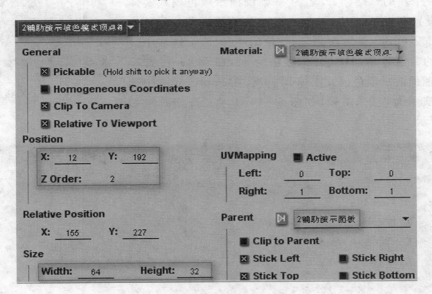

图6-90 设置二维帧

图6-91 按钮效果

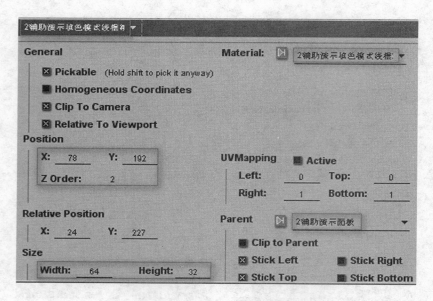

图 6-92 设置二维帧

创建一个新的二维帧,改名为"2 辅助演示填色模式实体新",在其设置面板 Position 选项中设置 X 的数值为 143、Y 的数值为 192、Z Order(Z 轴次序)的数值为 2,在 Size 选项中设置 Width 的数值为 64、Height 的数值为 32,在 Material 选项中选择"2 辅助演示填色模式实体 2"材质,在 Parent 选项中选择"2 辅助演示面板"二维帧,如图 6-94 所示。按钮效果如图 6-95 所示。

图 6-93 按钮效果

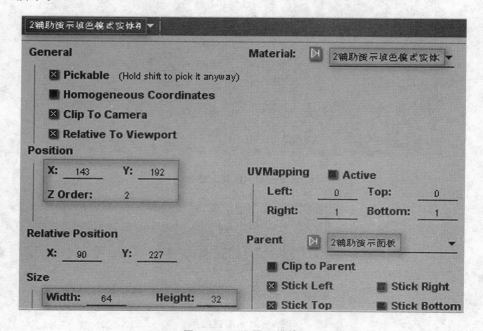

图 6-94 设置二维帧

图 6-95 按钮效果

6.3.2 脚本制作

(1) 创建一个 Level Script 脚本,把它改名为"2 辅助演示填色模式",如图 6-96 所示。

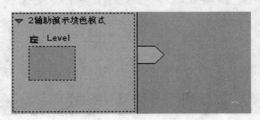

图 6-96 创建 Script

分别添加一个 Show 和两个 Hide［显示（隐藏）Building Blocks/Visuals/Show-Hide/Show(Hide)］BB 行为交互模块,并添加 Show 模块和 Hide 模块的参考目标。连接脚本 Start 开始端与 Show 模块的输入端"In",连接 Show 模块的输出端"Out"与第 1 个 Hide 模块的输入端"In",连接第 1 个 Hide 模块的输出端"Out"与第 2 个 Hide 模块的输入端"In",如图 6-97 所示。

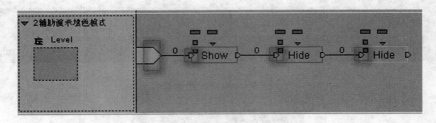

图 6-97 连接模块

双击 Show 模块,在其参数设置面板 Target(Behavioral Object)选项中选择"2 辅助演示填色模式实体新"二维帧,如图 6-98 所示。

双击第 1 个 Hide 模块,在其参数设置面板 Target(Behavioral Object)选项中选择"2 辅助演示填色模式顶点新"二维帧,如图 6-99 所示。

双击第 2 个 Hide 模块,在其参数设置面板 Target(Behavioral Object)选项中选择"2 辅助演示填色模式线框新"二维帧,如图 6-100 所示。

按下状态栏的播放按钮,效果如图 6-101 所示。

图 6-98 设置参数

图 6-99 设置参数

图 6-100 设置参数

图 6-101 测试效果

（2）创建"2 辅助演示填色模式顶点"二维帧 Script 脚本。添加 PushButton（按钮 Building Blocks/Interface/Controls/PushButton）BB 行为交互模块，连接"2 辅助演示填色模式顶点"二维帧 Script 脚本编辑窗口 Start 开始端与 PushButton 模块的输入端"On"，如图 6-102 所示。

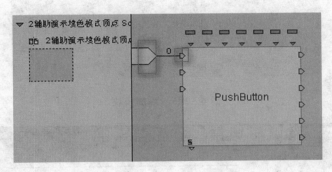

图 6-102 添加模块

双击 PushButton 模块，在其参数设置面板 Released Material（松开按钮材质）选项选择"2 辅助演示填色模式顶点 1"材质，Pressed Material（按下按钮材质）选项、RollOver Material（鼠标经过时材质）选项选择"2 辅助演示填色模式顶点 2"材质，如图 6-103 所示。按钮效果如图 6-104 所示。

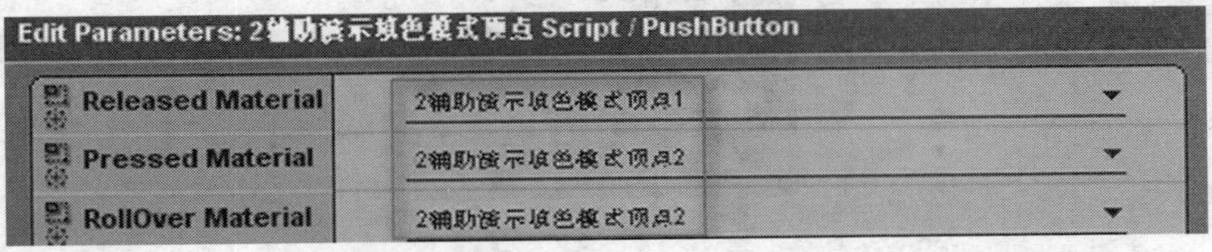

图 6-103 设置 PushButton 模块

创建"2 辅助演示填色模式线框"二维帧 Script 脚本。添加 PushButton（按钮 Building Blocks/Interface/Controls/PushButton）BB 行为交互模块，连接"2 辅助演示填色模式线框"二维帧 Script 脚本编辑窗口 Start 开始端与 PushButton 模块的输入端"On"，如图 6-105 所示。

双击 PushButton 模块，在其参数设置面板 Released Material（松开按钮材质）选项选择"2 辅助演示填色模式线框 1"材质，Pressed Material（按下按钮材质）选项、RollOver Material（鼠标经过时材质）选项选择"2 辅助演示填色模式线框 2"材质，如图 6-106 所示。

图 6-104 按钮效果

创建"2 辅助演示填色模式实体"二维帧 Script 脚本。添加 PushButton（按钮 Building Blocks/Interface/Controls/PushButton）BB 行为交互模块，连接"2 辅助演示填色模式实体"二维帧 Script 脚本编辑窗口 Start 开始端与 PushButton 模块的输入端"On"，如图 6-108 所示。

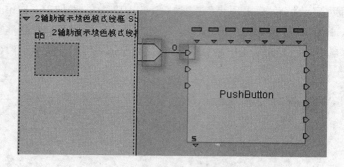

图 6-105　添加模块

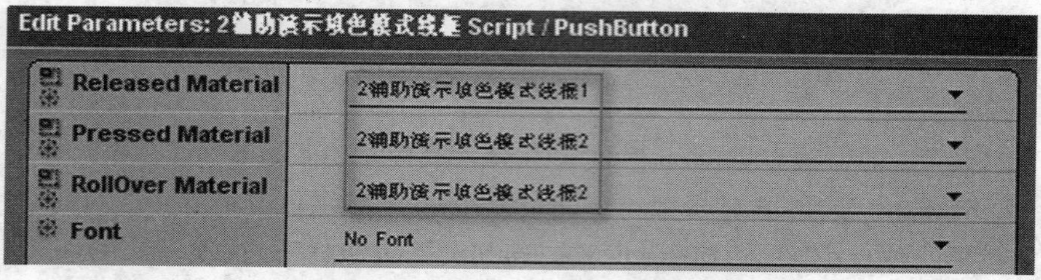

图 6-106　设置 PushButton 模块

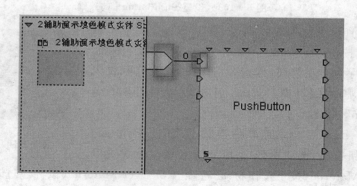

图 6-107　按钮效果

图 6-108　添加模块

双击 PushButton 模块,在其参数设置面板 Released Material(松开按钮材质)选项选择"2 辅助演示填色模式实体 1"材质,Pressed Material(按下按钮材质)选项、RollOver Material(鼠标经过时材质)选项选择"2 辅助演示填色模式实体 2"材质,如图 6-109 所示。

(3) 打开"2 辅助演示填色模式顶点"二维帧 Script 脚本编辑窗口,在此窗口中分别添加

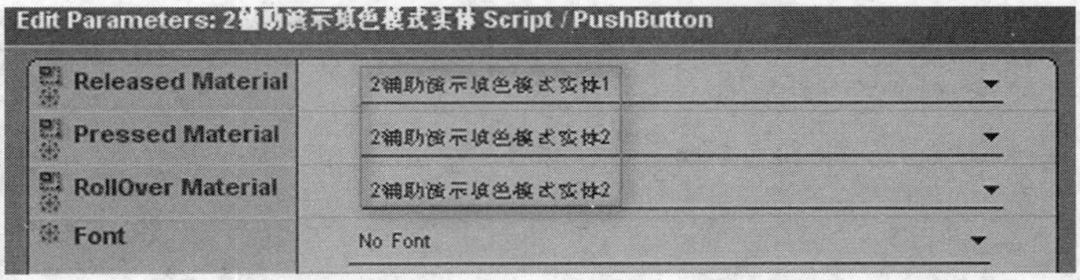

图6-109 设置PushButton模块

一个Show和两个Hide[显示(隐藏)Building Blocks/Visuals/Show-Hide/Show(Hide)]BB行为交互模块,并添加Show模块和Hide模块的参考目标。连接Push Button模块的输出端"Pressed"与Show模块的输入端"In",连接Show模块的输出端"Out"与第1个Hide模块的输入端"In",连接第1个Hide模块的输出端"Out"与第2个Hide模块的输入端"In",如图6-110所示。

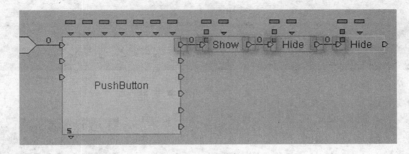

图6-110 添加模块

双击Show模块,在其参数设置面板Target(Behavioral Object)选项中选择"2辅助演示填色模式顶点新"二维帧,如图6-111所示。

图6-111 设置参数

双击第1个Hide模块,在其参数设置面板Target(Behavioral Object)选项中选择"2辅助演示填色模式线框新"二维帧,如图6-112所示。

双击第2个Hide模块,在其参数设置面板Target(Behavioral Object)选项中选择"2辅助演示填色模式实体新"二维帧,如图6-113所示。测试效果如图6-114所示。

图 6-112 设置参数

图 6-113 设置参数

（4）按编辑"2 辅助演示填色模式顶点"二维帧 Script 脚本的方法，在"2 辅助演示填色模式线框"、"2 辅助演示填色模式实体"两个二维帧 Script 脚本中分别添加一个 Show 和两个 Hide［显示（隐藏）Building Blocks/Visuals/Show-Hide/Show(Hide)］BB 行为交互模块，添加 Show 模块和 Hide 模块的参考目标，并进行模块之间的正确连接。

图 6-114 测试效果

① 在"2 辅助演示填色模式线框"二维帧 Script 脚本中，双击 Show 模块，在其参数设置面板 Target(Behavioral Object)选项中选择"2 辅助演示填色模式线框新"二维帧，如图 6-115 所示。

图 6-115 设置参数

双击第 1 个 Hide 模块，在其参数设置面板 Target(Behavioral Object)选项中选择"2 辅助演示填色模式顶点新"二维帧，如图 6-116 所示。

图 6-116 设置参数

双击第 2 个 Hide 模块，在其参数设置面板 Target(Behavioral Object)选项中选择"2 辅助演示填色模式实体新"二维帧，如图 6-117 所示。测试效果如图 6-118 所示。

图 6-117 设置参数

② 在"2 辅助演示填色模式实体"二维帧 Script 脚本中，双击 Show 模块，在其参数设置面板 Target(Behavioral Object)选项中选择"2 辅助演示填色模式实体新"二维帧，如图 6-119 所示。

双击第 1 个 Hide 模块，在其参数设置面板 Target(Behavioral Object)选项中选择"2 辅助演示填色模式顶点新"二维帧，如图 6-120 所示。

图 6-118 测试效果

图 6-119 设置参数

双击第 2 个 Hide 模块，在其参数设置面板 Target(Behavioral Object)选项中选择"2 辅助演示填色模式线框新"二维帧，如图 6-121 所示。测试效果如图 6-122 所示。

图 6-120 设置参数

图 6-121 设置参数

(5) 创建一个新的群组,并把群组改名为"2 辅助演示照相机材质",如图 6-123 所示。此群组用来存放照相机对象所使用的材质。

图 6-122 测试效果

展开 Global 目录,在子目录中展开 Materials 目录,选择以英文和中文拼音命名的材质(英文和中文拼音方式命名的材质是在 3DS Max 软件中赋予照相机对象所用材质,在 Virtools 软件中新建材质时,全部以中文名称命名)。选中后右击,在弹出的右键快捷菜单中选择 Send To Group→"2 辅助演示照相机材质"选项(如图 6-124 所示),把所有照相机对象所用到的材质传递到指定的群组中。

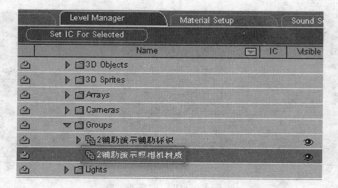

图 6-123 创建群组

(6) 单击 Level Manager 标签按钮,单击左边创建面板中的 Create Array(创建阵列)按

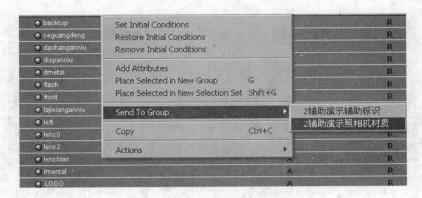

图 6-124 导入群组对象

钮,创建一个新的阵列,并将其改名为"2辅助演示照相机材质",如图6-125所示。

图 6-125 创建阵列

"2辅助演示照相机材质"阵列是为存放照相机对象的材质。单击 Add Column(添加列)按钮,在弹出的添加列面板的 Name 选项中输入"Material",Type 选项中选择 Parameter(参数),在 Parameter 选项中选择 Material,如图6-126所示。

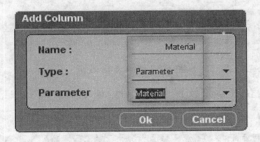

图 6-126 设置列类型

(7) 添加 Group Iterator(群组迭代器 Building Blocks/Logics/Groups/Group Iterator)BB 行为交互模块,并拖动到"2辅助演示填色模式"Script 脚本编辑窗口。连接 Start 开始端与 Group Iterator 模块的输入端"In",如图6-127所示。

双击 Group Iterator 模块,在其参数设置面板 Group 选项中选择"2辅助演示照相机材

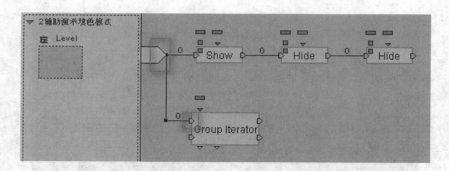

图 6-127　连接模块

质"群组，如图 6-128 所示。

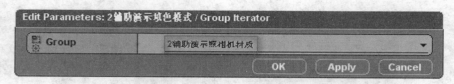

图 6-128　指定群组对象

（8）添加 Add Row（添加行 Building Blocks/Logics/Array/Add Row）BB 行为交互模块，并拖放到"2辅助演示填色模式"Script 脚本编辑窗口中 Group Iterator 模块的后面。连接 Group Iterator 模块的输出端"Loop Out"与 Add Row 模块的输入端"In"，连接 Add Row 模块的输出端"Out"与 Group Iterator 模块的输入端"Loop In"，如图 6-129 所示。

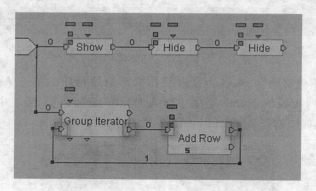

图 6-129　连接模块

双击 Add Row 模块，在其参数设置面板 Target（Array）选项中选择"2辅助演示照相机材质"阵列，如图 6-130 所示。

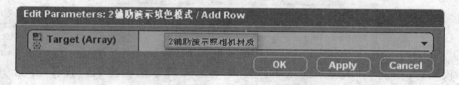

图 6-130　指定阵列对象

连接 Group Iterator 模块的参数输出端"Element(Behavioral Object)"与 Add Row 模块的参数输入端"Material(Material)",把群组中的材质传递给设定的阵列,如图 6－131 所示。

单击脚本编辑窗口状态栏中的 Trace(追踪)按钮,按下状态栏的播放按钮,此时观察到 Group Iterator 模块把"2 辅助演示照相机材质"群组里面的所有材质对象都搜索了一遍,并把这些材质对象传递给了设定的阵列。脚本运行情况如图 6－132 所示。

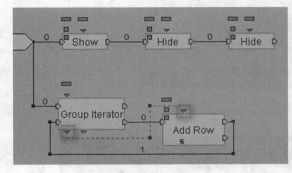
图 6－131　连接模块

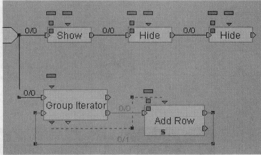
图 6－132　脚本运行情况

单击 Array Setup 标签按钮,可以看到照相机对象的材质已经全部存入到了"2 辅助演示照相机材质"阵列,如图 6－133 所示。

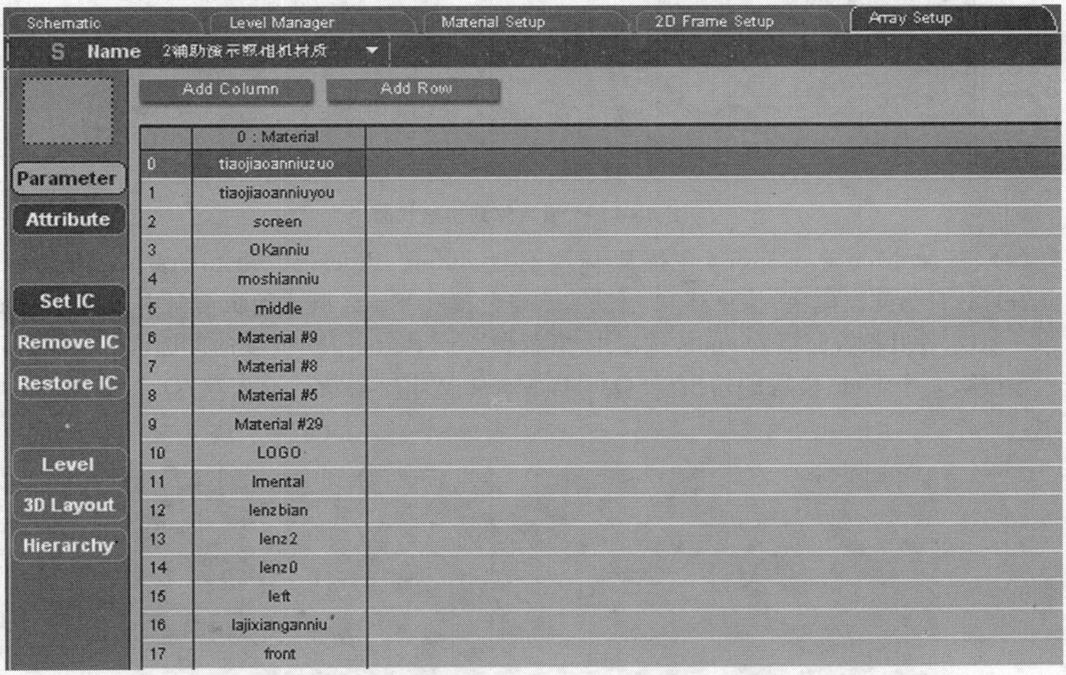

图 6－133　2 辅助演示照相机材质阵列

为了避免每次运行时,照相机对象的材质便要添加到"2 辅助演示照相机材质"阵列,这样会严重浪费系统资源,导致系统脚本运行时速度降低,删除 Start 开始端与 Group Iterator 模块的输入端"In"的连接线(如图 6－134 所示),并设定"2 辅助演示照相机材质"阵列的初始状态,如图 6-135 所示。

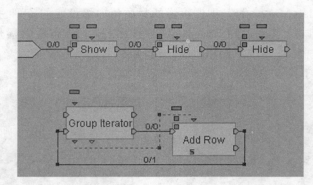

图 6-134　删除连接线

图 6-135　设定阵列初始状态

（9）添加 Mouse Waiter（等待鼠标事件 Building Blocks/Controllers/Mouse/Mouse Waiter）BB 行为交互模块,拖放到"2 辅助演示填色模式"Script 脚本编辑窗口中。编辑 Mouse Waiter 模块,在其设置面板 Outputs 选项中,只保留 Left Button Down 项的叉选,其他项取消叉选。连接第 2 个 Hide 模块的输出端"Out"与 Mouse Waiter 模块的输入端"On",如图 6-136 所示。

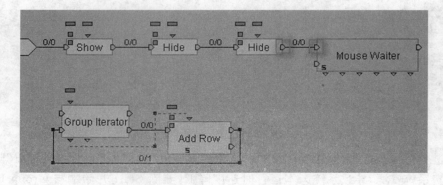

图 6-136　添加模块

(10) 添加 2D Picking（单击 Building Blocks/Interface/Screen/2D Picking）BB 行为交互模块，拖动到 Mouse Waiter 模块的后面。连接 Mouse Waiter 模块的输入端"Left Button Down"与 2D Picking 模块的输入端"In"，如图 6-137 所示。

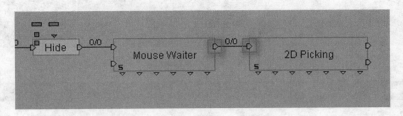

图 6-137 连接模块

(11) 添加 Switch On Parameter（切换参数 Building Blocks/Logics/Streaming/Switch On Parameter）BB 行为交互模块，并拖放到 2D Picking 模块的后面。Switch On Parameter 模块实现的是三个二维帧按钮之间的切换，添加两个 Switch On Parameter 模块的行为输出端。连接 2D Picking 模块的输出端"True"与 Switch On Parameter 模块的输入端"In"，如图 6-138 所示。

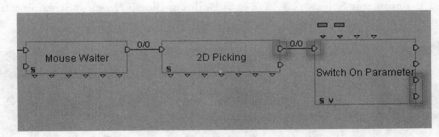

图 6-138 连接模块

把 Switch On Parameter 模块的参数输入端"Test"的参数类型改为 2D Entity，如图 6-139 所示。

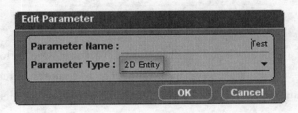

图 6-139 编辑参数

连接 2D Picking 模块的参数输出端"Sprite(Sprite)"与 Switch On Parameter 模块的参数输入端"Test(2D Entity)"，如图 6-140 所示。

双击 Switch On Parameter 模块，在其参数设置面板 Pin 1 选项中选择"2 辅助演示填色模式顶点"，Pin 2 选项中选择"2 辅助演示填色模式线框"，Pin 3 选项中选择"2 辅助演示填色模式实体"。

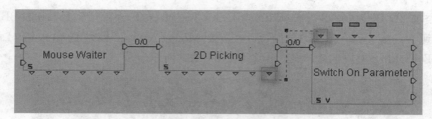

图 6-140　连接模块

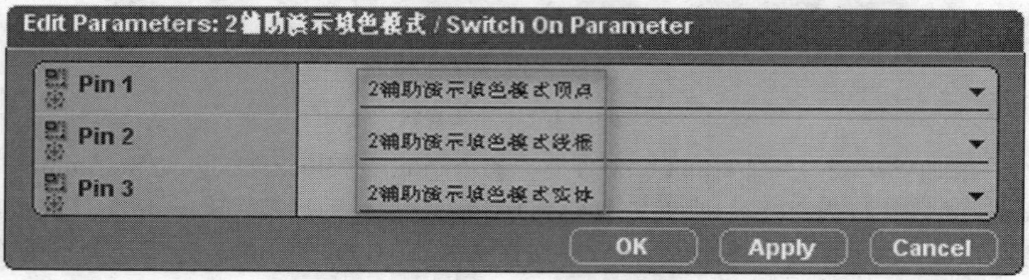

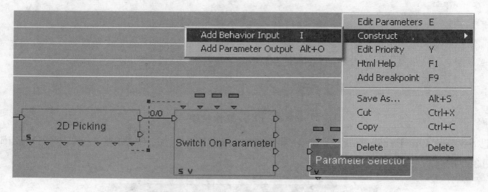

图 6-141　编辑参数

（12）添加 Parameter Selector(参数选择器 Building Blocks/Logics/Streaming/Parameter Selector)BB 行为交互模块，并添加一个行为输入端，如图 6-142 所示。

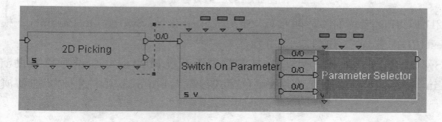

图 6-142　添加行为输入端

连接 Switch On Parameter 模块的输出端"Out 1"与 Parameter Selector 模块的输入端"In 0"，连接 Switch On Parameter 模块的输出端"Out 2"与 Parameter Selector 模块的输入端"In 1"，连接 Switch On Parameter 模块的输出端"Out 3"与 Parameter Selector 模块的输入端"In 2"，如图 6-143 所示。

图 6-143　连接模块

因为 Parameter Selector 模块对应的是填充模式，所以双击 Parameter Selector 模块的参数输出端"Selected(Float)"，在弹出的参数设置面板 Parameter Type 选项中选择 Fill Mode，如图 6-144 所示。

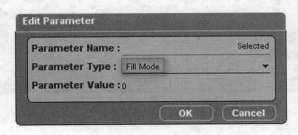

图 6-144 编辑参数

双击 Parameter Selector 模块，在其参数设置面板 pIn 0 选项中选择 Point，pIn 1 选项中选择 WireFrame，pIn 2 选项中选择 Solid，如图 6-142 所示。

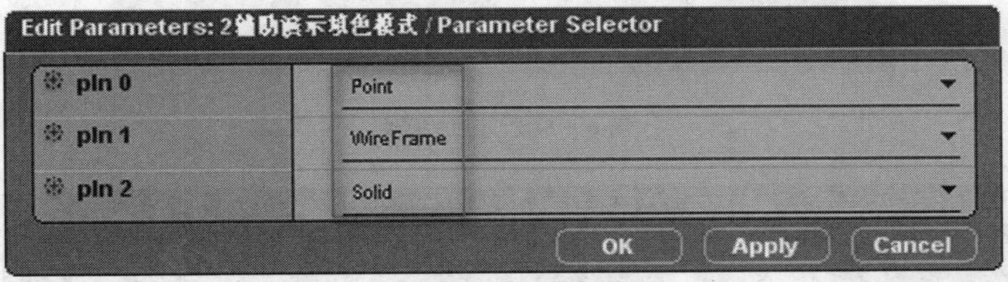

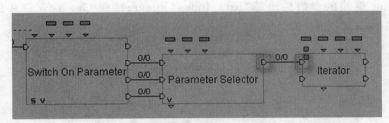

图 6-145 编辑参数

(13) 添加 Iterator(阵列迭代器 Building Blocks/Logics/Array/Iterator)BB 行为交互模块，连接 Parameter Selector 模块的输出端"Out 1"与 Iterator 模块的输入端"In"，如图 6-146 所示。

图 6-146 连接模块

双击 Iterator 模块，在其参数设置面板 Target(Array) 选项中选择"2 辅助演示照相机材质"阵列，如图 6-147 所示。

(14) 添加 Get Row(获取行 Building Blocks/Logics/Array/ Get Row)BB 行为交互模块，连接 Iterator 模块的输出端"Loop Out"与 Get Row 模块的输入端"In"，如图 6-148 所示。

双击 Get Row 模块，在其参数设置面板 Target(Array) 选项中选择"2 辅助演示照相机材质"阵列，如图 6-149 所示。

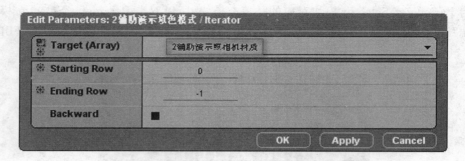

图 6-147 指定阵列

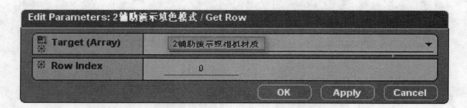

图 6-148 添加模块

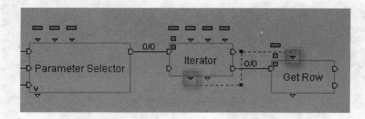

图 6-149 编辑模块

连接 Iterator 模块的参数输出端"Row Index(Integer)"与 Get Row 模块的参数输入端"Row Index(Integer)",如图 6-150 所示。

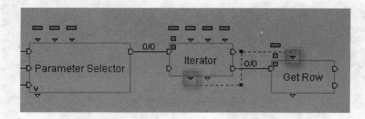

图 6-150 连接模块

(15) 添加 Set Fill Mode(设定填充模式 Building Blocks/Materials-Textures/Basic/Set Fill Mode)BB 行为交互模块,并拖放到 Get Row 模块的后面。连接 Get Row 模块输出端"Found"与 Set Fill Mode 模块的输入端"In",连接 Get Row 模块参数输出端"Material(Material)"与 Set Fill Mode 模块的参数输入端"Target(Material)",连接 Parameter Selector 模块的参数输出端"Selected(Fill Mode)"与 Set Fill Mode 模块的参数输入端"Fill Mode(Fill Mode)",连接 Set Fill Mode 模块的输出端"Out"与 Iterator 模块的输入端"Loop In",实现把

指定阵列的材质对象按选择的填充模式进行材质更换，如图6-151所示。

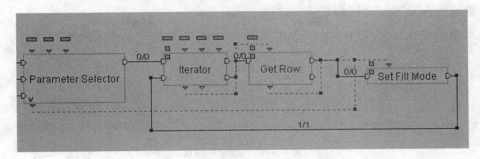

图6-151 连接模块

按下状态栏的播放按钮，分别单击填色模式栏目下的顶点、线框、实体按钮，观察测试效果，如图6-152～图6-154所示。

图6-152 顶点效果　　　　　　　图6-153 线框效果

图6-154 实体效果

（16）为了使每次系统脚本执行时，进入到辅助演示功能项目后，照相机对象材质所应用的填充模式都为实体，就要在"2 辅助演示填色模式"Script脚本中对照相机对象材质进行初始状态设定。

删除掉"2辅助演示填色模式"Script 脚本中第 2 个 Hide 模块输出端"Out"与 Mouse Waiter 模块输入端"On"之间的连接线,如图 6-155 所示。

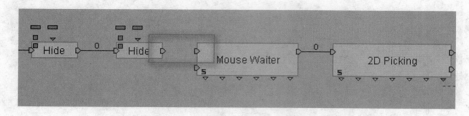

图 6-155　删除连接线

添加 Iterator(阵列迭代器 Building Blocks/Logics/Array/Iterator)BB 行为交互模块。拖动到第 2 个 Hide 模块的后面。连接第 2 个 Hide 模块的输出端"Out"与 Iterator 模块的输入端"In",如图 6-156 所示。

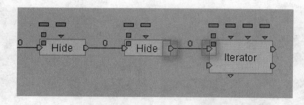

图 6-156　连接模块

双击 Iterator 模块,在其参数设置面板 Target(Array)选项中选择"2 辅助演示照相机材质"阵列,如图 6-157 所示。

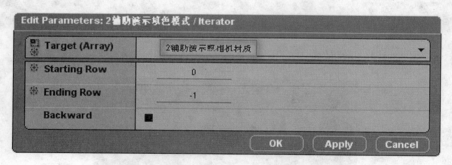

图 6-157　指定阵列

(17) 添加 Get Row(获取行 Building Blocks/Logics/Array/ Get Row)BB 行为交互模块,连接此 Iterator 模块的输出端"Loop Out"与 Get Row 模块的输入端"In",如图 6-158 所示。

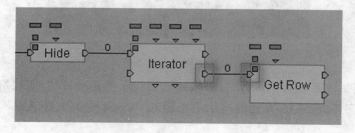

图 6-158　添加模块

双击 Get Row 模块,在其参数设置面板 Target(Array)选项中选择"2 辅助演示照相机材质"阵列,如图 6-159 所示。

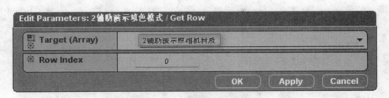

图 6-159 编辑模块

连接 Iterator 模块的参数输出端"Row Index(Integer)"与 Get Row 模块的参数输入端"Row Index(Integer)",如图 6-160 所示。

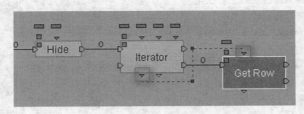

图 6-160 连接模块

(18) 添加 Set Fill Mode(设定填充模式 Building Blocks/Materials-Textures/Basic/Set Fill Mode)BB 行为交互模块,并拖放到此 Get Row 模块的后面。连接此 Get Row 模块输出端"Found"与 Set Fill Mode 模块的输入端"In",连接 Get Row 模块参数输出端"Material (Material)"与 Set Fill Mode 模块的参数输入端"Target(Material)",连接 Set Fill Mode 模块的输出端"Out"与 Mouse Waiter 模块的输入端"On",连接 Set Fill Mode 模块的输出端"Out"与 Iterator 模块的输入端"Loop In",如图 6-161 所示。

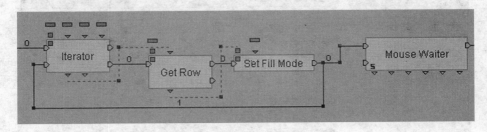

图 6-161 连接模块

双击 Set Fill Mode 模块,在其参数设置面板 Fill Mode 选项中选择 Solid 填充模式,如图 6-162所示。实现每次重新运行"2 辅助演示填色模式"Script 脚本时,都先赋予照相机对象材质实体填充模式。

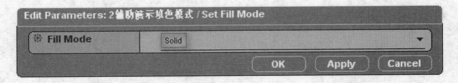

图 6-162 编辑参数

(19)选择"2辅助演示辅助标识开启"、"2辅助演示辅助标识关闭"、"2辅助标识开启关闭"、"2辅助演示填色模式顶点"、"2辅助演示填色模式线框"、"2辅助演示填色模式实体"、"2辅助演示填色模式"Script 脚本,并设置其显示颜色(如图 6-163 所示),以便和前面的脚本加以区分。

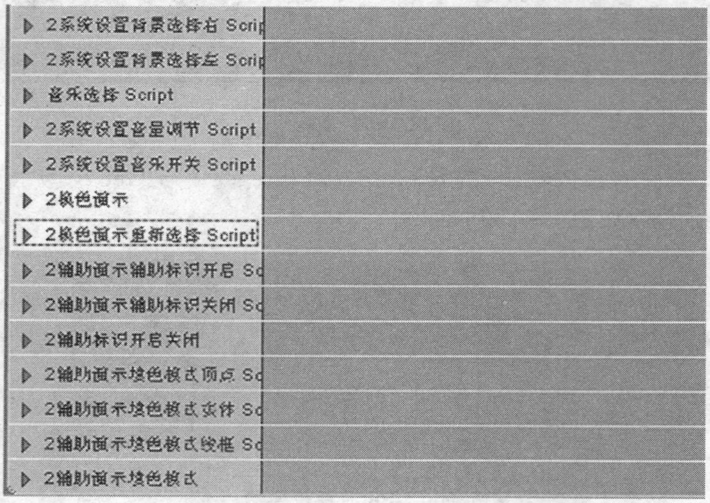

图 6-163 设置显示颜色

为了便于其他功能的制作,要对辅助演示面板进行隐藏。单击 Level Manager 标签按钮,展开 Level/Global/2D Frames 目录,选择"2辅助演示面板"二维帧,在其 Visible 选项中,设置其隐藏状态,与此二维帧同时隐藏的还有此二维帧的所有子对象二维帧,如图 6-164 所示。

图 6-164 设置隐藏

思考与练习

1. 思考题

(1) 3D Sprite Setup 设置面板中 Sprite Type 各选项所表示的含义是什么？
(2) 如何实现通过切换摄影机来确定 3D Sprite 对象的空间位置？
(3) 如何通过创建阵列实现存储所需要的元素？

2. 练　习

(1) 利用 3D Sprite 制作一个可以跟随三维对象移动的二维帧图案。
(2) 参考随书光盘中"6 辅助演示制作.cmo"文件，制作一个通过按钮实现切换对象填色模式的实例。

第 7 章　功能演示制作

本章重点

- 实时显示屏制作
- 拍摄图片存取
- 焦距调节制作

"功能演示"选项中包括了虚拟环境的左右旋转、照片的拍摄和查看、照相机焦距的调节。虚拟环境在本实例中使用的是一个三维 BOX 对象。

7.1　虚拟环境制作

(1) 在 Virtools 菜单栏中,选择 Resources→Import File 选项,如图 7-1 所示。

图 7-1　导入文件操作

在弹出的对话框中选择光盘所配套的"虚拟环境.NMO"(虚拟演示制作实例/ 3D Entities/虚拟环境.NMO)文件,在场景中导入虚拟环境,如图 7-2 所示。

图 7-2　加载数据资源

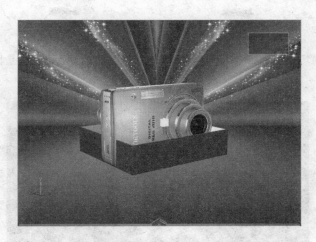

图7-3 场景效果

（2）右击新添加到场景中的Box01对象，在弹出的右键快捷菜单中选择3D Object Setup (Box01)选项，开启3D Object Setup设置面板，如图7-4所示。

图7-4 开启设置面板

Box01对象要实现的是一个"室内盒"的效果，所以要对导入的Box01对象进行坐标及尺寸的调整。可以通过调节面板中选择和移动、选择和缩放、选择和旋转工具的配合来实现。在这里只给出最终的参考数值，如图7-5所示。

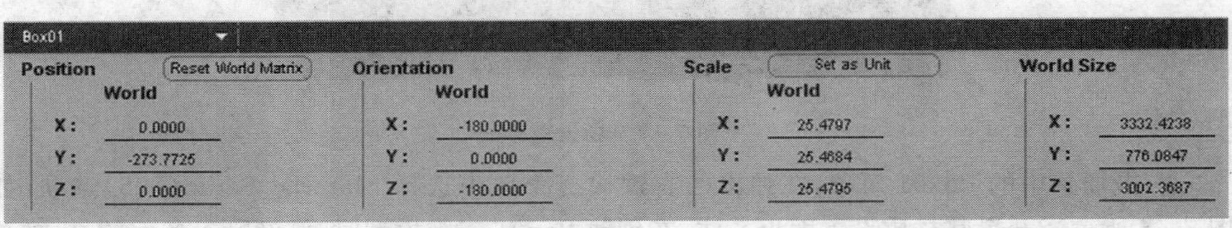

Box01									
Position	Reset World Matrix		Orientation			Scale	Set as Unit	World Size	
	World			World			World		
X:	0.0000		X:	-180.0000		X:	25.4797	X:	3332.4238
Y:	-273.7725		Y:	0.0000		Y:	25.4684	Y:	776.0847
Z:	0.0000		Z:	-180.0000		Z:	25.4795	Z:	3002.3687

图7-5 坐标数值

Position

    World   X：0.0000、Y：-273.7725、Z：0.0000

Orientation

    World   X：-180.0000、Y：0.0000、Z：-180.0000

World Size

X:3332.4238、Y:776.0847、Z:3002.3687

此时可以观察到场景中的 Box01 对象是黑的(如图 7-6 所示),这是因为没有设置其材质的原因。

图 7-6 场景效果

(3) 单击摄影机导航工具栏中的 Camera Zoom(摄影机缩放)按钮,缩小场景,使观察视野变大,如图 7-7 所示。

图 7-7 场景效果

右击场景中的 Box01 对象,在弹出的右键快捷菜单中选择 Material Setup(005)选项(如图 7-8 所示),开启其材质设置面板。注:在创建 Box01 三维模型时,已经赋予各面的材质,总共设置了 6 种材质,001~004 分别表示为左、前、右、后四个面的材质编号,005 则表示为底面的材质编号,006 则表示为其他面的材质编号。

在 005 材质设置面板中将 Emissive 颜色选择为 R、G、B 的数值都为 255 的白色,在 Texture(纹理)选项中选择名称为"次界面背景 5"的纹理图片,其他选项保持不变,如图 7-9 所示。

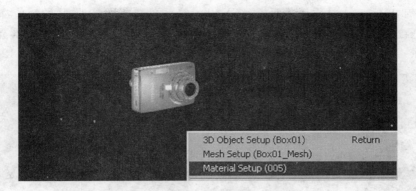

图 7-8　开启材质面板

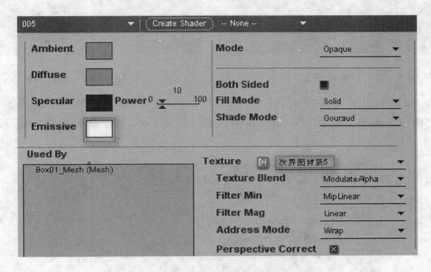

图 7-9　设置材质

图 7-10　场景效果 1

分别开启001～004材质设置面板,将Emissive颜色选择为R、G、B的数值都为255的白色,Texture(纹理)选项中分别选择名称为"次界面背景1"、"次界面背景2"、"次界面背景3"、"次界面背景4"的纹理图片,其他选项保持不变。场景效果如图7-10～图7-12所示。

图7-11　场景效果2　　　　　　　　　图7-12　场景效果3

单击Level Manager标签按钮,在Global目录中3D Objects子目录下选择Box01对象,然后单击面板左上角的Set IC For Selected按钮,设置Box01对象的初始状态,如图7-13所示。

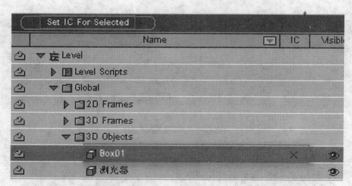

图7-13　设定初始状态

(4) 进行照相机实时拍摄功能时,实质上旋转的是Box01对象,截取的实时场景图片是显示在照相机对象的显示屏上,所以要添加一个新的摄影机,以照相机镜头的方向来观测整个场景。

单击摄影机导航工具栏中的Orbit Target/Orbit Around(摄影机旋转)按钮,在"环视相机"摄影机视景下旋转场景,旋转到合适的参考位置,如图7-14所示。

在此状态下,按下创建工具栏上的Create Camera按钮,创建一个新的摄影机,并命名为:"功能演示摄影机"。

其参考坐标数值为:
Position
　　　　　World　　X:9.9395、Y:114.8202、Z:449.8181

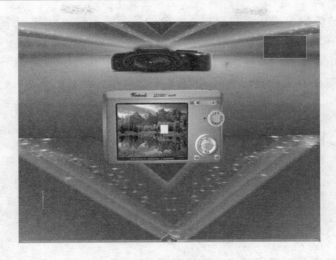

图 7-14 场景效果

Orientation

World   X：-170.0000、Y：0.0000、Z：-180.0000

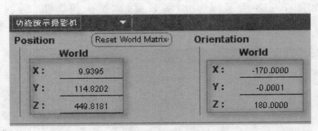

图 7-15 坐标数值

单击 Level Manager 标签按钮，在 Global 目录中 Cameras 子目录下选择"功能演示摄影机"，然后单击面板左上角的 Set IC For Selected 按钮，设置此摄影机的初始状态，如图 7-16 所示。

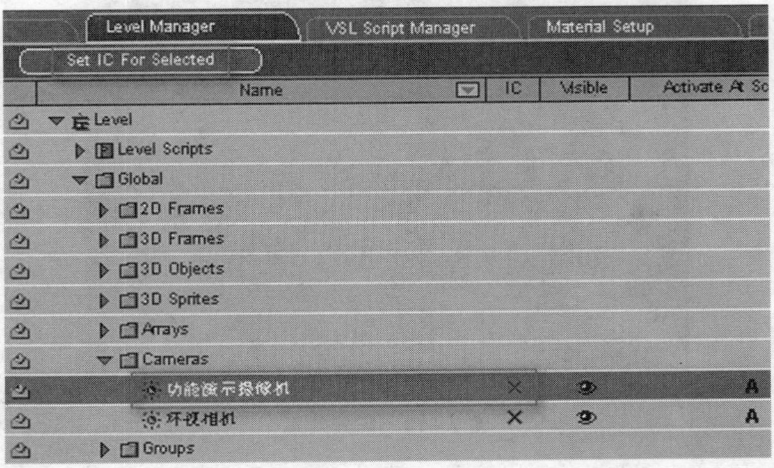

图 7-16 设定初始状态

（5）要把实时渲染的虚拟环境在照相机对象的显示屏上显示出来，还需要一个摄影机，用来捕捉实时的渲染环境。

单击 Level Manager 标签按钮，在 Global 目录中 3D Objects 子目录下选择镜头对象，在其设置面板记录下镜头对象的坐标数值，如图 7-17 所示。

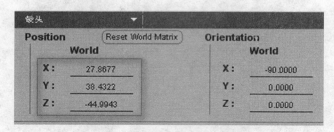

图 7-17　记录坐标数值

此坐标数值就是所要创建摄影机的坐标数值，也就是摄影机直接放到照相机对象的镜头中央，从而捕捉实时的渲染环境。

创建一个新的摄影机，命名为："镜头摄影机"。把刚才所记录的镜头对象的坐标数值赋给此摄影机坐标数值（如图 7-18 所示）。此时场景就以"镜头摄影机"的视角来显示，场景效果如图 7-19 所示。

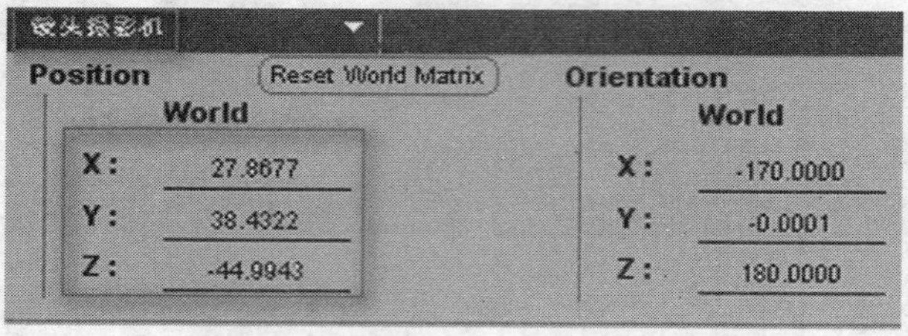

图 7-18　拷贝坐标数值

图 7-19　场景效果

单击 3D Layout 视窗上的摄影机切换栏,通过下拉菜单选择"功能演示摄影机"选项,如图 7-20 所示。

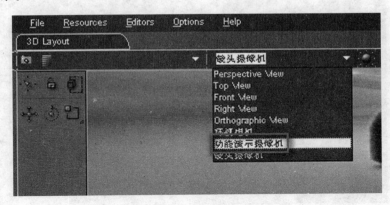

图 7-20 切换摄影机

单击 Level Manager 标签按钮,在 Global 目录中 Cameras 子目录下选择"镜头摄影机",然后单击面板左上角的 Set IC For Selected 按钮,设置此摄影机的初始状态,如图 7-21 所示。

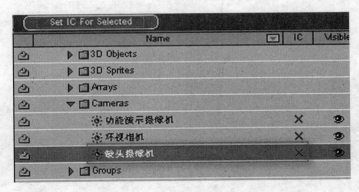

图 7-21 设定初始状态

(6) 在场景中通过右键快捷菜单选择"显示屏"对象(如图 7-22 所示),创建"显示屏"对象的 Script 脚本,并改名为"2 功能演示捕捉场景"。在这里需要记住"显示屏"对象所使用的纹理图片名称为"8"。

添加 Render Scene in RT View(获取场景绘图 Building Blocks/Shaders/Rendering/Render Scene in RT View)BB 行为交互模块,并拖动到"2 功能演示捕捉场景"Script 脚本编辑窗口。连接"2 功能演示捕捉场景"Script 脚本编辑窗口 Start 开始端与 Render Scene in RT View 模块的输入端"In",如图 7-23 所示。

提　示:
Render Scene in RT View 模块(如图 7-24 所示)参数设定
参数设置面板如图 7-25 所示。
① Target View(目标视野)
● Render Target(渲染目标):以 Texture(贴图)存在,渲染的结果只会显示在所定义的

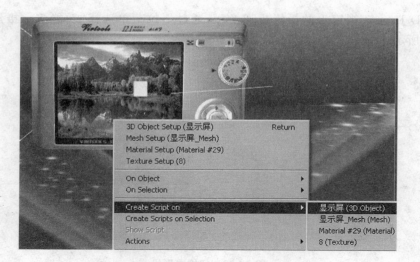

图 7-22 创建脚本

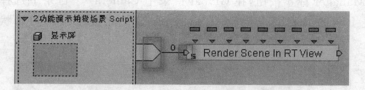

图 7-23 连接模块

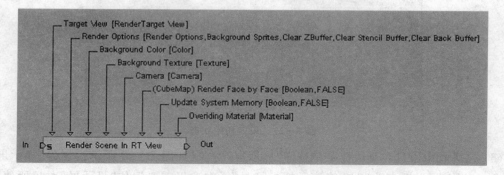

图 7-24 Render Scene in RT View 模块

矩形区域中,如果设定为 NULL 值时,则最后的结果会直接出现在整个三维的画面中。

- Render Target Viewpoint(渲染目标视野):在定义矩形范围时,如果左边的数值大于或者等于右边的数值、或是顶端的范围数值大于等于底端的范围数值,则结果将填满整个 RT,也就是整张贴图。

② Render Options(绘图设定选型)
- Background Sprites(背景 Sprite):用来着色的背景 2D Sprites。
- Foreground Sprites(前景 Sprite):用来着色的前景 2D Sprites。
- Use Camera Ratio(使用摄影机画面比):设定自动使用当前摄影机纵横比例。

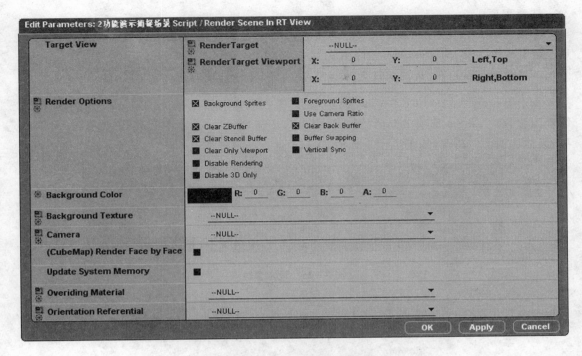

图 7-25 参数设置面板

- Clear ZBuffer：清楚深度缓存区（Z Buffer）的资料。
- Clear Back Buffer：清除后缓存区（Back Buffer）的资料。
- Buffer Swapping：交换前、后缓存区资料。
- Clear Only Viewport：只清除视野范围内的资料，不会清除所有的绘图资料，如设定画面比为 16∶9 时就会使用到。
- Vertical Sync：垂直扫描同步，设定是否等待下一个画面的开始显示，通常在 RT View 设定为 NULL 时使用。
- Disable Rendering：不做任何二维物体或是三维物体的着色。
- Disable 3D Only：不做任何三维物体，只对二维物体进行着色。

③ Background Color（背景颜色）：当清除绘图目标（Render Target）时所使用的背景颜色。

④ Background Texture（背景贴图）：当清除绘图目标时所使用的背景贴图。

⑤ Camera（摄影机）：着色场景时所使用的摄影机。

- (CubeMap)Render Face By Face（立方体着色）：如果设定为 True，每次启动此模组时都会给立方体的不同面着色，反之若为 False，立方体的所有面都会被着色。
- Update System Memory（更新系统内存）：如果设定为 True，将着色结果传到系统内存中。

⑥ Overriding Material（复写材质）：强制场景中的物件使用同一种材质着色。如果设定为 NULL，那么此输入参数对模组没有影响。

⑦ Orientation Referential（方向参考物）：如果设定为 NULL，则着色的参考坐标为世界坐标，否则将所设定的物件坐标为绘图基准。

注意事项：

如果在网面上使用 RenderTarget 贴图且 UV 贴图模式设为 Border 或 Clamp，那么如果 UV 贴图不在[0,1]范围内，则不会有任何显示结果。

如果使用 OpenGL，请确认设定的贴图尺寸必须小于后缓存区（Back Buffer）的大小。

双击 Render Scene in RT View 模块，在其参数设置面板 Render Target 选项中选择"8"纹理图片，在 Camera 选项中选择"镜头摄影机"，叉选 Camera 选项中 Update System Memory 项，其他选项不做更改，如图 7-26 所示。

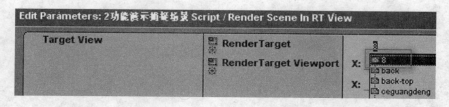

图 7-26 设定参数

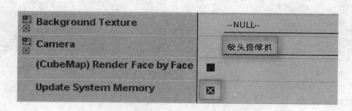

图 7-27 设定参数

连接 Render Scene in RT View 模块的输出端"Out"与 Render Scene in RT View 模块的输入端"In"（如图 7-28 所示），实现不间断的实时渲染。

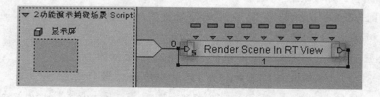

图 7-28 连接模块

按下状态栏的播放按钮，观察场景中照相机对象的"显示屏"，其纹理图片已被实时的渲染，如图 7-29 所示。

（7）此时鼠标移到场景中的菜单栏，菜单栏自动升起，但是当鼠标移出菜单栏的坐标数值范围时，菜单却不能象前面那样自动地下降到场景的底边。这是因为所添加的 Box01 对象产生的影响。测试效果如图 7-30 所示

按下状态栏的暂停播放按钮，在场景中右击 Box01 对象，开启 Box01 对象的设置面板。取消设置面板 Pickable 选项的叉选标记，使其处于不可选的状态，如图 7-31 所示。

第7章 功能演示制作

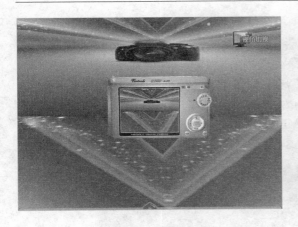

图7-29 场景效果

图7-30 测试效果

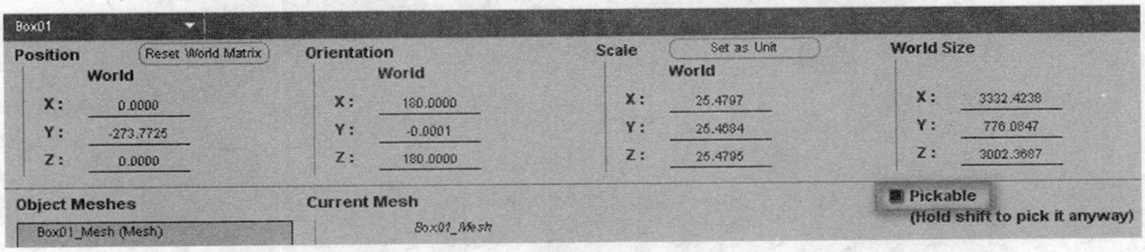

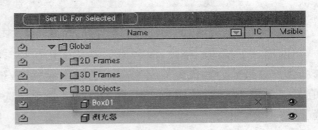

图7-31 编辑参数

单击 Level Manager 标签按钮,在 Global 目录中 Cameras 子目录下选择 Box01 对象,然后单击面板左上角的 Set IC For Selected 按钮,再次设定 Box01 对象的初始状态,如图7-32所示。

再按下状态栏的播放按钮,当鼠标移出菜单栏坐标数值范围时,菜单又可以自动下降了。测试效果如图7-33所示。

图7-32 设定初始状态

图7-33 测试效果

259

7.2 "功能演示"选项面板制作

创建一个新材质,改名为"2功能演示面板",在其设置面板Diffuse颜色选择为R、G、B的数值都为255的白色,在Mode选项中选择Transparent(透明)模式,在Texture(纹理)选项中选择名称为"功能演示"的纹理图片,在Filter Min选项中选择MipNearest,在Filter Mag选项中选择Nearest,其他选项保持不变,如图7-34所示。

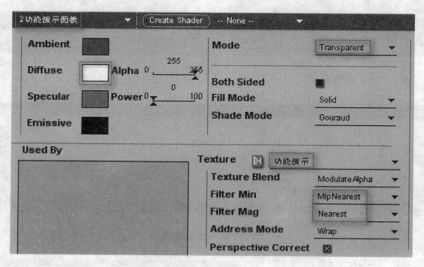

图7-34 设置材质

创建一个新的二维帧,改名为"2功能演示面板",在其设置面板Position选项中设置X的数值为-12、Y的数值为6、Z Order(Z轴次序)的数值为-1,在Size选项中设置Width的数值为250、Height的数值为350,在Material选项中选择名称为"2功能演示面板"材质,其他设置保持不变,如图7-35所示。

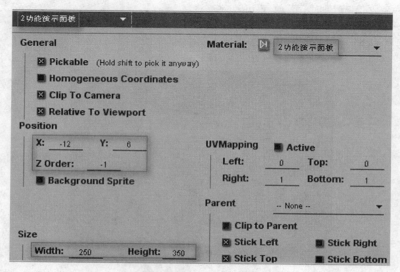

图7-35 设置二维帧

此时场景中添加"2功能演示面板"二维帧后的效果如图7-36所示。

图7-36 添加后效果

7.3 环境设置制作

环境设置就是指通过两个二维帧按钮，对应使Box01对象以Y轴为中心向左或向右旋转。

7.3.1 按钮制作

（1）创建一个新的二维帧，并改名为"2功能演示环境设置左旋"，在其设置面板Position选项中设置X的数值为34、Y的数值为105、Z Order(Z轴次序)的数值为0，在Size选项中设置Width的数值为32、Height的数值为32，在Parent选项中选择"2功能演示面板"，如图7-37所示。

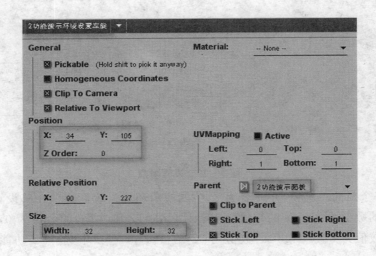

图7-37 设置二维帧

创建一个新材质,并把它改名为"2 功能演示环境设置左旋 1",在其设置面板中将 Diffuse 颜色选择为 R、G、B 的数值都为 255 的白色,在 Mode 选项中选择 Transparent(透明)模式,在 Texture(纹理)选项中选择名称为"功能演示环境左旋 1"的纹理图片,在 Filter Min 选项中选择 Mip Nearest,在 Filter Mag 选项中选择 Nearest,其他选项保持不变,如图 7-38 所示。

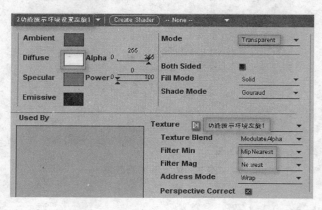

图 7-38 设置材质

创建一个新材质,并把它改名为"2 功能演示环境设置左旋 2",在其设置面板中将 Diffuse 颜色选择为 R、G、B 的数值都为 255 的白色,在 Mode 选项中选择 Transparent(透明)模式,在 Texture(纹理)选项中选择名称为"功能演示环境左旋 2"的纹理图片,在 Filter Min 选项中选择 Mip Nearest,在 Filter Mag 选项中选择 Nearest,其他选项保持不变,如图 7-39 所示。

图 7-39 设置材质

(2) 创建一个新的二维帧,并改名为"2 功能演示环境设置右旋",在其设置面板 Position 选项中设置 X 的数值为 153、Y 的数值为 105、Z Order(Z 轴次序)的数值为 0,在 Size 选项中设置 Width 的数值为 32、Height 的数值为 32,在 Parent 选项中选择"2 功能演示面板",如图 7-40 所示。

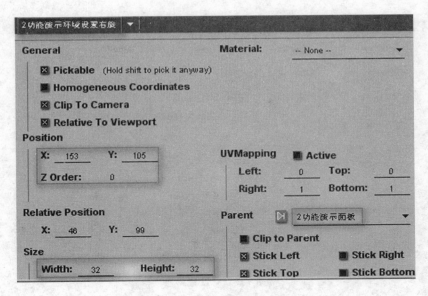

图7-40 设置二维帧

创建一个新材质,并把它改名为"2功能演示环境设置右旋1",在其设置面板中将Diffuse颜色选择为R、G、B的数值都为255的白色,在Mode选项中选择Transparent(透明)模式,在Texture(纹理)选项中选择名称为"功能演示环境右旋1"的纹理图片,在Filter Min选项中选择Mip Nearest,在Filter Mag选项中选择Nearest,其他选项保持不变,如图7-41所示。

图7-41 设置材质

创建一个新材质,并把它改名为"2功能演示环境设置右旋2",在其设置面板中将Diffuse颜色选择为R、G、B的数值都为255的白色,在Mode选项中选择Transparent(透明)模式,在Texture(纹理)选项中选择名称为"功能演示环境右旋2"的纹理图片,在Filter Min选项中选择Mip Nearest,在Filter Mag选项中选择Nearest,其他选项保持不变,如图7-42所示。

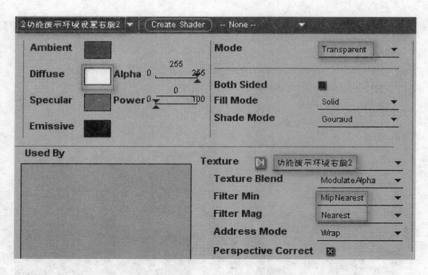

图 7-42 设置材质

7.3.2 脚本制作

（1）创建"2功能演示环境设置左旋"二维帧 Script 脚本。添加 PushButton（按钮 Building Blocks/Interface/Controls/PushButton）BB 行为交互模块，连接"2功能演示环境设置左旋"二维帧 Script 脚本编辑窗口开始端与 PushButton 模块的输入端"On"，如图 7-43 所示。

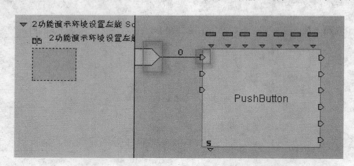

图 7-43 连接模块

右击 PushButton 模块，在弹出的右键快捷菜单中选择 Edit Settings 选项，参数设置面板中取消 Released、Active、Enter Button、Exit Button、In Button 选项的叉选，如图 7-44 所示。

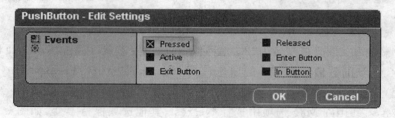

图 7-44 设置模块

双击 PushButton 模块,在其参数设置面板 Released Material(松开按钮材质)选项中选择"2 功能演示环境设置左旋 1"材质,在 Pressed Material(按下按钮材质)、RollOver Material(鼠标经过时材质)选项中选择"2 功能演示环境设置左旋 2"材质,如图 7-45 所示。

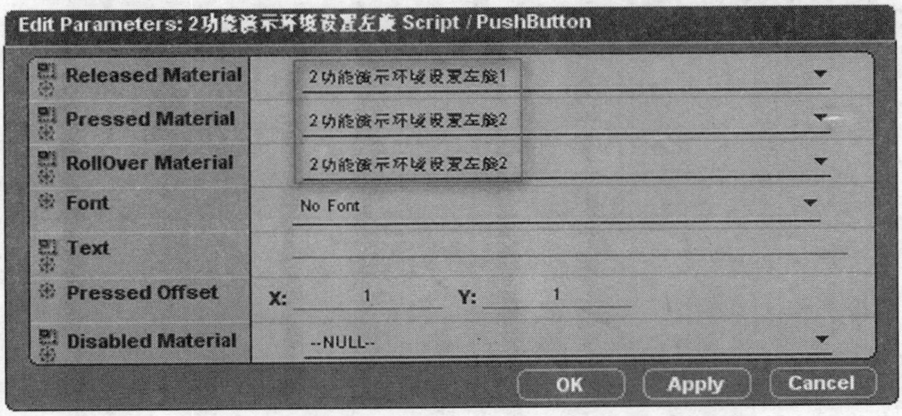

图 7-45 设置 PushButton 模块

按下状态栏的播放按钮,单击环境左旋按钮,PushButton 模块已起作用,按钮对应材质发生变化,如图 7-46 所示。

添加 Rotate(旋转 BuildingBlocks/3D Transformations/Basic/Rotate)BB 行为交互模块,拖放到 PushButton 模块的后面。连接 PushButton 模块的输出端"Pressed"与 Rotate 模块的输入端"In",连接 Rotate 模块的输出端"Out"与 PushButton 模块的输入端"On",如图 7-47 所示。

图 7-46 测试效果

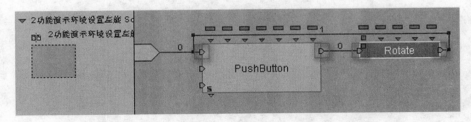

图 7-47 连接模块

双击 Rotate 模块,在其参数设置面板 Target(3D Entity)选项中选择 Box01 对象,Angle of Rotation 项 Degree 中输入－1,如图 7-48 所示。实现当单击环境左旋按钮时,则 Box01 对象以 Y 轴为中心轴向左旋转,当松开鼠标左键时,则旋转停止。测试效果如图 7-49 所示。

(2) 创建"2 功能演示环境设置右旋"二维帧 Script 脚本。添加 PushButton(按钮 Building Blocks/Interface/Controls/PushButton)BB 行为交互模块,连接"2 功能演示环境设置右旋"二维帧 Script 脚本编辑窗口开始端与 PushButton 模块的输入端"On",如图 7-50 所示。

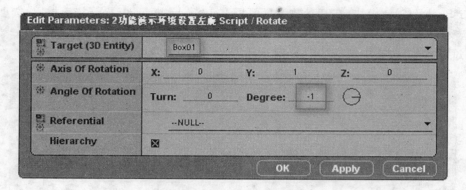

图7-48 参数设置

图7-49 测试效果

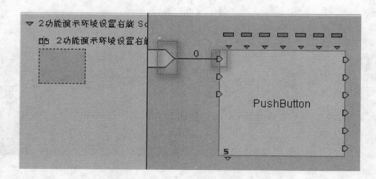

图7-50 连接模块

右击 PushButton 模块,在弹出的右键快捷菜单中选择 Edit Settings 选项,在参数设置面板中取消 Released、Active、Enter Button、Exit Button、In Button 选项的叉选,如图7-51所示。

双击 PushButton 模块,在其参数设置面板 Released Material(松开按钮材质)选项中选择"2功能演示环境设置右旋1"材质,在 Pressed Material(按下按钮材质)、RollOver Material(鼠标经过时材质)选项中选择"2功能演示环境设置右旋2"材质,如图7-52所示。

第 7 章 功能演示制作

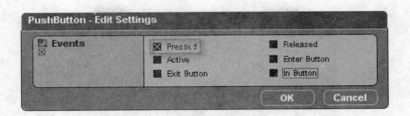

图 7-51 设置模块

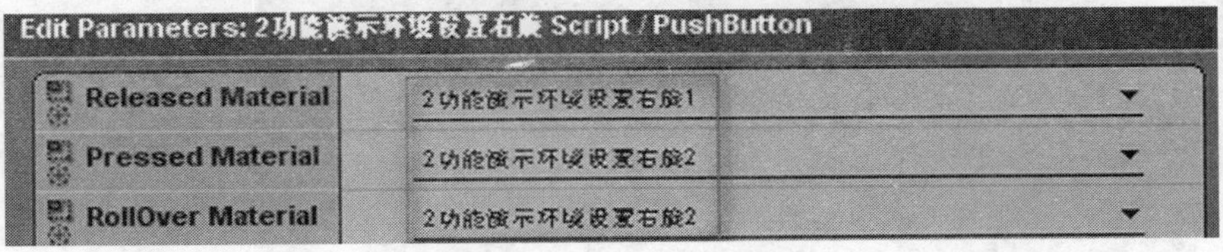

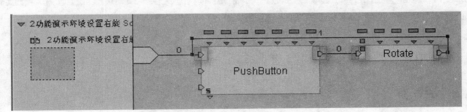

图 7-52 设置 PushButton 模块

添加 Rotate(旋转 Building Blocks/ 3D Transformations/Basic/Rotate)BB 行为交互模块,拖放到 PushButton 模块的后面。连接 PushButton 模块的输出端"Pressed"与 Rotate 模块的输入端"In",连接 Rotate 模块的输出端"Out"与 PushButton 模块的输入端"On",如图 7-53 所示。

图 7-53 连接模块

双击 Rotate 模块,在其参数设置面板 Target(3D Entity)选项中选择 Box01 对象,Angle of Rotation 项 Degree 中输入 1,如图 7-54 所示。实现当单击环境右旋按钮时,则 Box01 对象以 Y 轴为中心轴向右旋转,当松开鼠标左键时,则旋转停止。测试效果如图 7-55 所示。

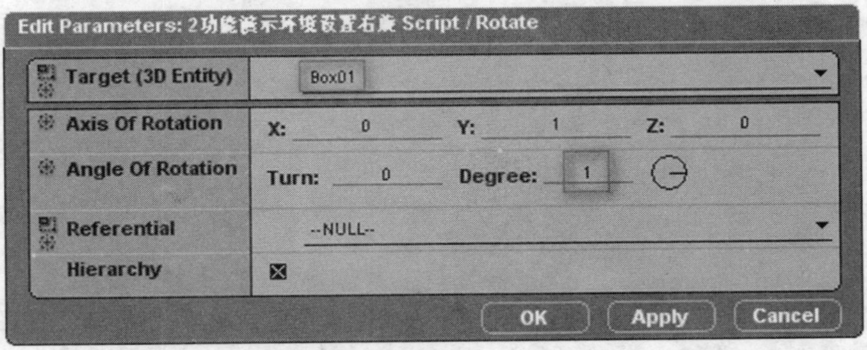

图 7-54 参数设置

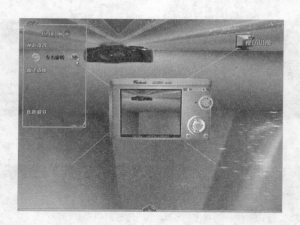

图 7-55 测试效果

7.4 模式切换制作

模式切换就是指照相机拍摄模式和播放模式之间的切换。在拍摄模式下,可以通过按下快门按钮进行拍摄,并且把拍摄到的"照片"存储起来;播放模式下,可以通过左、右按钮向前、后查看刚才拍摄存储起来的"照片"。

7.4.1 快门功能制作

(1) 创建一个新的二维帧,并改名为"2 功能演示模式切换快门",在其设置面板 Position 选项中设置 X 的数值为 142、Y 的数值为 177、Z Order(Z 轴次序)的数值为 0,在 Size 选项中设置 Width 的数值为 46、Height 的数值为 46,在 Parent 选项中选择"2 功能演示面板",如图 7-56 所示。

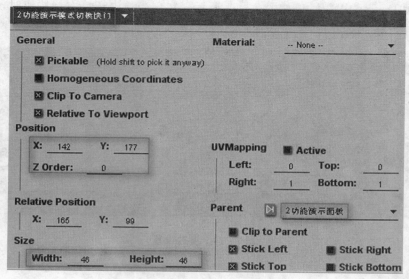

图 7-56 设置二维帧

（2）创建一个新材质，并把它改名为"2功能演示模式切换快门1"，在其设置面板中将 Diffuse 颜色选择为 R、G、B 的数值都为 255 的白色，在 Mode 选项中选择 Transparent（透明）模式，在 Texture（纹理）选项中选择名称为"功能演示快门1"的纹理图片，在 Filter Min 选项中选择 Mip Nearest，在 Filter Mag 选项中选择 Nearest，其他选项保持不变，如图 7-57 所示。

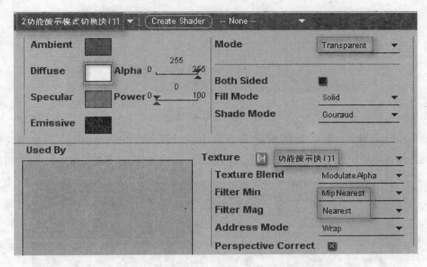

图 7-57 设置材质

创建一个新材质，并把它改名为"2功能演示模式切换快门2"，在其设置面板中将 Diffuse 颜色选择为 R、G、B 的数值都为 255 的白色，在 Mode 选项中选择 Transparent（透明）模式，在 Texture（纹理）选项中选择名称为"功能演示快门2"的纹理图片，在 Filter Min 选项中选择 Mip Nearest，在 Filter Mag 选项中选择 Nearest，其他选项保持不变，如图 7-58 所示。

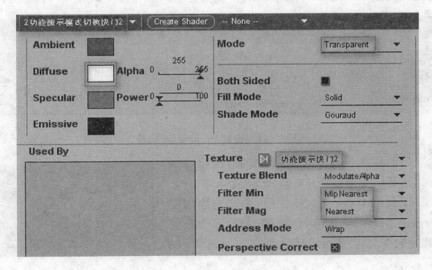

图 7-58 设置材质

（3）创建"2功能演示模式切换快门"二维帧 Script 脚本。添加 PushButton（按钮 Building Blocks/Interface/Controls/PushButton）BB 行为交互模块，连接"2功能演示模式切换快门"

二维帧Script脚本编辑窗口开始端与PushButton模块的输入端"On",如图7-59所示。

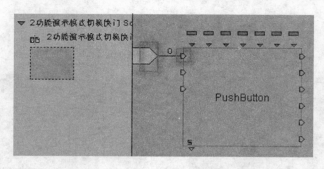

图7-59 连接模块

右击PushButton模块,在弹出的右键快捷菜单中选择Edit Settings选项,在参数设置面板中取消Released、Active、Enter Button、Exit Button、In Button选项的叉选,如图7-60所示。

图7-60 设置模块

双击PushButton模块,在其参数设置面板Released Material(松开按钮材质)选项中选择"2功能演示模式切换快门1"材质,在Pressed Material(按下按钮材质)、RollOver Material(鼠标经过时材质)选项中选择"2功能演示模式切换快门2"材质,如图7-61所示。

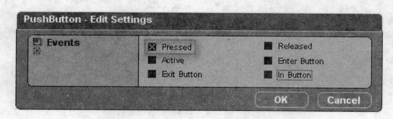

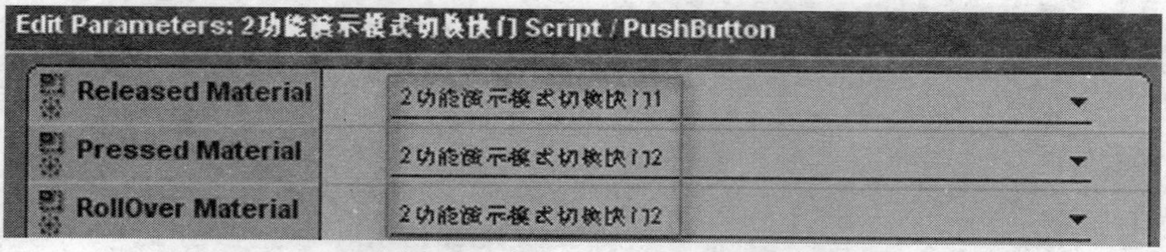

图7-61 设置PushButton模块

按下状态栏的播放按钮,单击快门按钮,按钮对应材质发生变化。测试效果如图7-62所示。

(4)单击Level Manager标签按钮,单击左边创建面板中的Create Array(创建阵列)按钮,创建一个新的阵列,并将其改名为"2功能演示照片存储",如图7-63所示。

此阵列存放的是按下快门按钮时所拍摄的"照片"。

图7-62 测试效果

单击Add Column(添加列)按钮,在Name选项中输入"照片",Type选项中选择Parameter(参数),Parameter选项中选择State Chunk,如图7-64所示。实质上此阵列存储的只是纹理图片的一种状态,而不是纹理图片本身。

图 7-63 创建阵列

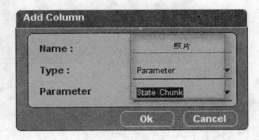

图 7-64 设置列类型

为了实现起来简单些,在这里设定"2 功能演示照片存储"阵列有五行,就是只能存储五个状态,也就表示了可以存储五张照片。

单击五次 Add Row(添加行)按钮,为"2 功能演示照片存储"阵列添加五行。单击 Array Setup 设置面板左侧的 Set IC 按钮,设定此阵列的初始状态,如图 7-65 所示。

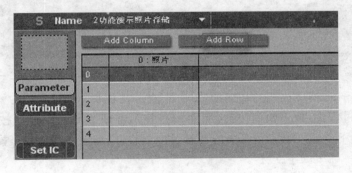

图 7-65 添加行

(5)添加 Test(测试 Building Blocks/Logics/Test/Test)BB 行为交互模块,连接 Push Button 模块的输出端"Pressed"与 Test 模块的输入端"In",如图 7-66 所示。

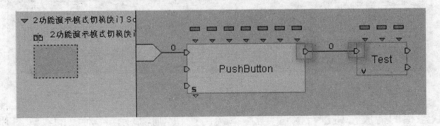

图 7-66 添加模块

Test 模块用来判断"2 功能演示照片存储"阵列的行数值是否小于 5,如果小于 5 则继续后面的脚本,如果大于 5 则不执行后续脚本。因为在拍摄模式下,每按一次快门按钮就拍摄一张"照片",拍摄到第 6 张便不能存入阵列。双击 Test 模块,在其参数设置面板 Test 选项中选择 Less than,B 选项中输入 5,A 选项不做设置,如图 7-67 所示。

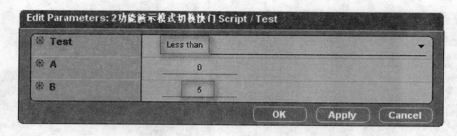

图 7-67 设置参数

Test 模块 A 选项没有设置,是因为 A 选项所要赋的值是"2 功能演示照片存储"阵列的行数值,是一个变量。

(6) 添加 Deactivate Script(解除脚本激活 Building Blocks/Narratives/Script Management/ Deactivate Script)BB 行为交互模块,并拖动到 Test 模块的后面。连接 Test 模块的输出端"True"与 Deactivate Script 模块的输入端"In",如图 7-68 所示。

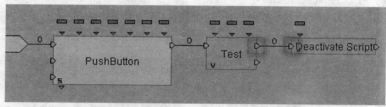

图 7-68 添加 Deactivate Script 模块

Deactivate Script 模块执行的是解除"2 功能演示捕捉场景"Script 脚本。也就是当在旋转 Box01 对象的过程中,按下快门按钮,则照相机显示屏便显示快门按钮按下瞬间所获取的场景纹理图片,而不再继续响应新获取的场景纹理图片,添加这个功能只是模拟真实照相机拍照时存储照片 1~2 秒的延时过程。

双击 Deactivate Script 模块,在其参数设置面板 Script 选项中选择 3D Object,再选择"显示屏",如图 7-69 所示。

图 7-69 设定参数

按下状态栏的播放按钮进行测试,当按下快门按钮,则"显示屏"对象的纹理图片便停留于单击快门按钮时捕捉到的场景纹理图片,而不再更改。测试效果如图 7-70 所示。

(7) 添加 Save State(存储状态 Building Blocks/ Narratives/States/Save State)BB 行为交互模块,拖放到 Deactivate Script 模块的后面。连接 Deactivate Script 模块的输出端"Out"与 Save State 模块的输入端"In",并添加 Save State 模块的目标参数,如图 7-71 所示。

图7-70 测试效果

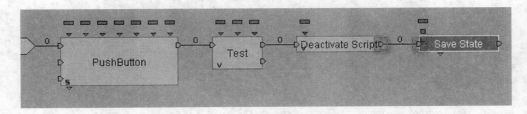

图7-71 添加模块

双击Save State模块,在其参数设置面板Target(Behavioral Object)选项中选择"8"纹理图片,如图7-72所示。

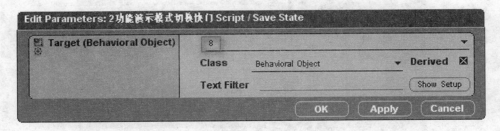

图7-72 设置参数

(8) 添加Set Row(设定行 Building Blocks/Logics/Array/ Set Row)BB行为交互模块,并拖动到Save State模块后面。连接Save State模块输出端"Out"与Set Row模块输入端"In",如图7-73所示。

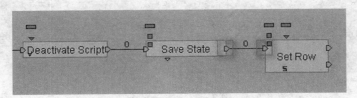

图7-73 连接模块

双击 Set Row 模块,在其参数设置面板 Target 选项中选择"2 功能演示照片存储"阵列,如图 7-74 所示。

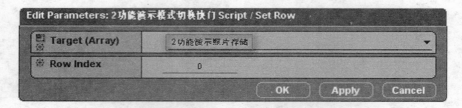

图 7-74　设置 Set Row 模块目标阵列

连接 Save State 模块参数输出端"Object State(State Chunk)"与 Set Row 模块参数输入端"照片(State Chunk)",如图 7-75 所示。

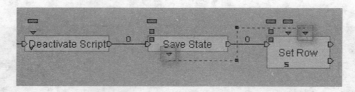

图 7-75　连接模块

通过右键快捷菜单(如图 7-76 所示)的操作复制 Set Row 模块参数输入端"Row Index (Integer)",以快捷方式粘贴到脚本的空白处。连接 Test 模块的参数输入端"A(Integer)"与此快捷方式(如图 7-77 所示),设置快捷方式颜色,以名称和数值显示此快捷方式。

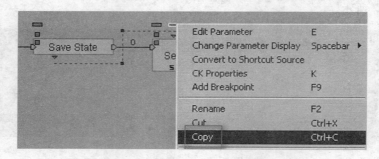

图 7-76　复制参数

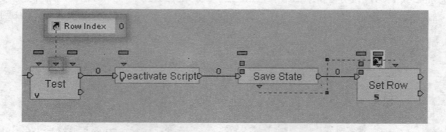

图 7-77　连接模块

(9) 添加 Identity(参数指定 Building Blocks/Logics/Calculator/Identity)BB 行为交互模

块,拖放到 Set Row 模块后。连接 Set Row 模块的输出端"Out"与 Identity 模块的输入端"In",如图 7-78 所示。

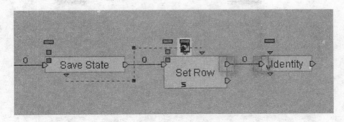

图 7-78 连接模块

双击 Identity 模块的参数输入端"pIn 0(Float)",在其参数设置面板 Parameter Type 选项中选择 Integer,如图 7-79 所示。

图 7-79 编辑参数

在脚本中添加一个加法运算模块,在其设置面板中设定 Inputs 选项为 Integer(整数),Operation 选项为 Addition(加法运算),Output 选项为 Integer(整数),如图 7-80 所示。

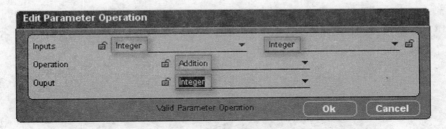

图 7-80 设定参数运算

连接 Identity 模块参数输入端"pIn 0(Integer)"与 Addition 加法运算模块的输出端"pOut 0(Integer)",如图 7-81 所示。

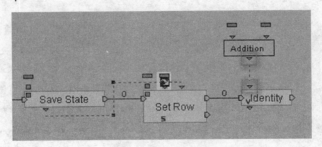

图 7-81 连接模块

复制 Set Row 模块参数输入端"Row Index(Integer)"，连接 Addition 加法运算模块的输入端"Pin 0(Integer)"与此快捷方式，以名称和数值显示此快捷方式，如图 7-82 所示。

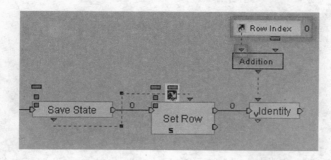

图 7-82　连接模块

双击 Addition 加法运算模块，在其参数设置面板 Local 15 项中输入 1，实现"2 功能演示照片存储"阵列行数值的自加 1 运算，如图 7-83 所示。

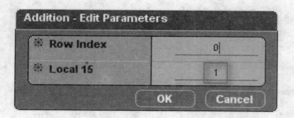

图 7-83　编辑参数

再复制 Set Row 模块参数输入端"Row Index(Integer)"，连接 Identity 模块的参数输出端"pOut 0(Integer)"与此快捷方式，以名称和数值显示此快捷方式，如图 7-84 所示。把所加 1 后的数值传递给"2 功能演示照片存储"阵列行数值。

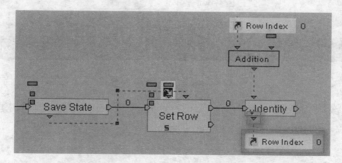

图 7-84　连接模块

(10) 前面利用 Deactivate Script 模块解除了"2 功能演示捕捉场景"Script 脚本，为了模仿真实照相机拍摄 1～2 秒的存储照片的时间，这里就要添加一个用来延时的模块。

添加 Delayer(延时器 Building Blocks/ Logics/Loops/Delayer)BB 行为交互模块，拖放到 Identity 模块后。连接 Identity 模块的输出端"Out"与 Delayer 模块的输入端"In"，如图 7-85 所示。

双击 Delayer 模块，在其参数设置面板 Time to Wait 选项中设置 Min 的数值为 0、S 的数

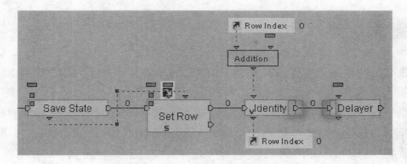

图 7-85 连接模块

值为 2、Ms 的数值为 0,如图 7-86 所示。

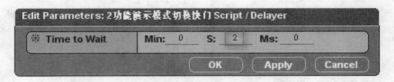

图 7-86 编辑参数

(11) 添加 Activate Script(脚本激活 Building Blocks/Narratives/Script Management/Activate Script)BB 行为交互模块,并拖动到 Delayer 模块的后面。连接 Delayer 模块的输出端"Out"与 Activate Script 模块的输入端"In",如图 7-87 所示。

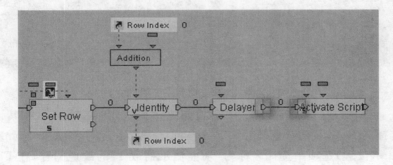

图 7-87 添加 Activate Script 模块

双击 Activate Script 模块,在其参数设置面板 Reset 选项进行叉选,Script 选项先选择 3D Object,再选择"显示屏",从而激活了"2 功能演示捕捉场景"Script 脚本,如图 7-88 所示。

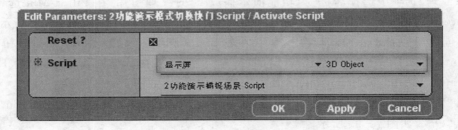

图 7-88 设置 Activate Script 模块

7.4.2 播放功能制作

当按下模式切换栏目中的播放按钮后,照相机显示屏则不再实时显示渲染的场景,而是显示从"2功能演示照片存储"阵列中提取出所拍摄的"照片"。

(1) 创建一个新的二维帧,并改名为"2功能演示模式切换播放",在其设置面板 Position 选项中设置 X 的数值为 33、Y 的数值为 237、Z Order(Z 轴次序)的数值为 0,在 Size 选项中设置 Width 的数值为 86、Height 的数值为 37,在 Parent 选项中选择"2功能演示面板",如图 7-89 所示。

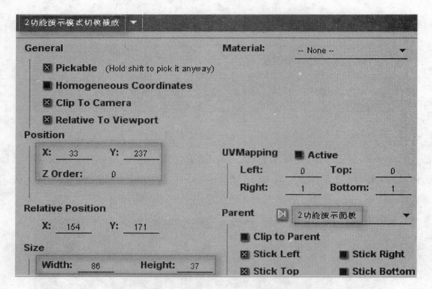

图 7-89 设置二维帧

(2) 创建一个新材质,并把它改名为"2功能演示模式切换播放 1",在其设置面板中将 Diffuse 颜色选择为 R、G、B 的数值都为 255 的白色,在 Mode 选项中选择 Transparent(透明)模式,在 Texture(纹理)选项中选择名称为"功能演示播放 1"的纹理图片,在 Filter Min 选项中选择 Mip Nearest,在 Filter Mag 选项中选择 Nearest,其他选项保持不变,如图 7-90 所示。

创建一个新材质,并把它改名为"2功能演示模式切换播放 2",在其设置面板中将 Diffuse 颜色选择为 R、G、B 的数值都为 255 的白色,在 Mode 选项中选择 Transparent(透明)模式,在 Texture(纹理)选项中选择名称为"功能演示播放 2"的纹理图片,在 Filter Min 选项中选择 Mip Nearest,在 Filter Mag 选项中选择 Nearest,其他选项保持不变,如图 7-91 所示。

(3) 创建"2功能演示模式切换播放"二维帧 Script 脚本。添加 PushButton(按钮 Building Blocks/Interface/Controls/PushButton)BB 行为交互模块,在其设置面板中,取消 Released、Active、Enter Button、Exit Button、In Button 选项的叉选,如图 7-92 所示。

连接"2功能演示模式切换播放"二维帧 Script 脚本编辑窗口开始端与 PushButton 模块的输入端"On",如图 7-93 所示。

第7章 功能演示制作

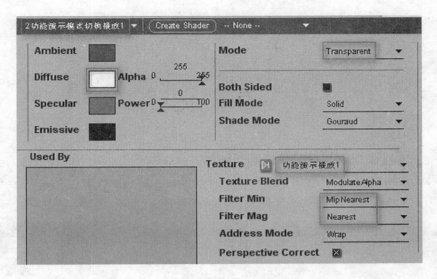

图 7-90 设置材质

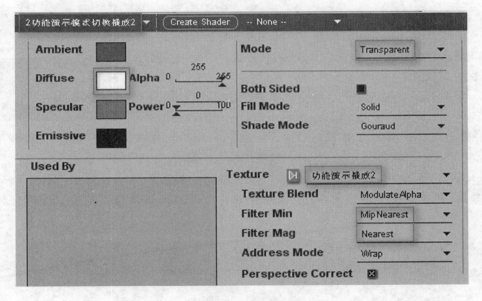

图 7-91 设置材质

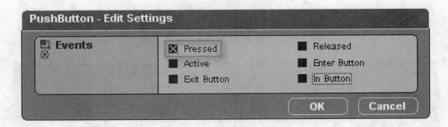

图 7-92 设置模块

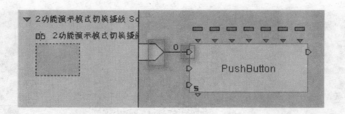

图7-93 连接模块

双击 PushButton 模块,在其参数设置面板 Released Material(松开按钮材质)选项中选择"2功能演示模式切换播放1"材质,在 Pressed Material(按下按钮材质)、RollOver Material(鼠标经过时材质)选项中选择"2功能演示模式切换播放2"材质,如图7-94所示。

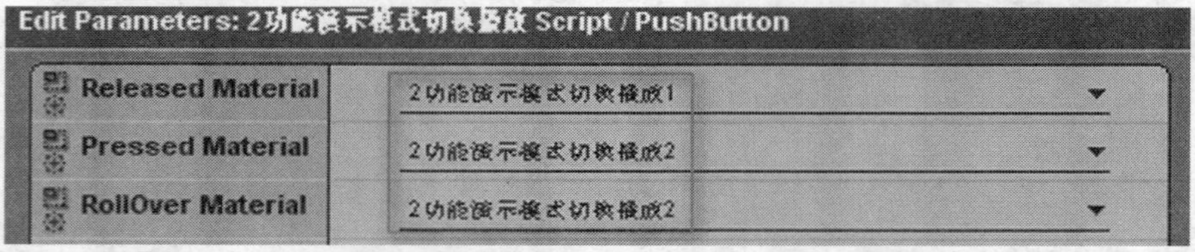

图7-94 设置 PushButton 模块

按下状态栏的播放按钮,单击播放按钮,按钮对应材质发生变化。测试效果如图7-95所示。

(4)添加 Deactivate Script(解除脚本激活 Building Blocks/Narratives/Script Management/ Deactivate Script)BB 行为交互模块,并拖动到 PushButton 模块的后面。连接 PushButton 模块的输出端"Pressed"与 Deactivate Script 模块的输入端"In",如图7-96所示。

图7-95 测试效果

Deactivate Script 模块执行的是解除"2功能演示捕捉场景"Script 脚本。双击 Deactivate Script 模块,在其参数设置面板 Script 选项中选择 3D Object,再选择"显示屏",如图7-97所示。

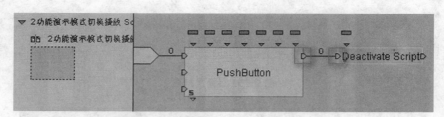

图7-96 添加 Deactivate Script 模块

图7-97 设定参数

提 示：

按下播放按钮在解除"2 功能演示捕捉场景"Script 脚本的同时，也要使快门按钮失去功能。如果再次使用 Deactivate Script 模块解除其 Script 脚本可以吗？

可以测试下，如果再添加一个 Deactivate Script 模块，用来解除"2 功能演示模式切换快门"Script 脚本，按下状态栏的播放按钮，通过观察场景就可以发现快门按钮消失了。测试效果如图 7-98 所示。

所以在这里不能使用 Deactivate Script 模块，而是当按下播放按钮时，只能中断"2 功能演示模式切换快门"Script 脚本，并不是解除其 Script 脚本。

图 7-98 测试效果

（5）切换到"2 功能演示模式切换快门"Script 脚本编辑窗口，删除 PushButton 模块输出端"Pressed"与 Test 模块输入端"In"之间的连接线，如图 7-99 所示。

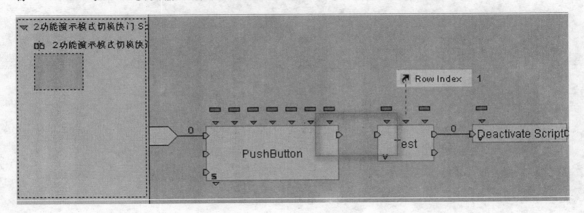

图 7-99 删除连接线

添加 Binary Switch（二进制转换 Building Blocks/Logics/Streaming/Binary Switch）BB 行为交互模块，拖放到 PushButton 模块与 Test 模块之间，如图 7-100 所示。

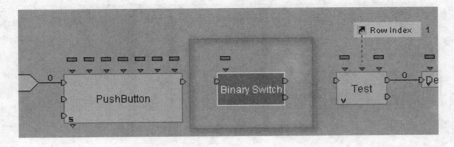

图 7-100 添加模块

连接 PushButton 模块的输出端"Pressed"与 Binary Switch 模块的输入端"In"，连接 Binary Switch 模块的输出端"True"与 Test 模块输入端"In"，如图 7-101 所示。

复制 Binary Switch 模块参数输入端"Condition(Boolean)"，以快捷方式形式粘贴到"2 功

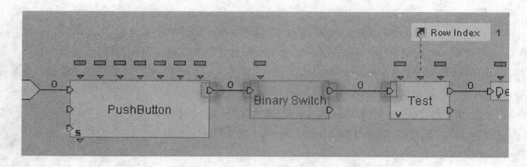

图 7-101 连接模块

能演示模式切换播放"Script 脚本空白处,选择适当的显示颜色,并以名称和数值形式显示其快捷方式,如图 7-102 所示。

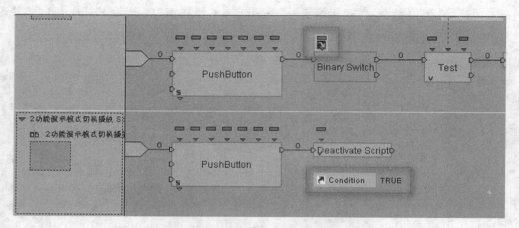

图 7-102 复制参数

(6) 在"2 功能演示模式切换播放"Script 脚本 Deactivate Script 模块后,添加 Identity(参数指定 Building Blocks/Logics/Calculator/Identity) BB 行为交互模块。连接 Deactivate Script 模块的输出端"Out"与 Identity 模块的输入端"In",如图 7-103 所示。

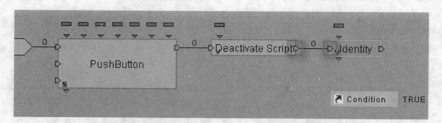

图 7-103 连接模块

双击 Identity 模块的参数输入端"pIn 0",在其参数设置面板 Parameter Type 选项中选择 Boolean,如图 7-104 所示。

双击 Identity 模块,在其参数设置面板取消 pIn 0 选项的叉选标记,如图 7-105 所示。

图 7-104　设定参数

图 7-105　设定参数

连接 Identity 模块的参数输出端"pOut 0（Boolean）"与 Binary Switch 模块参数输入端"Condition（Boolean）"的快捷方式（如图 7-106 所示）。实现了当单击播放按钮时，则中止了"2 功能演示模式切换快门"Script 脚本的执行，此时再单击快门按钮则不起任何作用，也不会有新的纹理图片状态数值存储到相应阵列中。

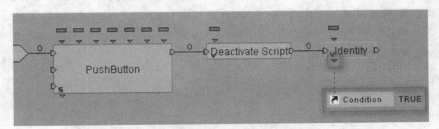

图 7-106　连接模块

（7）添加 Get Row（获取行 Building Blocks/Logics/Array/ Get Row）BB 行为交互模块。并拖动到 Identity 模块的后面。连接 Identity 模块输出端"Out"与 Get Row 模块的输入端"In"，如图 7-107 所示。

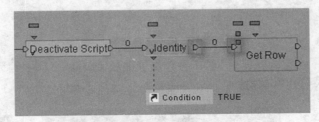

图 7-107　添加模块

双击 Get Row 模块，在其参数设置面板 Target 选项中选择"2 功能演示照片存储"阵列，如图 7-108 所示。

在脚本中添加一个减法运算模块，在其设置面板中设定 Inputs 选项为 Integer（整数），Operation 选项为 Subtraction（减法运算），Output 选项为 Integer（整数），如图 7-109 所示。

图 7-108 设置模块

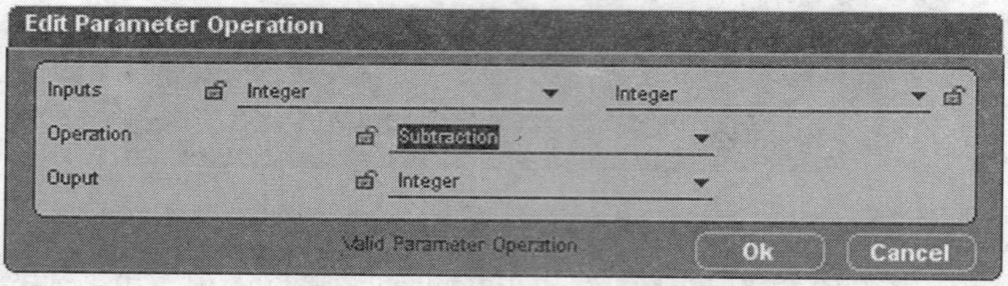

图 7-109 设定参数运算

复制"2功能演示模式切换快门"Script 脚本中 Set Row 模块参数输入端"Row Index (Integer)",以快捷方式粘贴到"2功能演示模式切换播放"Script 脚本的空白处。连接 Subtraction 减法运算模块的输入端"pIn 0(Integer)"与此快捷方式,以名称和数值显示此快捷方式。连接 Subtraction 减法运算模块的输出端"pOut 0(Integer)"与 Get Row 模块的参数输入端"Row Index(Integer)",如图 7-110 所示。

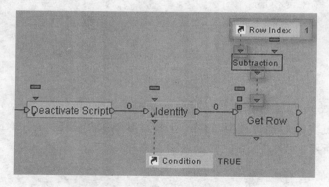

图 7-110 连接模块

双击 Subtraction 减法运算模块,在其参数设置面板 Local 12 项中输入 1(如图 7-111 所示),实现"2功能演示照片存储"阵列行数值的自减 1 运算。

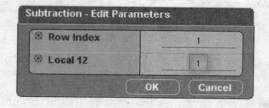

图 7-111 编辑参数

（8）添加 Read State（读取状态 Building Blocks/ Narratives/States/Read State）BB 行为交互模块，拖放到 Get Row 模块的后面。连接 Get Row 模块的输出端"Found"与 Read State 模块的输入端"In"，并添加 Read State 模块的目标参数，如图 7－112 所示。

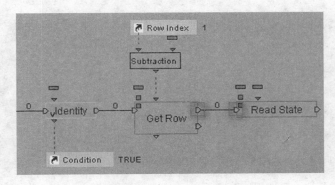

图 7－112　添加模块

提　示：
双击 Read State 模块，观察其参数设置面板 Target(Behavioral Object)选项（如图 7－113 所示），在这里还是选择"8"纹理图片吗？

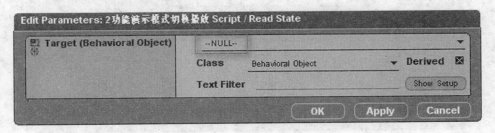

图 7－113　设置参数

前面设置 Save State 模块时，存储的是"8"纹理图片的状态值，这里自然提取的也是"8"纹理图片的状态值。但是这个状态值要赋给此时的"8"纹理图片吗？

答案是否定的，如果此状态值赋给了"8"纹理图片，进行测试就可以发现"8"纹理图片只保留到按下播放按钮时渲染场景状态，这个状态赋给了"8"纹理图片，而先前所存储的"8"纹理图片状态值并没有赋给其自身。所以这里要应用一个纹理图片，用来起过渡作用。

双击 Read State 模块，在其参数设置面板 Target(Behavioral Object)选项选择"过渡纹理"纹理图片，如图 7－114 所示。

图 7－114　设置参数

（9）添加 Set Texture(设定贴图 Building Blocks/Materials-Textures/Basic/Set Texture) BB 行为交互模块，拖放到 Read State 模块的后面。连接 Read State 模块的输出端"Out"与 Set Texture 模块的输入端"In"，如图 7-115 所示。

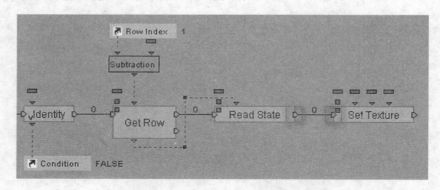

图 7-115　添加模块

双击 Set Texture 模块，在其参数设置面板 Target(Material)选项中选择 Material#29 材质（显示屏对象所应用的材质），Texture 选项中选择"过渡纹理"纹理图片，如图 7-116 所示。

图 7-116　设置参数

按下状态栏的播放按钮，进行测试，先通过环境设置左、右旋转按钮，进行场景的旋转，再单击快门按钮进行拍摄。最后单击播放按钮，查看场景中的"显示屏"，显示出来的则是按下快门按钮时的截取的场景。测试效果如图 7-117～图 7-118 所示。

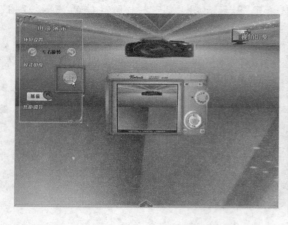

图 7-117　测试效果

图 7-118　测试效果

7.4.3 模式切换制作

模式式切换就是实现由拍摄功能切换到播放功能,也可以由播放功能切换到拍摄功能。切换到拍摄功能时,快门按钮就可以正常使用,而播放功能中的前、后查看"照片"功能却不能运行。切换到播放功能时,则快门拍摄功能不能运行,而查看功能却可以正常使用。

(1) 创建一个新的二维帧,并改名为"2 功能演示模式切换拍摄",在其设置面板 Position 选项中设置 X 的数值为 33、Y 的数值为 182、Z Order(Z 轴次序)的数值为 0,在 Size 选项中设置 Width 的数值为 86、Height 的数值为 37,在 Parent 选项中选择"2 功能演示面板",如图 7－119 所示。

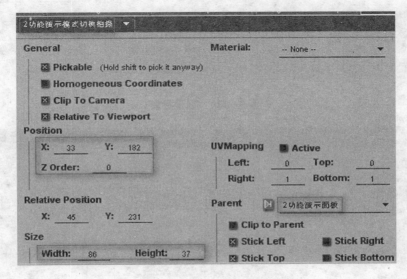

图 7－119　设置二维帧

(2) 创建一个新材质,并把它改名为"2 功能演示模式切换拍摄 1",在其设置面板中将 Diffuse 颜色选择为 R、G、B 的数值都为 255 的白色,在 Mode 选项中选择 Transparent(透明)模式,在 Texture(纹理)选项中选择名称为"功能演示拍摄 1"的纹理图片,在 Filter Min 选项中选择 Mip Nearest,在 Filter Mag 选项中选择 Nearest,其他选项保持不变,如图 7－120 所示。

创建一个新材质,并把它改名为"2 功能演示模式切换拍摄 2",在其设置面板中将 Diffuse 颜色选择为 R、G、B 的数值都为 255 的白色,在 Mode 选项中选择 Transparent(透明)模式,在 Texture(纹理)选项中选择名称为"功能演示拍摄 2"的纹理图片,在 Filter Min 选项中选择 Mip Nearest,在 Filter Mag 选项中选择 Nearest,其他选项保持不变,如图 7－121 所示。

(3) 创建"2 功能演示模式切换拍摄"二维帧 Script 脚本。添加 PushButton(按钮 Building Blocks/Interface/Controls/PushButton)BB 行为交互模块,在其设置面板中取消 Released、Active、Enter Button、Exit Button、In Button 选项的叉选,如图 7－122 所示。

连接"2 功能演示模式切换拍摄"二维帧 Script 脚本编辑窗口开始端与 PushButton 模块的输入端"On",如图 7－123 所示。

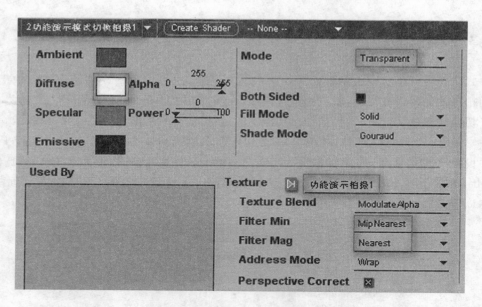

图 7-120 设置材质

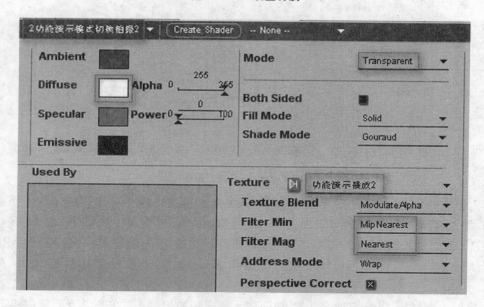

图 7-121 设置材质

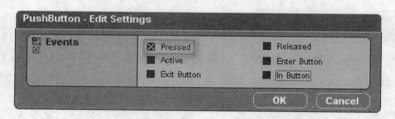

图 7-122 设置模块

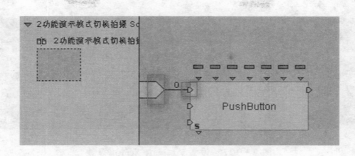

图 7-123 连接模块

双击 PushButton 模块,在其参数设置面板 Released Material(松开按钮材质)选项中选择"2 功能演示模式切换拍摄 1"材质,在 Pressed Material(按下按钮材质)、RollOver Material(鼠标经过时材质)选项中选择"2 功能演示模式切换拍摄 2"材质,如图 7-124 所示。

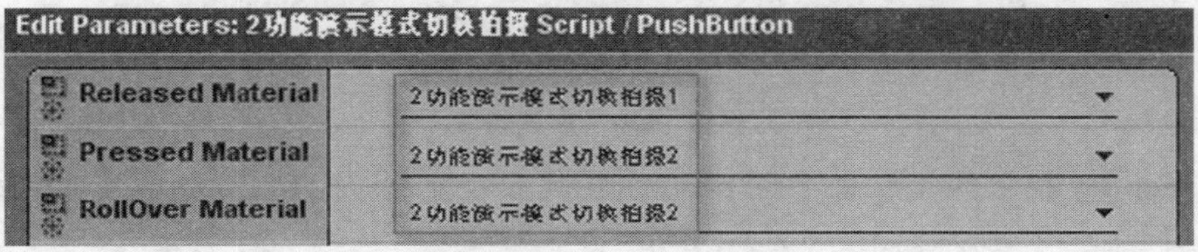

图 7-124 设置 PushButton 模块

按下状态栏的播放按钮,单击拍摄按钮,按钮对应材质发生变化。测试效果如图 7-125 所示。

(4) 添加 Activate Script(脚本激活 Building Blocks/Narratives/Script Management/ Activate Script)BB 行为交互模块,并拖动到 PushButton 模块的后面。连接 PushButton 模块的输出端"Pressed"与 Activate Script 模块的输入端"In",如图 7-126 所示。

双击 Activate Script 模块,在其参数设置面板 Reset 选项进行叉选,Script 选项先选择 3D Object,再选择"显示屏",如图 7-127 所示。

图 7-125 测试效果

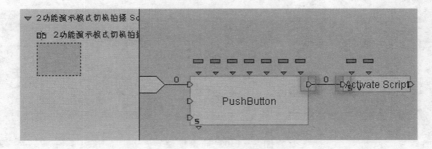

图 7-126 添加 Activate Script 模块

(5) 添加 Identity(参数指定 Building Blocks/Logics/Calculator/Identity)BB 行为交互模块。连接 Activate Script 模块的输出端"Out"与 Identity 模块的输入端"In",如图 7-128 所示。

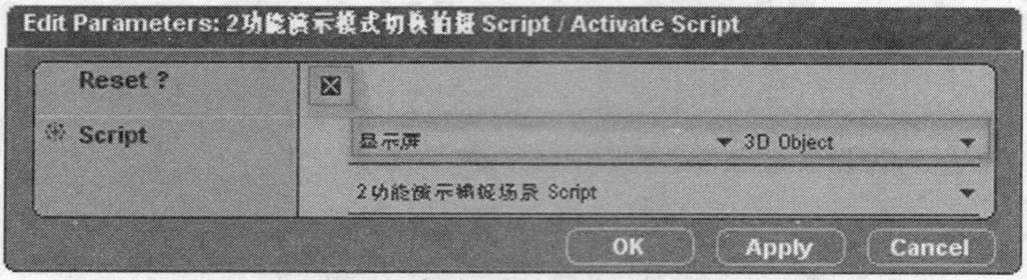

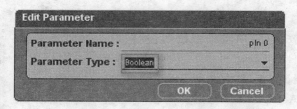

图 7-127 设置 Activate Script 模块

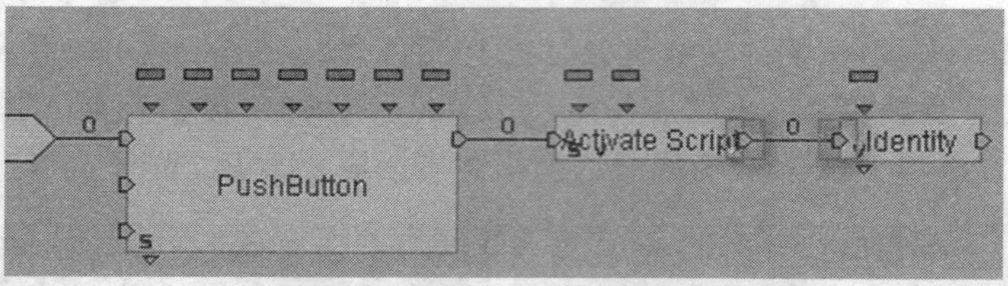

图 7-128 连接模块

双击 Identity 模块的参数输入端"pIn 0",在其参数设置面板 Parameter Type 选项中选择 Boolean,如图 7-129 所示。

图 7-129 设定参数

复制"2 功能演示模式切换快门"Script 脚本中 Binary Switch 模块的参数输入端"Condition(Boolean)",以快捷方式形式粘贴到"2 功能演示模式切换拍摄"Script 脚本空白处,以名称和数值形式显示其快捷方式。连接 Identity 模块的参数输出端"pOut 0(Boolean)"与此参数快捷方式,如图 7-130 所示。

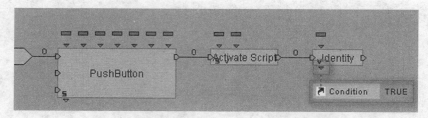

图 7-130 连接模块

双击 Identity 模块,在其参数设置面板 pIn 0 项进行叉选。实现了当单击拍摄按钮时,则开启"2 功能演示模式切换快门"Script 脚本的执行,如图 7-131 所示。

(6) 添加 Set Texture(设定贴图 Building Blocks/Materials-Textures/Basic/Set Texture) BB 行为交互模块,拖放到 Identity 模块的后面。连接 Identity 模块的输出端"Out"与 Set

图 7-131　设定参数

Texture 模块的输入端"In",如图 7-132 所示。

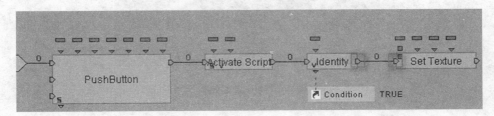

图 7-132　添加模块

双击 Set Texture 模块,在其参数设置面板 Target(Material)选项中选择 Material#29 材质(显示屏对象所应用的材质),Texture 选项中选择"8"纹理图片,如图 7-133 所示。实现了切换到拍摄模式后,"显示屏"又可以显示出实时的场景渲染画面。

图 7-133　设置参数

按下状态栏的播放按钮进行测试,先单击快门按钮进行拍摄,然后单击播放按钮,查看所拍摄的"照片",再按下拍摄按钮,返回拍摄模式。测试效果如图 7-134～图 7-136 所示。

图 7-134　测试效果 1

图 7-135　测试效果 2

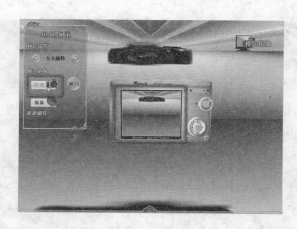

图 7-136 测试效果 3

7.4.4 "照片"向前查看制作

当按下模式切换栏目中的播放按钮后,照相机显示屏上显示的是最后拍摄的那张"照片",而通过"照片"查看功能则可以看到稍前所拍摄的"照片"。

(1) 创建一个新的二维帧,并改名为"2 功能演示向前查看",在其设置面板 Position 选项中设置 X 的数值为 134、Y 的数值为 240、Z Order(Z 轴次序)的数值为 0,在 Size 选项中设置 Width 数值为 32、Height 数值为 32,在 Parent 选项中选择"2 功能演示面板",如图 7-137 所示。

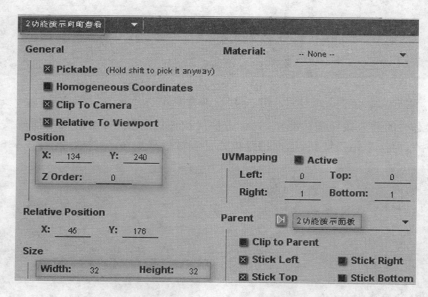

图 7-137 设置二维帧

(2) 创建一个新材质,并把它改名为"2 功能演示向前查看 1",在其设置面板中将 Diffuse 颜色选择为 R、G、B 的数值都为 255 的白色,在 Mode 选项中选择 Transparent(透明)模式,在

Texture(纹理)选项中选择名称为"功能演示播放前1"的纹理图片,在 Filter Min 选项中选择 Mip Nearest,在 Filter Mag 选项中选择 Nearest,其他选项保持不变,如图7-138所示。

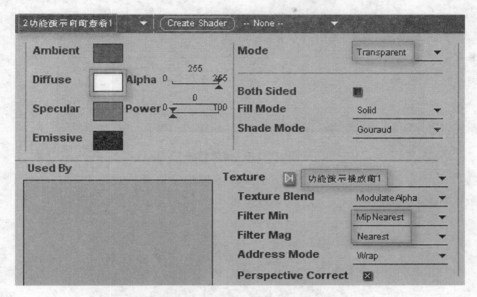

图 7-138 设置材质

创建一个新材质,并把它改名为"2功能演示向前查看2",在其设置面板中将 Diffuse 颜色选择为 R、G、B 的数值都为255的白色,在 Mode 选项中选择 Transparent(透明)模式,在 Texture(纹理)选项中选择名称为"功能演示播放前2"的纹理图片,在 Filter Min 选项中选择 Mip Nearest,在 Filter Mag 选项中选择 Nearest,其他选项保持不变,如图7-139所示。

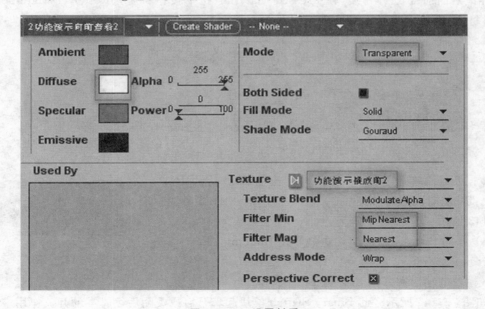

图 7-139 设置材质

（3）创建"2功能演示向前查看"二维帧Script脚本。添加PushButton（按钮Building Blocks/Interface/Controls/PushButton）BB行为交互模块，在其设置面板中取消Released、Active、Enter Button、Exit Button、In Button选项的叉选，如图7-140所示。

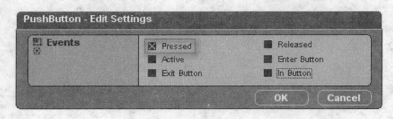

图7-140　设置模块

连接"2功能演示向前查看"二维帧Script脚本编辑窗口开始端与PushButton模块的输入端"On"，如图7-141所示。

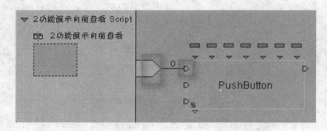

图7-141　连接模块

双击PushButton模块，在其参数设置面板Released Material（松开按钮材质）选项中选择"2功能演示向前查看1"材质，在Pressed Material（按下按钮材质）、RollOver Material（鼠标经过时材质）选项中选择"2功能演示向前查看2"材质，如图7-142所示。

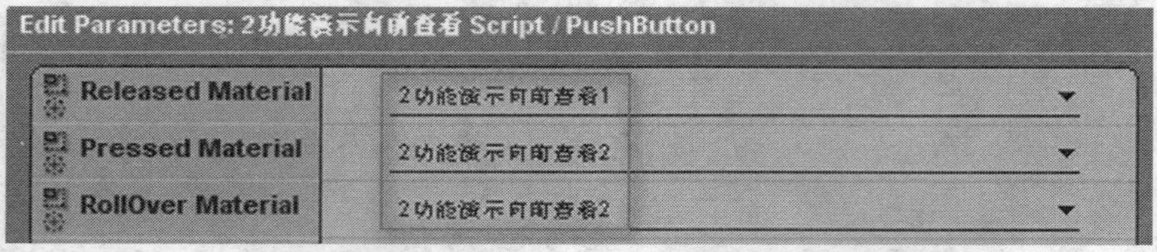

图7-142　设置PushButton模块

按下状态栏的播放按钮，单击向前查看按钮，PushButton模块已起作用，按钮对应材质发生变化。测试效果如图7-143所示。

图7-143　测试效果

（4）添加Binary Switch（二进制转换Building Blocks/Logics/Streaming/Binary Switch）BB行为交互模块，连接PushButton模块的输出端"Pressed"与Binary Switch模块的输入端"In"，如图7-144所示。此Binary Switch模块起着开启或关闭后续脚本的开关作用。

复制三个此Binary Switch模块参数输入端"Condition（Boolean）"，以快捷方式形式分别

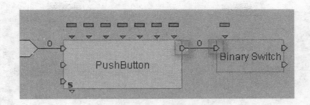

图 7-144　连接模块

粘贴到"2功能演示模式切换快门"、"2功能演示模式切换播放"、"2功能演示模式切换拍摄"Script脚本空白处（分别如图7-145～图7-147所示），选择适当的显示颜色，并以名称和数值形式显示其快捷方式。

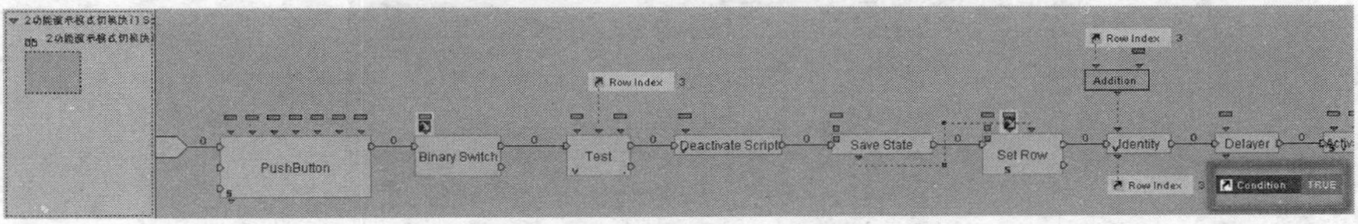

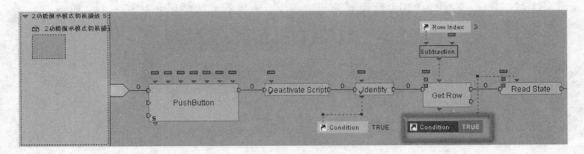

图 7-145　粘贴参数快捷方式1

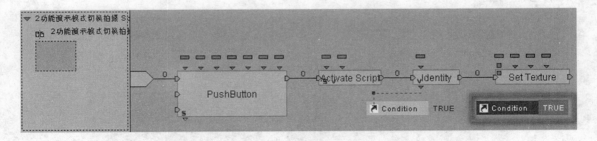

图 7-146　粘贴参数快捷方式2

图 7-147　粘贴参数快捷方式3

（5）在"2功能演示模式切换快门"Script脚本中右击Identity模块，在弹出的右键快捷菜单中选择Constrace→Add Parameter Input选项（如图7-148所示），为Identity模块添加一个参数输入端。

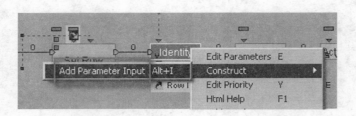

图 7-148 添加端口

在其参数设置面板 Parameter Type 选项中选择 Boolean,设置其端口的参数类型,如图 7-149 所示。

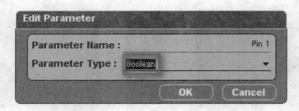

图 7-149 设置参数

双击 Identity 模块,在其参数设置面板取消 Pin 1 项的叉选标记,如图 7-150 所示。

图 7-150 设置参数

连接 Identity 模块的参数输出端"pOut 1(Boolean)"与刚才所粘贴的 Binary Switch 模块参数输入端"Condition(Boolean)"快捷方式,如图 7-151 所示,实现单击快门按钮时就不执行"向前查看"按钮的功能。

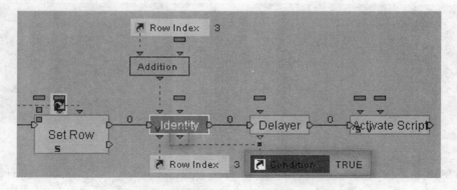

图 7-151 连接模块

(6) 按设置"2 功能演示模式切换快门"Script 脚本中 Identity 模块的方法,设置"2 功能演示模式切换播放"Script 脚本中的 Identity 模块,为其添加一个参数输入端,并设置其端口参数类型为 Boolean。不同的地方就是在其参数设置面板叉选 Pin 1 项,如图 7-152 所示。

图 7－152　设置参数

连接 Identity 模块的参数输出端"pOut 1(Boolean)"与刚才所粘贴的 Binary Switch 模块参数输入端"Condition(Boolean)"快捷方式,如图 7－153 所示。实现单击播放按钮时就执行"向前查看"按钮的功能。

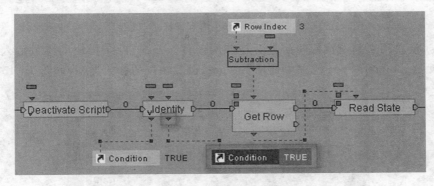

图 7－153　连接模块

(7) 按相同的方法,设置"2 功能演示模式切换拍摄"Script 脚本中的 Identity 模块,添加一个参数输入端,其参数类型为 Boolean。在其参数设置面板取消 Pin1 项叉选标记,如图 7－154 所示。

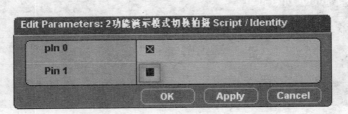

图 7－154　设置参数

连接 Identity 模块的参数输出端"pOut 1(Boolean)"与刚才所粘贴的 Binary Switch 模块参数输入端"Condition(Boolean)"快捷方式,如图 7－155 所示。实现单击拍摄按钮时就不执

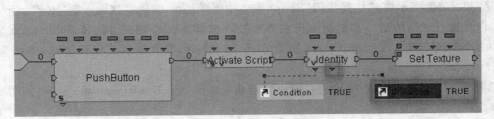

图 7－155　连接模块

行"向前查看"按钮的功能。

（8）切换到"2功能演示向前查看"Script脚本编辑窗口，添加Test（测试Building Blocks/Logics/Test/Test）BB行为交互模块，拖放到Binary Switch模块的后面。连接Binary Switch模块的输出端"True"与Test模块的输入端"In"，如图7-156所示。

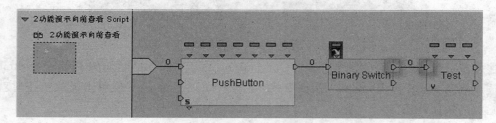

图7-156 添加模块

此Test模块用来判断执行向前查看功能的条件。双击Test模块的参数输入端"A"，在其设置面板Parameter Type选项中选择Integer，设置端口的参数类型，如图7-157所示。

图7-157 设置参数

在脚本中添加一个Subtraction（减法）运算模块，并设置各端口的类型，如图7-158所示。

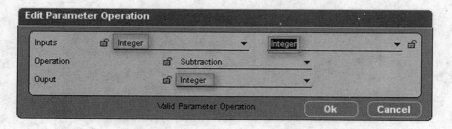

图7-158 设定参数运算

连接Subtraction减法运算模块的输出端"pOut 0（Integer）"与Test模块的参数输入端"A（Integer）"，如图7-159所示。

复制"2功能演示模式切换快门"Script脚本中Set Row模块参数输入端"Row Index（Integer）"，以快捷方式粘贴到"2功能演示向前查看"Script脚本的空白处。连接Subtraction减法运算模块的输入端"Pin 0（Integer）"与此快捷方式，以名称和数值显示此快捷方式，如图7-160所示。

在脚本的空白处右击，在弹出的右键快捷菜单中选择Add Local Parameter选项（如图7-161所示），添加一个区域参数。

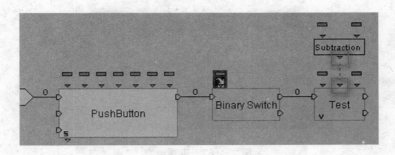

图 7-159 连接模块

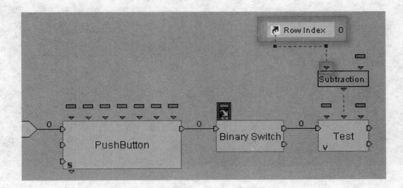

图 7-160 连接模块

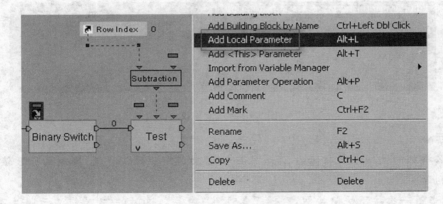

图 7-161 添加参数

在弹出的参数设置面板 Parameter Type 选项中选择 Integer，Local 11 项中输入 2，如图 7-162 所示。

连接 Subtraction 减法运算模块的输入端"Pin 1(Integer)"与此区域参数，如图 7-163 所示。

双击 Test 模块，在其参数设置面板 Test 选项中选择 Greater than，B 选项中输入 -1，如图 7-164 所示。

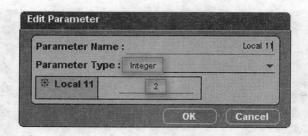

图 7-162 设置参数

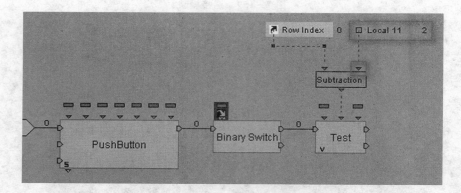

图 7-163 连接模块

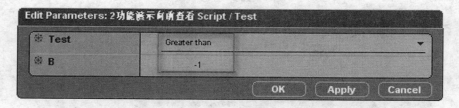

图 7-164 设置模块

提　示：

为什么添加的区域参数数值为 2，而且要与"2 功能演示照片存储"阵列的行数值进行相减后再进行判断？

例如，当第一次按下快门按钮，存储了第 1 张"照片"，这时的"2 功能演示照片存储"阵列的行数值由 0 变为 1。1 减去 2 等于 -1，所以判断条件设为大于 -1，也就是当只按了 1 次快门按钮，单击播放按钮切换到播放模式时，向前查看按钮是不起作用的，照相机显示屏上显示的是所拍摄的第 1 张"照片"。

如果按了 2 次快门按钮，拍摄了 2 张"照片"，此时的"2 功能演示照片存储"阵列行数值就变为 2。2 减 2 等于 0，大于 -1，所以拍摄 2 张照片后，切换到播放模式时，显示屏上出现的是第 2 张"照片"，然后按下向前查看按钮，则看到第 1 张"照片"。

此区域参数具体的意义在后面的分析过程中逐渐明确，这里先解释这么多。

(9) 添加 Get Row(获取行 Building Blocks/Logics/Array/ Get Row)BB 行为交互模块。并拖动到 Test 模块的后面。连接 Test 模块输出端"True"与 Get Row 模块的输入端"In"，如

图 7-165 所示。

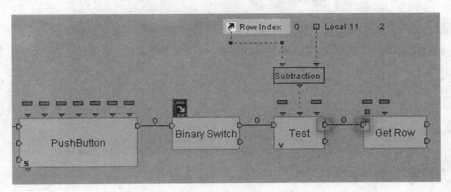

图 7-165 添加模块

双击 Get Row 模块，在其参数设置面板 Target 选项中选择"2 功能演示照片存储"阵列，如图 7-166 所示。

图 7-166 设置模块

在脚本中添加一个 Subtraction(减法)运算模块，并设置各端口的类型，如图 7-167 所示。

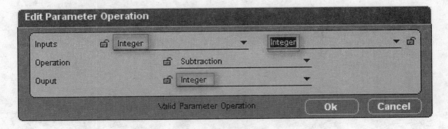

图 7-167 设定参数运算

连接此 Subtraction 减法运算模块的输出端"pOut 0(Integer)"与 Get Row 模块的参数输入端"Row Index(Integer)"，如图 7-168 所示。

复制"2 功能演示模式切换快门"Script 脚本中 Set Row 模块参数输入端"Row Index(Integer)"，以快捷方式粘贴到"2 功能演示向前查看"Script 脚本的空白处。连接此 Subtraction 减法运算模块的输入端"Pin 0(Integer)"与此快捷方式，以名称和数值显示此快捷方式，如图 7-169 所示。

复制在"2 功能演示向前查看"Script 脚本中所创建的区域参数 Local 11，以快捷方式形式粘贴到脚本中，设置其显示颜色，并以名称和数值形式显示。连接此 Subtraction 减法运算模块的输入端"Pin 1(Integer)"与此快捷方式，如图 7-170 所示。

301

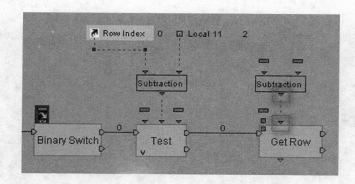

图 7-168　连接模块

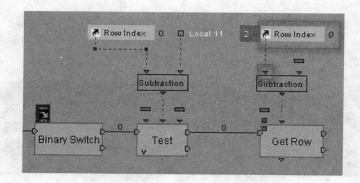

图 7-169　连接模块

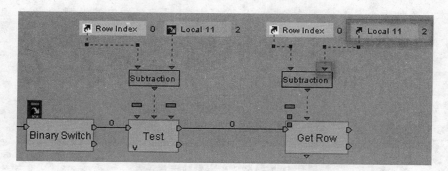

图 7-170　连接模块

提　示：

这里所进行的参数运算和前面 Test 模块上面的参数运算是一样的。

例如，当按了 2 次快门按钮，拍摄了 2 张"照片"，此时符合 Test 模块的判断条件，则继续执行 Get Row 模块。"2 功能演示照片存储"阵列行数值变为 2。2 减 2 等于 0，输入到 Get Row 模块参数输入端的数值为 0，所以提取"2 功能演示照片存储"阵列中行数值为 0 的行所对应的"照片"。所以当按两次快门按钮，切换到播放模式，显示屏上出现的是第 2 张"照片"，然后按下向前查看按钮，则看到第 1 张"照片"。

如果按了 3 次快门按钮，拍摄了 3 张"照片"，则输入到 Get Row 模块参数输入端的数值为 1，当在播放模式下按一次向前查看按钮时，显示屏上显示的是阵列中行数值为 1 的行对应的"照片"。

如果想查看行数值为 0 时对应的第 1 张"照片"如何实现,就要在 Get Row 模块后除了添加了 Read State 模块用于读取状态值,还要实现区域参数 Local11 的自加运算。

(10) 添加 Read State(读取状态 Building Blocks/ Narratives/States/Read State)BB 行为交互模块,拖放到 Get Row 模块的后面。连接 Get Row 模块的输出端"Found"与 Read State 模块的输入端"In",并添加 Read State 模块的目标参数,如图 7-171 所示。

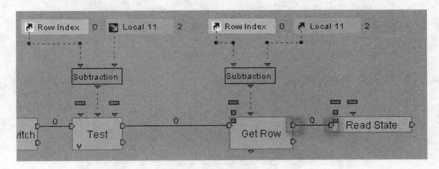

图 7-171 添加模块

双击 Read State 模块,在其参数设置面板 Target(Behavioral Object)选项中选择"过渡纹理"纹理图片,如图 7-172 所示。

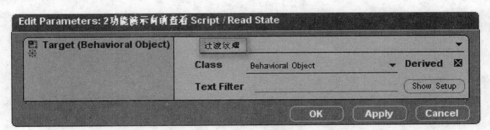

图 7-172 设置参数

连接 Get Row 模块的参数输出端"照片(State Chunk)"与 Read State 模块的参数输入端"Object State(State Chunk)"。实现把从阵列中获取的指定行数值对应的"照片"赋予指定的纹理图片,如图 7-173 所示。

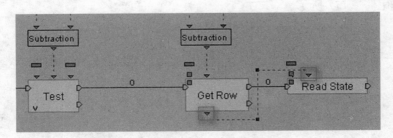

图 7-173 连接模块

(11) 添加 Identity(参数指定 Building Blocks/Logics/Calculator/Identity)BB 行为交互模块,连接 Read State 模块的输出端"Out"与 Identity.模块的输入端"In",如图 7-174 所示。

303

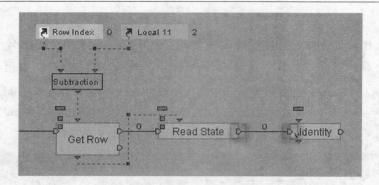

图 7-174 连接模块

更改 Identity 模块的参数输入端"pIn 0(Float)"的 Parameter Type 为 Integer,如图 7-175 所示。

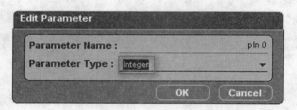

图 7-175 编辑参数

在脚本中添加一个加法运算模块,并设定各端口的参数类型,如图 7-176 所示。

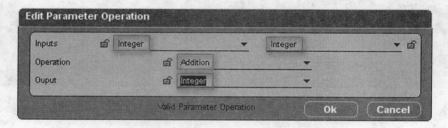

图 7-176 设定参数运算

连接 Identity 模块参数输入端"pIn 0(Integer)"与 Addition 加法运算模块的输出端"pOut 0(Integer)",如图 7-177 所示。

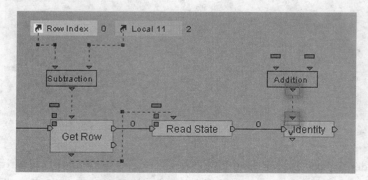

图 7-177 连接模块

复制在"2 功能演示向前查看"Script 脚本中所创建的区域参数 Local 11,连接 Addition 加法运算模块的输入端"Pin 0(Integer)"与此快捷方式,以名称和数值显示此快捷方式,如图 7-178 所示。

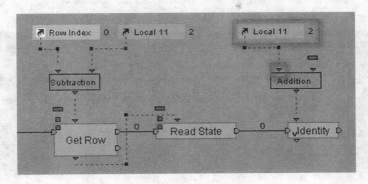

图 7-178　连接模块

双击 Addition 加法运算模块,在其参数设置面板 Local 14 项中输入 1,如图 7-179 所示。

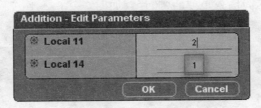

图 7-179　编辑参数

再复制区域参数 Local 11,以快捷方式粘贴到脚本的空白处。连接 Identity 模块参数输出端"pOut0(Integer)"与此快捷方式,以名称和数值显示此快捷方式,如图 7-180 所示,实现区域参数 Local 11 的自加 1 运算。

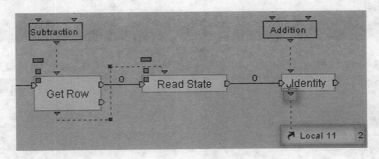

图 7-180　连接模块

(12) 添加 Set Texture(设定贴图 Building Blocks/Materials-Textures/Basic/Set Texture)BB 行为交互模块,连接 Identity 模块的输出端"Out"与 Set Texture 模块的输入端"In",如图 7-181 所示。

双击 Set Texture 模块,在其参数设置面板 Target(Material)选项中选择 Material♯29 材质(显示屏对象所应用的材质),Texture 选项中选择"过渡纹理"纹理图片,如图 7-182 所示。

305

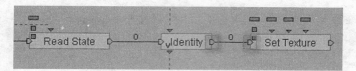

图 7-181 添加模块

图 7-182 设置参数

按下状态栏的播放按钮,进行测试,先通过环境设置左、右旋转按钮,进行场景的旋转,再单击快门按钮拍摄三张不同场景角度的"照片"(如图 7-183～图 7-185 所示)。单击播放按钮,再通过向前查看按钮查看所拍摄的第 2、第 1 张"照片",如图 7-186～图 7-188 所示。

图 7-183 拍摄照片 1

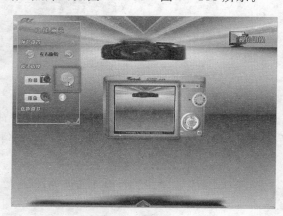

图 7-184 拍摄照片 2

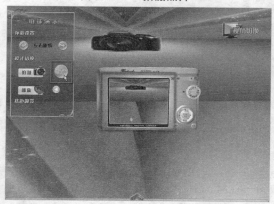

图 7-185 拍摄照片 3

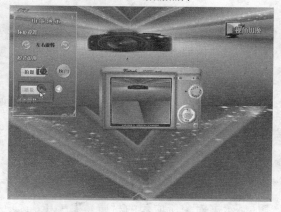

图 7-186 查看照片 3

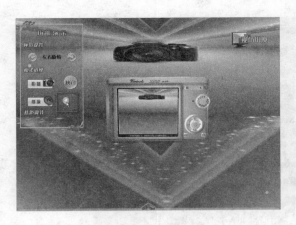
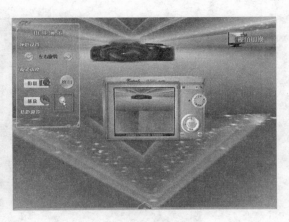

图 7-187　查看照片 2　　　　　图 7-188　查看照片 1

7.4.5 "照片"向后查看制作

（1）创建一个新的二维帧，并改名为"2 功能演示向后查看"，在其设置面板 Position 选项中设置 X 的数值为 168、Y 的数值为 240、Z Order（Z 轴次序）的数值为 0，在 Size 选项中设置 Width 的数值为 32、Height 的数值为 32，在 Parent 选项中选择"2 功能演示面板"，如图 7-189 所示。

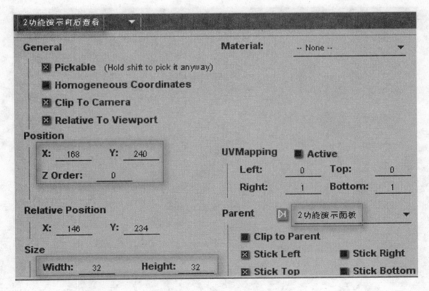

图 7-189　设置二维帧

（2）创建一个新材质，改名为"2 功能演示向后查看 1"，在其设置面板中将 Diffuse 颜色选择为 R、G、B 数值都为 255 的白色，在 Mode 选项中选择 Transparent（透明）模式，在 Texture（纹理）选项中选择名称为"功能演示播放后 1"的纹理图片，在 Filter Min 选项中选择 Mip Nearest，在 Filter Mag 选项中选择 Nearest，其他选项保持不变，如图 7-190 所示。

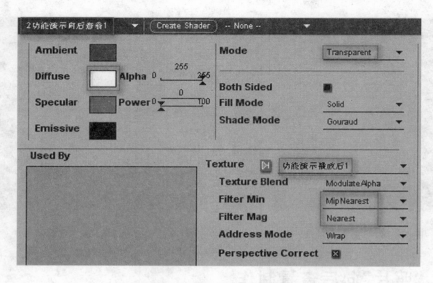

图 7-190 设置材质

创建一个新材质,改名为"2 功能演示向后查看 2",在其设置面板中将 Diffuse 颜色选择为 R、G、B 数值都为 255 的白色,在 Mode 选项中选择 Transparent(透明)模式,在 Texture(纹理)选项中选择名称为"功能演示播放后 2"的纹理图片,在 Filter Min 选项中通过选择 Mip Nearest 选项,在 Filter Mag 选项中选择 Nearest 选项,其他选项保持不变,如图 7-191 所示。

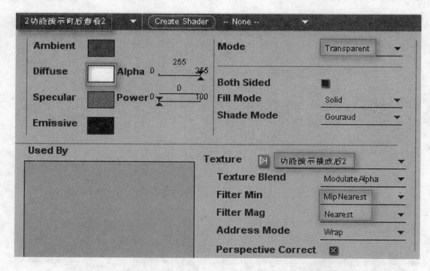

图 7-191 设置材质

(3) 创建"2 功能演示向后查看"二维帧 Script 脚本。添加 PushButton(按钮 Building Blocks/Interface/Controls/PushButton)BB 行为交互模块,在其设置面板中,取消 Released、Active、Enter Button、Exit Button、In Button 选项的叉选,如图 7-192 所示。

连接"2 功能演示向后查看"二维帧 Script 脚本编辑窗口开始端与 PushButton 模块的输入端"On",如图 7-193 所示。

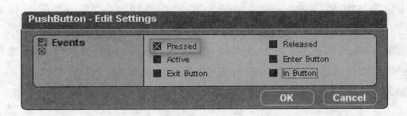

图 7-192 设置模块

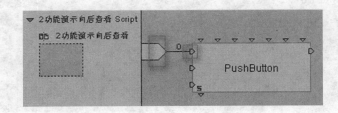

图 7-193 连接模块

双击 PushButton 模块,在其参数设置面板 Released Material(松开按钮材质)选项中选择"2 功能演示向后查看1"材质,在 Pressed Material(按下按钮材质)、RollOver Material(鼠标经过时材质)选项中选择"2 功能演示向后查看2"材质,如图 7-194 所示。

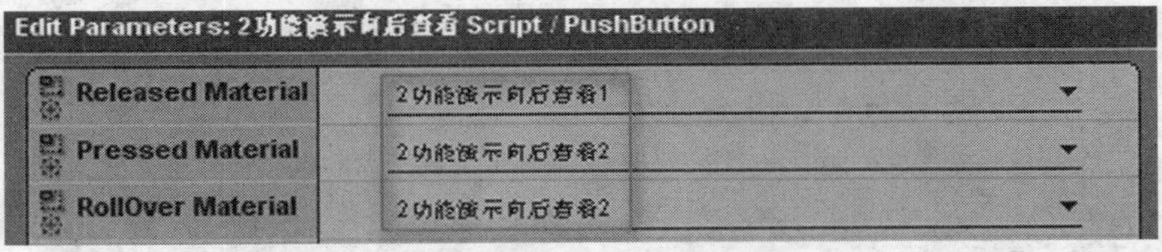

图 7-194 设置 PushButton 模块

按下状态栏的播放按钮,单击向后查看按钮,按钮对应材质发生变化,如图 7-195 所示。

(4) 添加 Binary Switch(二进制转换 Building Blocks/Logics/Streaming/Binary Switch)BB 行为交互模块,连接 PushButton 模块的输出端"Pressed"与 Binary Switch 模块的输入端"In",如图 7-196 所示。

图 7-195 测试效果

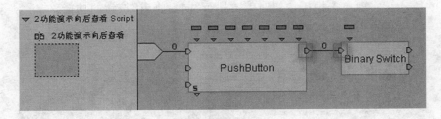

图 7-196 连接模块

复制三个 Binary Switch 模块参数输入端"Condition(Boolean)",以快捷方式形式分别粘贴到"2功能演示模式切换快门"、"2功能演示模式切换播放"、"2功能演示模式切换拍摄"Script脚本空白处,选择适当的显示颜色,并以名称和数值形式显示其快捷方式。

在"2功能演示模式切换快门"Script脚本中,连接Identity模块的参数输出端"pOut 1 (Boolean)"与刚才所粘贴的Binary Switch模块参数输入端"Condition(Boolean)"快捷方式,如图7-197所示。实现单击快门按钮时就不执行"向后查看"按钮的功能。

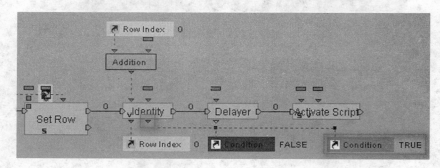

图7-197　连接模块

在"2功能演示模式切换播放"Script脚本中,连接Identity模块的参数输出端"pOut 1 (Boolean)"与刚才所粘贴的Binary Switch模块参数输入端"Condition(Boolean)"快捷方式,如图7-198所示。实现单击播放按钮时就执行"向后查看"按钮的功能。

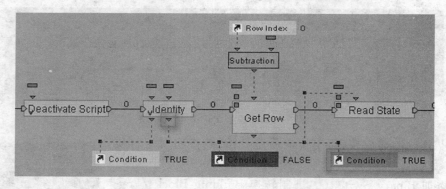

图7-198　连接模块

在"2功能演示模式切换拍摄"Script脚本中,连接Identity模块的参数输出端"pOut 1 (Boolean)"与刚才所粘贴的Binary Switch模块参数输入端"Condition(Boolean)"快捷方式,如图7-199所示。实现单击拍摄按钮时就不执行"向后查看"按钮的功能。

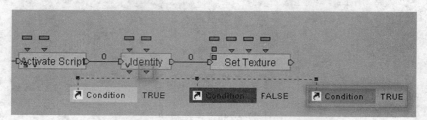

图7-199　连接模块

(5)切换到"2功能演示向后查看"Script脚本编辑窗口,添加Test(测试Building Blocks/Logics/Test/Test)BB行为交互模块,连接Binary Switch模块的输出端"True"与Test模块的输入端"In",如图7-200所示。

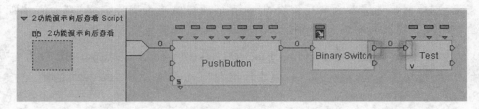

图7-200 添加模块

此Test模块用来判断执行向后查看功能的条件。双击Test模块的参数输入端"A",在其参数设置面板Parameter Type选项中选择Integer,设置端口的参数类型,如图7-201所示。

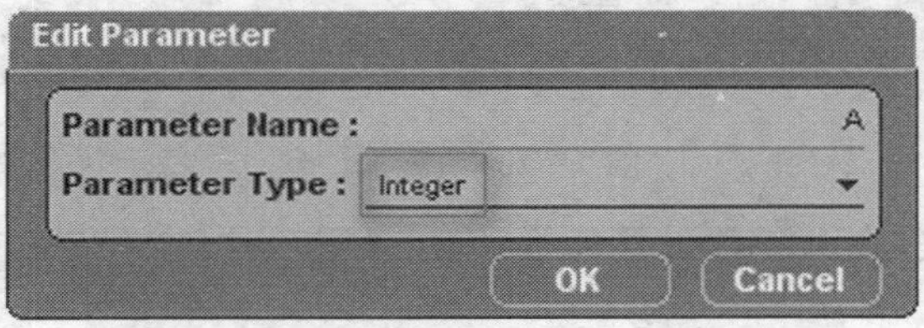

图7-201 设置参数

复制在"2功能演示向前查看"Script脚本中所创建的区域参数Local 11,连接Test模块的参数输入端"A(Integer)"与此区域参数快捷方式,如图7-202所示。

图7-202 连接模块

双击Test模块,在其参数设置面板Test选项中选择Greater than,B选项中输入2,如图7-203所示。

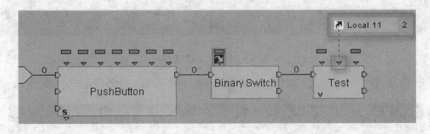

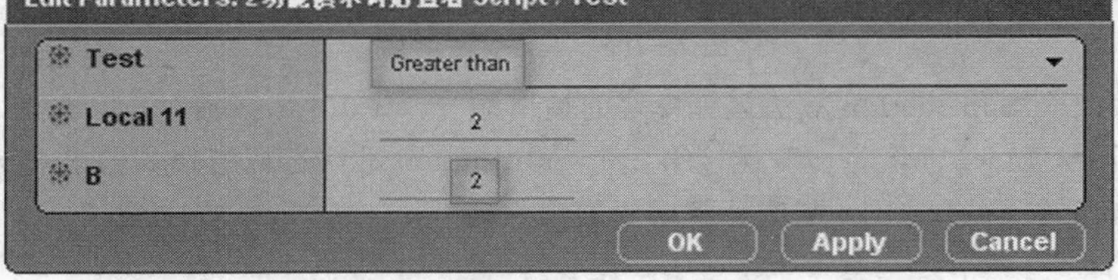

图7-203 设置模块

提　示：

为什么添加的区域参数数值要大于2才能执行Test模块后面的脚本呢？

前面介绍过，区域参数初始数值为2，而当进入播放模式，查看前面所拍的"照片"时，按一下向前查看按钮，则此区域参数数值则会自动加1，所以只有向前查看了"照片"，才能返回来向后查看"照片"。因此判断的条件才会以区域参数数值是否大于2来进行。

（6）添加Get Row（获取行 Building Blocks/Logics/Array/ Get Row）BB行为交互模块。并拖动到Test模块的后面。连接Test模块输出端"True"与Get Row模块的输入端"In"，如图7-204所示。

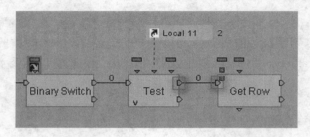

图7-204　添加模块

双击Get Row模块，在其参数设置面板Target选项中选择"2功能演示照片存储"阵列，如图7-205所示。

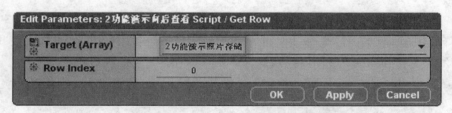

图7-205　设置模块

在脚本中添加两个减法运算模块，并设置各端口的类型，如图7-206所示。

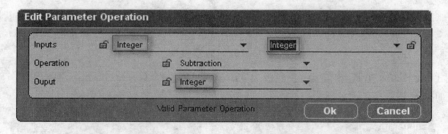

图7-206　设定参数运算

连接第1个Subtraction减法运算模块的输出端"pOut 0(Integer)"与Get Row模块的参数输入端"Row Index(Integer)"，连接第2个Subtraction减法运算模块的输出端"pOut 0(Integer)"与第1个Subtraction减法运算模块的输入端"Pin 1(Integer)"，如图7-207所示。

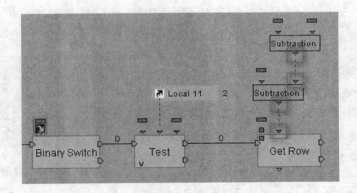

图 7-207 连接模块

复制"2 功能演示模式切换快门"Script 脚本中 Set Row 模块参数输入端"Row Index (Integer)",以快捷方式粘贴到"2 功能演示向后查看"Script 脚本的空白处。连接第 1 个 Subtraction 减法运算模块的输入端"Pin 0(Integer)"与此快捷方式,以数值显示此快捷方式,如图 7-208 所示。

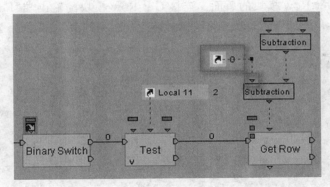

图 7-208 连接模块

复制在"2 功能演示向前查看"Script 脚本中所创建的区域参数 Local 11,以快捷方式形式粘贴到脚本中,以名称和数值形式显示。连接第 2 个 Subtraction 减法运算模块的输入端"Pin 0(Integer)"与此快捷方式,如图 7-209 所示。

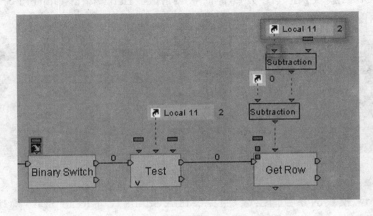

图 7-209 连接模块

双击第 2 个 Subtraction 减法运算模块，在其参数设置面板 Local 13 中输入 2，如图 7-210 所示。

提　示：

这里为什么要添加两个 Subtraction 减法运算模块，并进行递减运算？

例如当按了两次快门按钮，拍摄了两张"照片"，切换到播放模式，如果不按向前查看按钮，显示屏上显示的是第 2 张"照片"。按一下向前查看按钮，则显示屏上显示的是第 1 张"照片"，此时区

图 7-210　设定参数

域参数 Local 11 的数值为 3，符合 Test 模块的判断条件，则继续执行 Get Row 模块。区域参数数值 3 减去设定的定值 2 等于 1，而此时的"2 功能演示照片存储"阵列行数值为 2。2 减 1 等于 1，输入到 Get Row 模块参数输入端的数值为 1，所以提取"2 功能演示照片存储"阵列中行数值为 1 的行所对应的"照片"，也就是所拍摄的第 2 张照片。由此实现了向后查看的功能。

（7）添加 Read State（读取状态 Building Blocks/ Narratives/States/Read State）BB 行为交互模块，拖放到 Get Row 模块的后面。连接 Get Row 模块的输出端"Found"与 Read State 模块的输入端"In"，并添加 Read State 模块的目标参数，如图 7-211 所示。

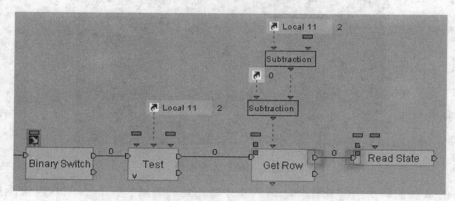

图 7-211　添加模块

双击 Read State 模块，在其参数设置面板 Target（Behavioral Object）选项选择"过渡纹理"纹理图片，如图 7-212 所示。

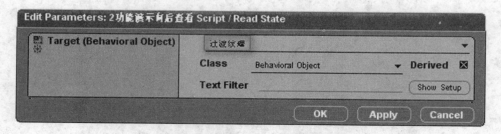

图 7-212　设置参数

连接 Get Row 模块的参数输出端"照片（State Chunk）"与 Read State 模块的参数输入端

"Object State(State Chunk)",如图 7-213 所示。实现把从阵列中获取的指定行数值对应的"照片"赋予指定的纹理图片。

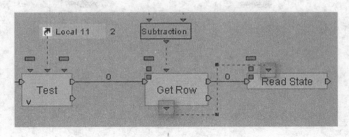

图 7-213 连接模块

(8) 添加 Identity(参数指定 Building Blocks/Logics/Calculator/Identity)BB 行为交互模块,连接 Read State 模块的输出端"Out"与 Identity 模块的输入端"In",如图 7-214 所示。

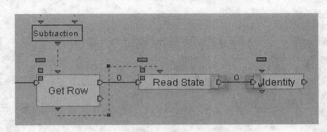

图 7-214 连接模块

更改 Identity 模块的参数输入端"pIn 0(Float)"的 Parameter Type 为 Integer,如图 7-215 所示。

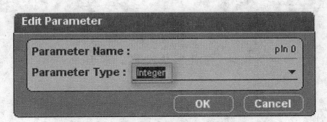

图 7-215 编辑参数

在脚本中添加一个减法运算模块,并设定各端口的参数类型,如图 7-216 所示。

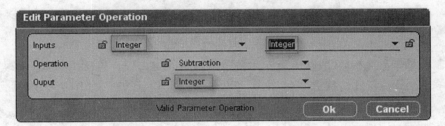

图 7-216 设定参数运算

连接 Identity 模块参数输入端"pIn 0(Integer)"与 Subtraction 减法运算模块的输出端

"pOut 0(Integer)",如图 7-217 所示。

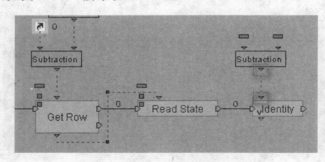

图 7-217 连接模块

复制在"2 功能演示向前查看"Script 脚本中所创建的区域参数 Local 11,以快捷方式粘贴到脚本的空白处。连接 Subtraction 减法运算模块的输入端"Pin 0(Integer)"与此快捷方式,以名称和数值显示此快捷方式,如图 7-218 所示。

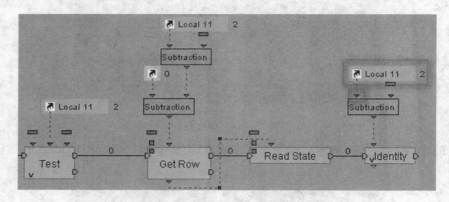

图 7-218 连接模块

双击 Subtraction 减法运算模块,在其参数设置面板 Local 15 项中输入 1,如图 7-219 所示。

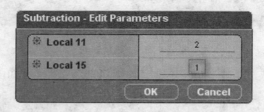

图 7-219 编辑参数

再复制区域参数 Local11,以快捷方式粘贴到脚本的空白处。连接 Identity 模块参数输出端"pOut0(Integer)"与此快捷方式,以名称和数值显示此快捷方式,如图 7-220 所示,用以实现区域参数 Local11 的减 1 运算。

(9) 添加 Set Texture(设定贴图 Building Blocks/Materials-Textures/Basic/Set Texture) BB 行为交互模块,连接 Identity 模块的输出端"Out"与 Set Texture 模块的输入端"In",如图 7-221 所示。

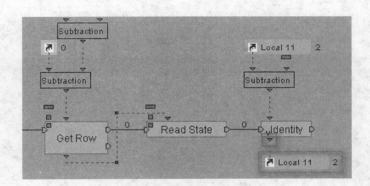

图 7 - 220　连接模块

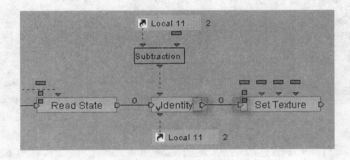

图 7 - 221　添加模块

双击 Set Texture 模块,在其参数设置面板 Target(Material)选项中选择 Material#29 材质(显示屏对象所应用的材质),在 Texture 选项中选择"过渡纹理"纹理图片,如图 7 - 222 所示。

图 7 - 222　设置参数

7.4.6　近焦制作

焦距调节功能是通过单击远焦和近焦按钮,从而实现照相机显示屏中实时画面的"缩小"或"放大"。

(1) 创建一个新的二维帧,并改名为"2功能演示焦距调节近",在其设置面板 Position 选项中设置 X 的数值为 41、Y 的数值为 303、Z Order(Z 轴次序)的数值为 0,在 Size 选项中设置

Width 的数值为 46、Height 的数值为 33,在 Parent 选项中选择"2 功能演示面板",如图 7-223 所示。

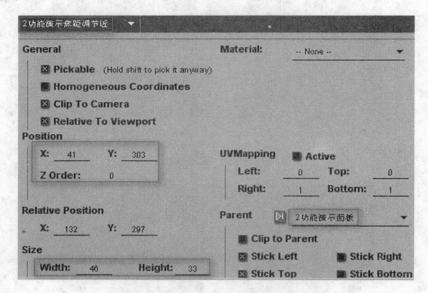

图 7-223 设置二维帧

(2) 创建一个新材质,并把它改名为"2 功能演示焦距调节近 1",在其设置面板中将 Diffuse 颜色选择为 R、G、B 数值都为 255 的白色,在 Mode 选项中选择 Transparent(透明)模式,在 Texture(纹理)选项中选择名称为"功能演示近景 1"的纹理图片,在 Filter Min 选项中选择 Mip Nearest,在 Filter Mag 选项中选择 Nearest,其他选项保持不变,如图 7-224 所示。

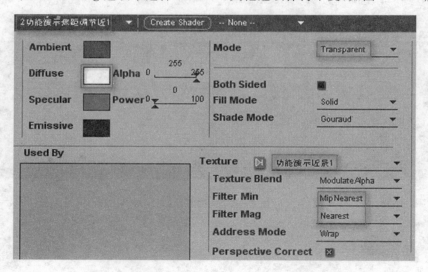

图 7-224 设置材质

创建一个新材质,并把它改名为"2 功能演示焦距调节近 2"。在其设置面板 Diffuse 颜色选择为 R、G、B 数值都为 255 的白色,在 Mode 选项中选择 Transparent(透明)模式,在 Texture(纹理)选项中选择名称为"功能演示近景 2"的纹理图片,在 Filter Min 选项中选择 Mip

Nearest,在 Filter Mag 选项中选择 Nearest,其他选项保持不变,如图 7-225 所示。

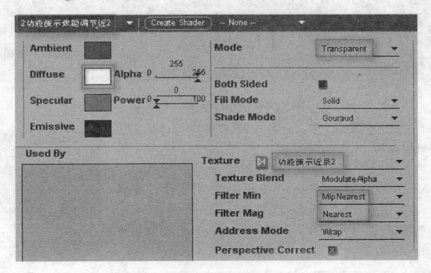

图 7-225　设置材质

(3) 创建"2 功能演示焦距调节近"二维帧 Script 脚本。添加 PushButton(按钮 Building Blocks/Interface/Controls/PushButton) BB 行为交互模块,在其设置面板中取消 Active、Enter Button、Exit Button、In Button 选项的叉选,如图 7-226 所示。

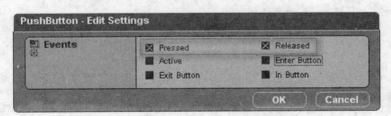

图 7-226　设置模块

连接"2 功能演示焦距调节近"二维帧 Script 脚本编辑窗口开始端与 PushButton 模块的输入端"On",如图 7-227 所示。

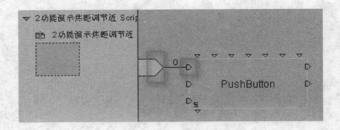

图 7-227　连接模块

双击 PushButton 模块,在其参数设置面板 Released Material(松开按钮材质)选项中选择"2 功能演示焦距调节近 1"材质,在 Pressed Material(按下按钮材质)、RollOver Material(鼠标经过时材质)选项中选择"2 功能演示焦距调节近 2"材质,如图 7-228 所示。

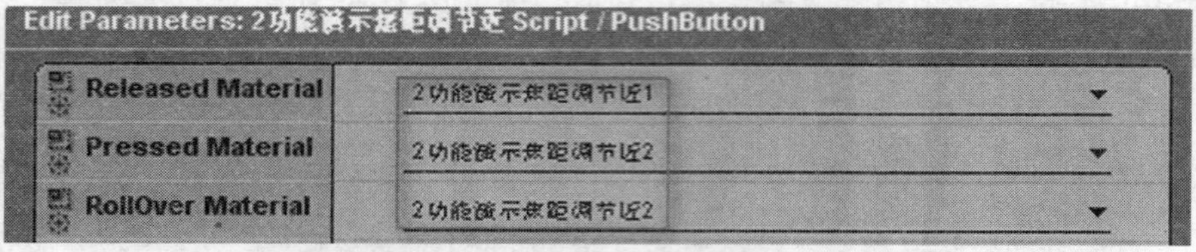

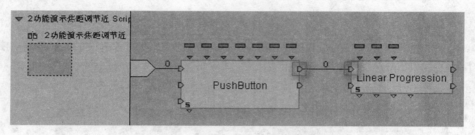

图 7-228 设置 PushButton 模块

按下状态栏的播放按钮,单击近景按钮,按钮对应材质发生变化。测试效果如图 7-229 所示。

（4）添加 Linear Progression（线性级数 Building Blocks/Logics/Loops/Linear Progression）BB 行为交互模块。连接 Push Button 模块的输出端"Pressed"与 Linear Progression 模块的输入端"In",如图 7-230 所示。Linear Progression 模块用来改变摄影机的焦距数值。

图 7-229 测试效果

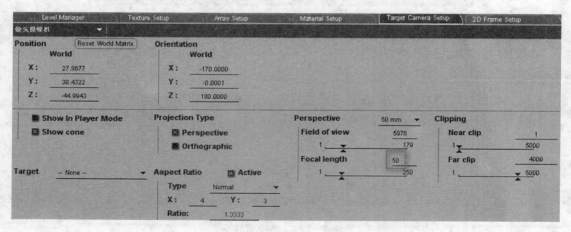

图 7-230 连接模块

单击 Target Camera Setup 标签按钮,在名称选项中选择"镜头摄影机",此时可以看到"镜头摄影机"的焦距为 50,如图 7-231 所示。

图 7-231 观察参数

双击 Linear Progression 模块,在其参数设置面板 Time 选项中保持系统默认的 3 秒,在 A 项中输入 50,B 项中输入 80。实现摄影机的焦距数值将由 50 在 3 秒的时间内变化到 80,如图 7-232 所示。

图 7-232 设定参数

（5）添加 Set Zoom（设定变焦 Building Blocks/ Cameras/Basic /Set Zoom）BB 行为交互模块，连接 Linear Progression 模块的输出端"Loop Out"与 Set Zoom 模块的输入端"In"，如图 7-233 所示。

图 7-233 连接模块

双击 Set Zoom 模块，在其参数设置面板 Target(Camera)选项中选择"镜头摄影机"，如图 7-234 所示。

图 7-234 设定参数

连接 Linear Progression 模块的参数输出端"Value(Float)"与 Set Zoom 模块的参数输入端"Focal Length(Float)"，连接 Set Zoom 模块的输出端"Out"与 Linear Progression 模块的输入端"Loop In"（如图 7-235 所示），实现把变化数值传递到指定摄影机对象，并实现变化过程的连续。

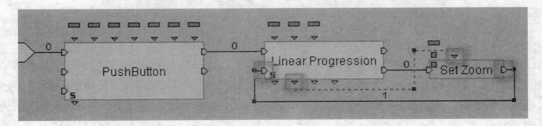

图 7-235 连接模块

按下状态栏的播放按钮,进行测试。在场景中单击近景按钮,可以观察到显示屏中的场景由远焦调整为近焦。测试效果如图 7-236~图 7-237 所示。

图 7-236 效果测试 1

图 7-237 效果测试 2

提　示:

通过测试发现,只要单击近景按钮,不论鼠标左键的状态是压下还是松开,指定摄影机的焦距数值都会自动的由 50 变化到 80。而现实照相机的调焦按钮则是松开近景按钮焦距数值应不再改变,50 和 80 只是焦距的两个极限值。所以在此脚本中还要添加具有类似开关的功能模块,实现松开近景按钮,则焦距固定在当前数值而不变化,再按下近景按钮,焦距数值则又可以继续变化,直到焦距范围的极限值。

(6) 删除 Linear Progression 模块的输出端"Loop Out"与 Set Zoom 模块的输入端"In"之间的连接线。添加 Binary Switch(二进制转换 Building Blocks/Logics/Streaming/Binary Switch)BB 行为交互模块,拖放到 Linear Progression 模块与 Set Zoom 模块中间。连接 Linear Progression 模块的输出端"Loop Out"与 Binary Switch 模块的输入端"In",连接 Binary Switch 模块的输出端"True"与 Set Zoom 模块的输入端"In",如图 7-238 所示。

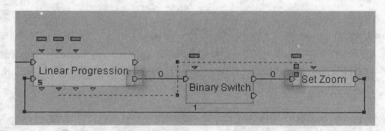

图 7-238 连接模块

(7) 删除 PushButton 模块的输出端"Pressed"与 Linear Progression 模块的输入端"In"之间的连接线。添加 Identity(参数指定 Building Blocks/Logics/Calculator/Identity)BB 行为交互模块,拖放到 PushButton 模块和 Linear Progression 模块中间。连接 PushButton 模块的输出端"Pressed"与 Identity 模块的输入端"In",连接 Identity 模块的输出端"Out"与 Linear Progression 模块的输入端"In",如图 7-239 所示。

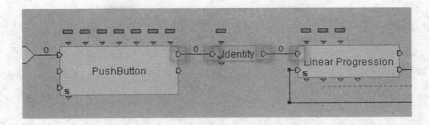

图 7-239 连接模块

更改 Identity 模块的参数输入端"pIn 0 (Float)"的 Parameter Type 为 Boolean,如图 7-240 所示。

复制 Binary Switch 模块参数输入端"Condition(Boolean)",以快捷方式形式粘贴到脚本空白处,连接 Identity 模块的参数输出端"pOut 0(Boolean)"与此参数快捷方式,如图 7-241 所示。

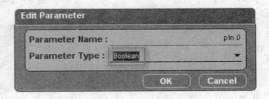

图 7-240 编辑参数

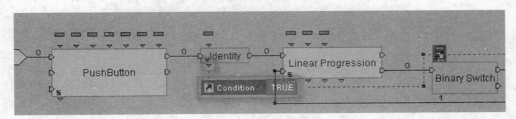

图 7-241 连接模块

双击 Identity 模块,在其参数设置面板叉选 pIn 0 选项,如图 7-242 所示,用以实现单击近景按钮时执行 Binary Switch 模块后面的脚本。

图 7-242 设定参数

(8) 添加 Identity(参数指定 Building Blocks/Logics/Calculator/Identity)BB 行为交互模块,拖放到 PushButton 模块后面。连接 PushButton 模块的输出端"Released"与 Identity 模块的输入端"In",如图 7-243 所示。

双击 Identity 模块,在其参数设置面板 pIn 0 项取消叉选标记,如图 7-244 所示,用以实现松开近景按钮时停止执行 Binary Switch 模块后面的脚本。

复制 Binary Switch 模块参数输入端"Condition(Boolean)",连接 Identity 模块的参数输出端"pOut 0(Boolean)"与此参数快捷方式,如图 7-245 所示。

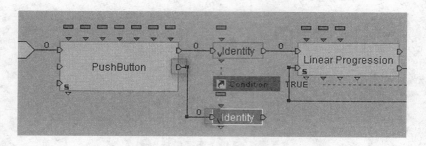

图 7-243 连接模块

图 7-244 设定参数

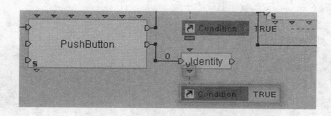

图 7-245 连接模块

按下状态栏的播放按钮,在场景中单击近景按钮,可以观察到显示屏中的场景由远焦向近焦调整。在未到近焦的极限前松开近景按钮,则显示屏画面停留于此时焦距对应的场景。测试效果如图 7-246 所示。

图 7-246 测试效果

在此状态下,如果再单击近景按钮,则发现显示屏中画面又从焦距数值为 50 时对应的场景开始变化,而不是从当前焦距数值对应的场景继续变化。

(9) 删除 Binary Switch 模块的输出端"True"与 Set Zoom 模块的输入端"In"之间的连接线。添加 Identity(参数指定 Building Blocks/Logics/Calculator/Identity)BB 行为交互模块,连接 Binary Switch 模块的输出端"True"与 Identity 模块的输入端"In",连接 Identity 模块的输出端"Out"与 Set Zoom 模块的输入端"In",如图 7-247 所示。

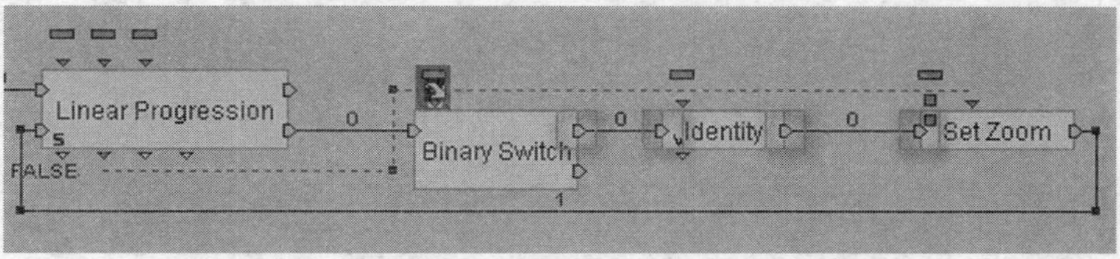

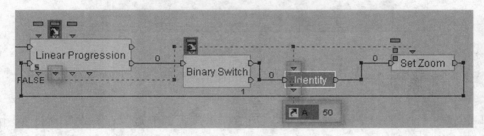

图 7-247　连接模块

复制 Linear Progression 模块的参数输入端"A(Float)",以快捷方式形式粘贴到脚本空白处。连接 Identity 模块的参数输出端"pOut 0(Float)"与此参数快捷方式,连接 Linear Progression 模块的参数输出端"Value(Float)"与 Identity 模块的参数输入端"pIn 0(Float)"如图 7-248 所示。实现了焦距数值传递中断时,把中断的数值传递给 Linear Progression 模块的初始值 A,再由此时的 A 数值向 B 数值(固定值 80)变化。

图 7-248　连接模块

(10) 如此,Linear Progression 模块的 A 数值成为了一个变量,所以每次重新执行焦距调整前要先赋给 A 一个数值,使每次执行脚本时保持一致性。

删除"2 功能演示焦距调节近"Script 脚本开始端与 PushButton 模块的输入端"In"之间的连接线。添加 Identity(参数指定 Building Blocks/Logics/Calculator/Identity)BB 行为交互模块,拖放到 PushButton 模块前面。连接脚本开始端与 Identity 模块的输入端"In",连接 Identity 模块的输出端"Out"与 PushButton 模块的输入端"On",如图 7-249 所示。

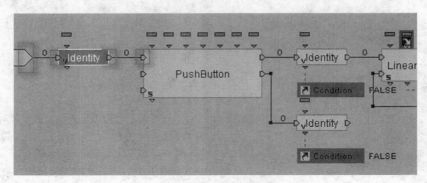

图 7-249　连接模块

复制 Linear Progression 模块的参数输入端"A(Float)",以快捷方式形式粘贴到脚本空白处,如图 7-250 所示。连接 Identity 模块的参数输出端"pOut 0(Float)"与此参数快捷方式。

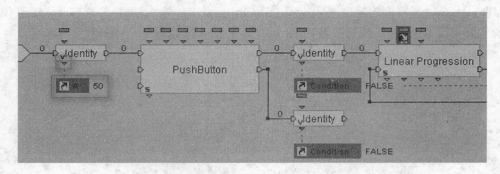

图 7-250　连接模块

双击 Identity 模块,在其参数设置面板 pIn 0 项中输入 50(如图 7-251 所示),实现对 Linear Progression 模块的参数输入端 A 数值的初始值设定。

图 7-251　设置参数

7.4.7　远焦制作

(1) 创建一个新的二维帧,并改名为"2 功能演示焦距调节远",在其设置面板 Position 选项中设置 X 的数值为 120、Y 的数值为 303、Z Order(Z 轴次序)的数值为 0,在 Size 选项中设置 Width 的数值为 46、Height 的数值为 33,在 Parent 选项中选择"2 功能演示面板",如图 7-252 所示。

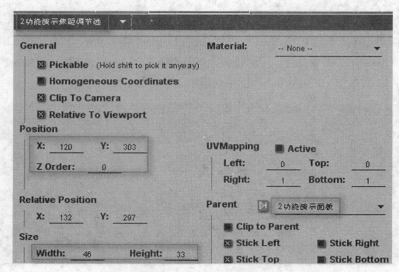

图 7-252　设置二维帧

(2)创建一个新材质,并把它改名为"2 功能演示焦距调节远 1",在其设置面板中将 Diffuse 颜色选择为 R、G、B 的数值都为 255 的白色,在 Mode 选项中选择 Transparent(透明)模式,Texture(纹理)选项中选择名称为"功能演示远景 1"的纹理图片,在 Filter Min 选项中选择 Mip Nearest,在 Filter Mag 选项中选择 Nearest,其他选项保持不变。

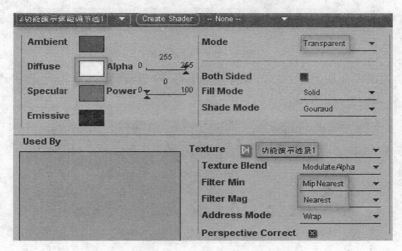

图 7-253 设置材质

创建一个新材质,并把它改名为"2 功能演示焦距调节远 2",在其设置面板中将 Diffuse 颜色选择为 R、G、B 数值都为 255 的白色,在 Mode 选项中选择 Transparent(透明)模式,Texture(纹理)选项中选择名称为"功能演示远景 2"的纹理图片,在 Filter Min 选项中选择 Mip Nearest,在 Filter Mag 选项中选择 Nearest,其他选项保持不变,如图 7-254 所示。

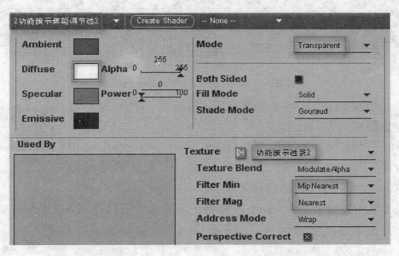

图 7-254 设置材质

(3)创建"2 功能演示焦距调节远"二维帧 Script 脚本。添加 PushButton(按钮 Building Blocks/Interface/Controls/PushButton)BB 行为交互模块,在其设置面板中取消 Active、Enter Button、Exit Button、In Button 选项的叉选,如图 7-255 所示。

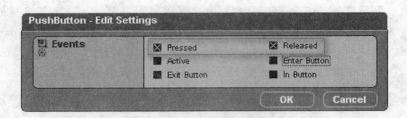

图 7-255 设置模块

连接"2 功能演示焦距调节远"二维帧 Script 脚本编辑窗口开始端与 PushButton 模块的输入端"On",如图 7-256 所示。

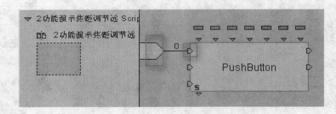

图 7-256 连接模块

双击 PushButton 模块,在其参数设置面板 Released Material(松开按钮材质)选项中选择"2 功能演示焦距调节远 1"材质,在 Pressed Material(按下按钮材质)、RollOver Material(鼠标经过时材质)选项中选择"2 功能演示焦距调节远 2"材质,如图 7-257 所示。

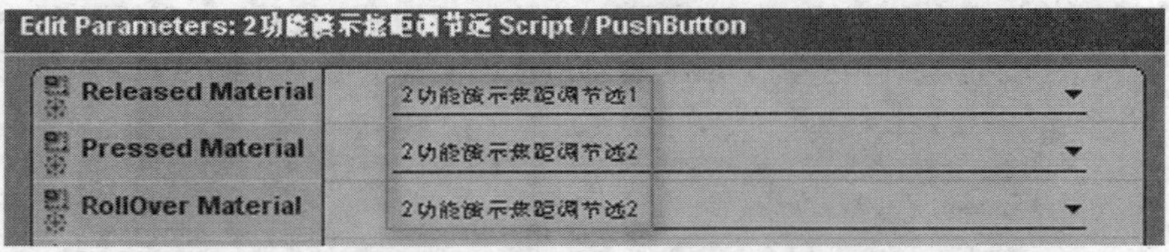

图 7-257 设置 PushButton 模块

按下状态栏的播放按钮,单击远景按钮,按钮对应材质发生变化。测试效果如图 7-258 所示。

图 7-258 测试效果

(4) 添加两个 Identity(参数指定 Building Blocks/Logics/Calculator/Identity)BB 行为交互模块,连接 PushButton 模块的输出端"Pressed"与第 1 个 Identity 模块的输入端"In",连接 PushButton 模块的输出端"Released"与第 2 个 Identity 模块的输入端"In",如图 7-259 所示。

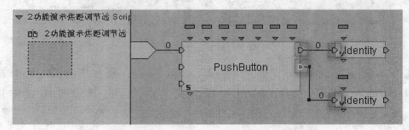

图 7-259 连接模块

更改两个Identity模块的参数输入端"pIn0(Float)"的Parameter Type 为Boolean,如图7-260所示。

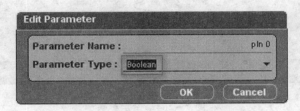

图7-260 编辑参数

双击第1个Identity模块,在其参数设置面板叉选pIn 0选项,如图7-261所示。

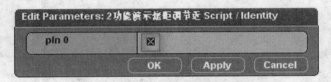

图7-261 设定参数

双击第2个Identity模块,在其参数设置面板取消pIn 0项叉选标记,如图7-262所示。

图7-262 设定参数

（5）添加Linear Progression（线性级数 Building Blocks/Logics/Loops/Linear Progression）BB行为交互模块,拖动到第一个Identity模块的后面,连接Identity模块的输出端"Out"与Linear Progression模块的输入端"In",如图7-263所示。

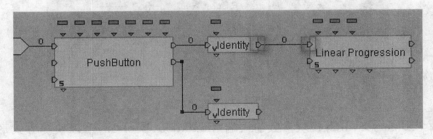

图7-263 连接模块

双击Linear Progression模块,在其参数设置面板Time选项中保持系统默认的3秒,在B项中输入50,如图7-264所示,以实现摄影机的焦距数值由A数值在3秒的时间内变化到50。

复制"2功能演示焦距调节近"Script脚本中Linear Progression模块的参数输入端"A (Float)",以快捷方式形式粘贴到"2功能演示焦距调节远"Script脚本空白处。连接Linear

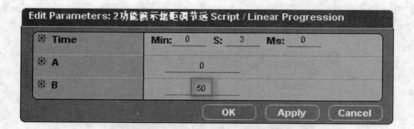

图 7-264 设定参数

Progression 模块的参数输入端"A(Float)"与此参数快捷方式,如图 7-265 所示。

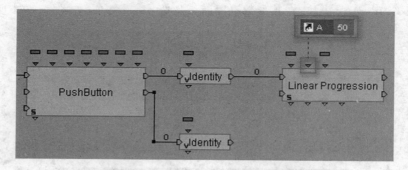

图 7-265 连接模块

(6) 添加 Binary Switch(二进制转换 Building Blocks/Logics/Streaming/Binary Switch) BB 行为交互模块,拖放到 Linear Progression 模块后面。连接 Linear Progression 模块的输出端"Loop Out"与 Binary Switch 模块的输入端"In",如图 7-266 所示。

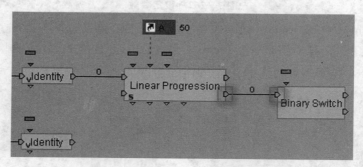

图 7-266 连接模块

复制两个 Binary Switch 模块参数输入端"Condition(Boolean)",以快捷方式形式粘贴到脚本空白处,并以数值和名称形式显示。分别连接两个 Identity 模块的参数输出端"pOut 0 (Boolean)"与此参数快捷方式,如图 7-267 所示。

(7) 添加 Identity(参数指定 Building Blocks/Logics/Calculator/Identity)BB 行为交互模块,连接 Binary Switch 模块的输出端"True"与 Identity 模块的输入端"In",连接 Linear Progression 模块的参数输出端"Value(Float)"与 Identity 模块的参数输入端"pIn 0(Float)",如图 7-268 所示。

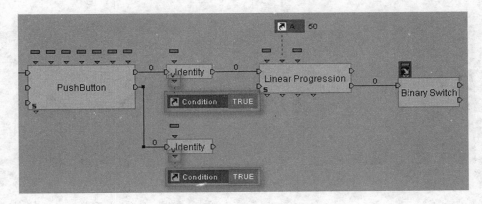

图 7-267 连接模块

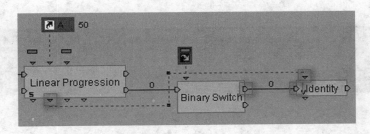

图 7-268 连接模块

复制"2 功能演示焦距调节近"Script 脚本中 Linear Progression 模块的参数输入端"A (Float)",以快捷方式形式粘贴到"2 功能演示焦距调节远"Script 脚本空白处。连接 Identity 模块的参数输出端"pOut 0(Float)"与此参数快捷方式,如图 7-269 所示。

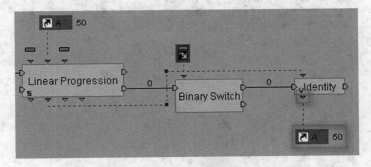

图 7-269 连接模块

(8) 添加 Set Zoom(设定变焦 Building Blocks/ Cameras/Basic /Set Zoom)BB 行为交互模块,连接 Identity 模块的输出端"Out"与 Set Zoom 模块的输入端"In",连接 Linear Progression 模块的参数输出端"Value(Float)"与 Set Zoom 模块的参数输入端"Focal Length (Float)",连接 Set Zoom 模块的输出端"Out"与 Linear Progression 模块的输入端"Loop In",如图 7-270 所示。

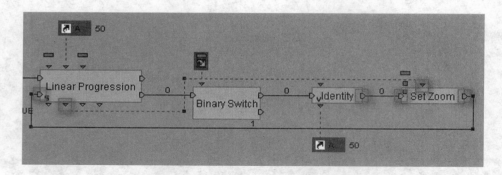

图 7-270 连接模块

双击 Set Zoom 模块，在其参数设置面板 Target(Camera)选项中选择"镜头摄影机"，如图 7-271 所示。

图 7-271 设定参数

(9) 选择"2 功能演示捕捉场景"、"2 功能演示环境设置左旋"、"2 功能演示环境设置右旋"、"2 功能演示模式切换快门"、"2 功能演示模式切换播放"、"2 功能演示模式切换拍摄"、"2 功能演示向前查看"、"2 功能演示向后查看"、"2 功能演示焦距调节近"和"2 功能演示焦距调节远"Script 脚本，设置其显示颜色（如图 7-272 所示），以便和前面的脚本加以区分。

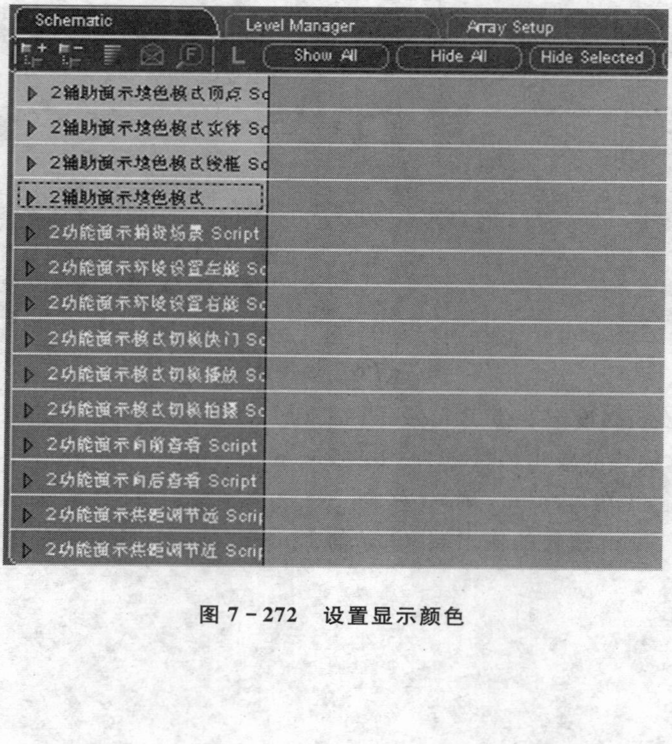

图 7-272 设置显示颜色

思考与练习

1. 思考题

（1）Render Scene in RT View 模块设置面板中，各选项的作用是什么？
（2）如何存储按下快门按钮所拍摄的"照片"？
（3）如何通过添加摄影机来模拟照相机镜头？
（4）设置显示屏材质时，为什么要创建一个"过渡纹理"纹理图片，它的作用是什么？

2. 练　习

（1）通过 Save State 模块、Read State 模块，试着存储和读取一个三维对象的状态。
（2）参考随书光盘中"7 功能演示制作.cmo"文件，制作一个具有存储十张照片功能的照相机实例。
（3）参考随书光盘中"7 功能演示制作.cmo"文件，制作一个望远镜，可以通过滚轮调节所观测视景的焦距。

第8章 后期交互制作

本章重点

- 菜单栏功能切换
- 主、次界面切换
- 解除、激活脚本

后期交互制作的内容主要包括:菜单栏上各功能按钮之间的切换、摄影机的切换、主、次界面切换等。

8.1 菜单栏功能切换

菜单栏上有"系统设置"、"换色演示"、"辅助演示"、"功能演示"及"返回"五个按钮。要实现的就是单击前面四个按钮其中的一个按钮,就要开启相应的设置面板,从而进行相应的功能操作,而单击另一个按钮时,则中止刚才所响应的按钮功能,进入当前按钮所对应的功能操作。

8.1.1 摄影机切换

(1) 单击 Schematic 标签按钮,展开"环视相机"Script 脚本编辑窗口,添加 Set As Active Camera(设定当前使用的摄影机 Building Blocks/ Cameras/Montage /Set As Active Camera) BB 行为交互模块。连接 Script 脚本开始端与 Set As Active Camera 模块的输入端"In",如图 8-1 所示。

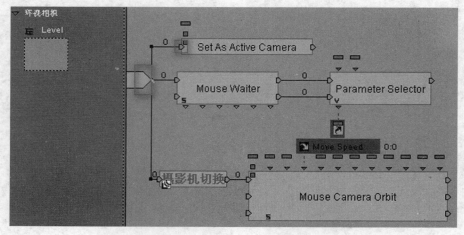

图 8-1 连接模块

双击 Set As Active Camera 模块，在其参数设置面板 Target(Camera)选项中选择"环视相机"。指定由主界面切换到次界面时首先激活的是"环视相机"，如图8-2所示。

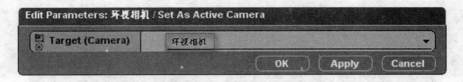

图8-2 设定参数

提　示：

第7章功能演示制作中，创建了一个虚拟环境 Box01 对象，并且把场景的摄影机切换为"功能演示摄影机"，而"系统设置"、"换色演示"、"辅助演示"功能所对应的则应该是"环视相机"，所以要进行摄影机的切换。

（2）在"2系统设置"、"2换色演示"、"2辅助演示"、"2功能演示"四个菜单栏按钮 Script 脚本中，各添加一个 Set As Active Camera（设定当前使用的摄影机 Building Blocks/Cameras/Montage/Set As Active Camera）BB行为交互模块，并连接各自脚本中 PushButton 模块的输出端"Pressed"与其 Set As Active Camera 模块的输入端"In"，如图8-3所示。

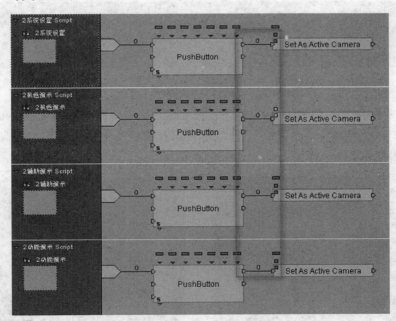

图8-3 连接模块

提　示：

这里为什么在每一个菜单栏功能按钮的脚本中都添加了 Set As Active Camera 模块？

系统演示时，首先由主界面切换到次界面，这时要设定当前激活的摄影机为"环视相机"。而通过次界面菜单栏功能按钮进入到相应的功能演示时，除"功能演示"对应激活的摄影机为"功能演示摄影机"外，其他三个演示对应激活的都是"环视相机"。

所以当由其他三个功能向"功能演示"功能切换时，就要激活"功能演示摄影机"摄影机，而由"功能演示"功能向其他三个功能切换时又要激活"环视相机"。

（3）双击"2 系统设置"、"2 换色演示"、"2 辅助演示"三个 Script 脚本中的 Set As Active Camera,在其参数设置面板 Target(Camera)选项中选择"环视相机",如图 8-4 所示。

图 8-4 设定参数

双击"2 功能演示"Script 脚本中的 Set As Active Camera,在其参数设置面板 Target(Camera)选项中选择"功能演示摄影机",如图 8-5 所示。

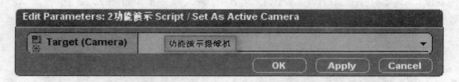

图 8-5 设定参数

按下状态栏的恢复初始值按钮,再按下播放按钮。可以观察到场景观察视角已切换到"环视相机"。再单击次界面菜单栏中的"功能演示"按钮,场景观察视角又切换到"功能演示摄影机"。场景效果如图 8-6~图 8-7 所示。

图 8-6 场景效果 1　　　　　　　　　　图 8-7 场景效果 2

单击 Level Manager 标签按钮,在 Global 目录下的 3D Objects 子目录中取消 Box01 对象的可见标记。单击 Set IC For Selected 按钮,设定 Box01 对象的初始状态,如图 8-8 所示。

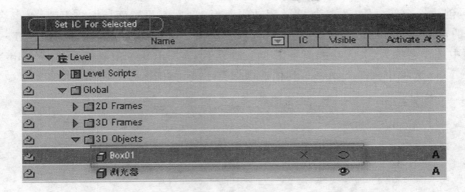

图 8-8 设定初始值

8.1.2 关闭各功能面板

关闭各功能面板就是在"2 系统设置面板"、"2 换色演示面板"、"2 辅助演示面板"和"2 功能演示面板"上各添加一个关闭按钮,单击此按钮时隐藏相应的面板,再次单击相应的菜单栏功能按钮时,此面板再显示出来。

1. 关闭功能演示面板

(1) 创建一个新的二维帧,并改名为"2 关闭功能演示面板",在其设置面板 Position 选项中设置 X 的数值为 180、Y 的数值为 22、Z Order(Z 轴次序)的数值为 0,在 Size 选项中设置 Width 的数值为 20、Height 的数值为 20,在 Parent 选项中选择"2 功能演示面板",如图 8-9 所示。

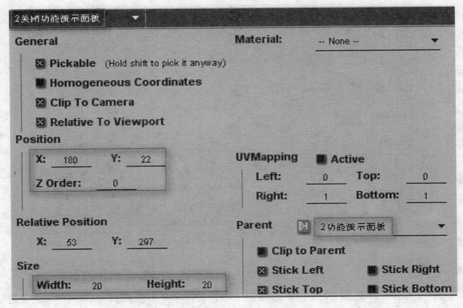

图 8-9 设置二维帧

(2) 创建一个新材质,改名为"2 关闭功能面板 1",在其设置面板中将 Diffuse 颜色选择为 R、G、B 的数值都为 255 的白色,在 Mode 选项中选择 Transparent(透明)模式,在 Texture(纹理)选项中选择名称为"关闭功能面板 1"的纹理图片,在 Filter Min 选项中选择 Mip Nearest,在 Filter Mag 选项中选择 Nearest,其他选项保持不变,如图 8-10 所示。

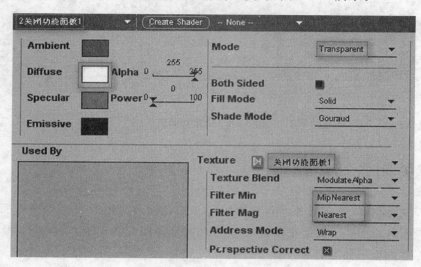

图 8-10 设置材质

创建一个新材质,改名为"2 关闭功能面板 2",在其设置面板 Diffuse 中将颜色选择为 R、G、B 的数值都为 255 的白色,在 Mode 选项中选择 Transparent(透明)模式,在 Texture(纹理)选项中选择名称为"关闭功能面板 2"的纹理图片,在 Filter Min 选项中选择 Mip Nearest,在 Filter Mag 选项中选择 Nearest,其他选项保持不变,如图 8-11 所示。

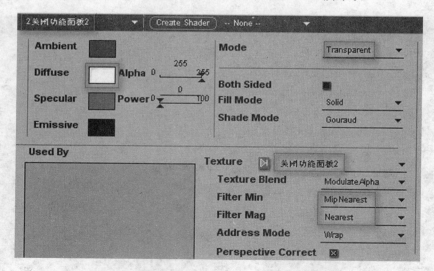

图 8-11 设置材质

(3) 创建"2 关闭功能演示面板"二维帧 Script 脚本,并添加 PushButton(按钮 Building Blocks/Interface/Controls/PushButton)BB 行为交互模块到 Script 脚本中,在其设置面板中,

取消 Released、Active、Enter Button、Exit Button、In Button 选项的叉选，如图 8-12 所示。

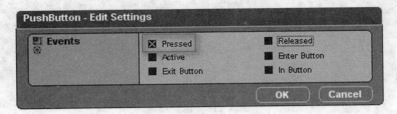

图 8-12 设置模块

连接"2 关闭功能演示面板"二维帧 Script 脚本编辑窗口开始端与 PushButton 模块的输入端"On"，如图 8-13 所示。

图 8-13 连接模块

双击 Push Button 模块，在其参数设置面板 Released Material（松开按钮材质）选项中选择"2 功能演示焦距调节近 1"材质，在 Pressed Material（按下按钮材质）、RollOver Material（鼠标经过时材质）选项中选择"2 功能演示焦距调节近 2"材质，如图 8-14 所示。

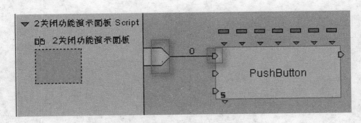

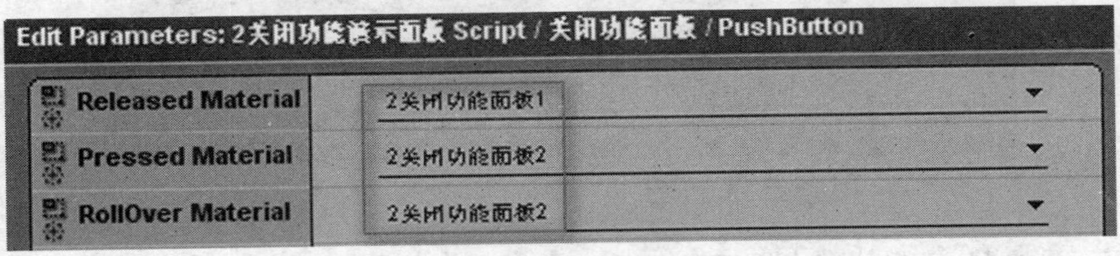

图 8-14 设置 Push Button 模块

按下状态栏的播放按钮，单击关闭按钮，按钮对应材质发生变化。测试效果如图 8-15 所示。

（4）添加 Bezier Progression（按钮 Building Blocks/Logics/Loops /Bezier Progression）BB 行为交互模块到 Script 脚本中。连接 PushButton 模块的输出端"Pressed"与 Bezier Progression 模块的输入端"In"，如图 8-16 所示。

图 8-15 测试效果

双击 Bezier Progression 模块，在其参数设置面板 Duration 项中输入 Ms 数值为 800，按图所示调节顶点滑块的位置，并调节顶点手柄，使其直线变化为图 8-17 所示的曲线。实现在 800 毫秒内 A 值向 B 值过渡，过渡过程的开始部分和结束部分是平稳的。

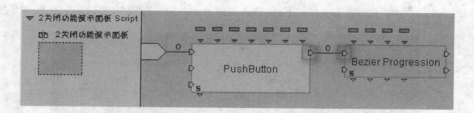

图 8-16 连接模块

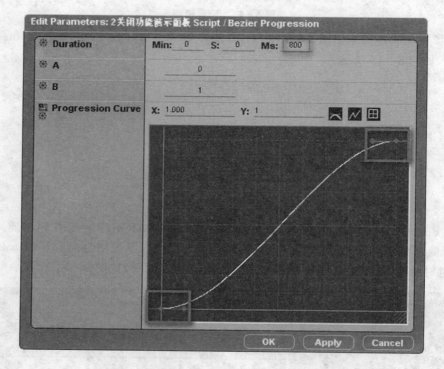

图 8-17 设定参数

（5）添加 Interpolator（内插运算 Building Blocks/Logics/Interpolator/ Interpolator）BB 行为交互模块到 Script 脚本 Bezier Progression 模块后面，连接 Bezier Progression 模块的输出端"Loop Out"与 Interpolator 模块的输入端"In"，连接 Bezier Progression 模块的参数输出端"Progression(Percentage)"与 Interpolator 模块的参数输入端"Value(Percentage)"，如图 8-18 所示。

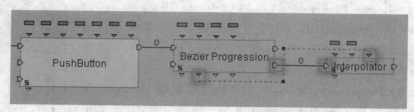

图 8-18 连接模块

双击 Interpolator 模块的参数输出端"C(Float)"，在其参数设置面板 Parameter Type 选项中选择"Vector 2D"，如图 8-19 所示。

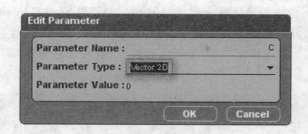

图 8-19　设定参数

双击 Interpolator 模块,在其参数设置面板 A 项中输入 X 的数值为-12、Y 的数值为 6,B 项中输入 X 的数值为-218、Y 的数值为 6,如图 8-20 所示。

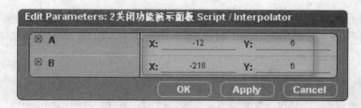

图 8-20　设定参数

提　示:

A 项中 X、Y 的数值就是"2 功能演示面板"二维帧的 Position X、Y 的数值,B 项中 X、Y 的数值就是"2 功能演示面板"二维帧向左移动到场景外面时对应的 Position X、Y 的数值。

(6) 添加 Set 2D Position(设定二维对象位置 Building Blocks/Visuals/2D /Set 2D Position)BB 行为交互模块到 Script 脚本 Interpolator 模块后面,连接 Interpolator 模块的输出端"Out"与 Set 2D Position 模块的输入端"In",如图 8-21 所示。

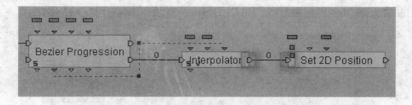

图 8-21　连接模块

双击 Set 2D Position 模块,在其参数设置面板 Target(2D Entity)选项中选择"2 功能演示面板"二维帧,如图 8-22 所示。

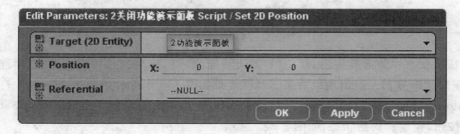

图 8-22　设定参数

连接 Interpolator 模块的参数输出端"C(Vector 2D)"与 Set 2D Position 模块的参数输入端"Position(Vector 2D)",连接 Set 2D Position 模块的输出端"Out"与 Bezier Progression 模块的输入端"Loop In"。实现设定"2 功能演示面板"二维帧通过贝兹级数和内插运算对部件进行移动,如图 8-23 所示。

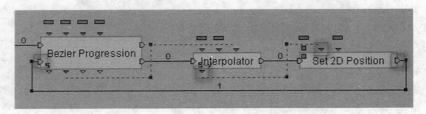

图 8-23 连接模块

将制作好的"2 关闭功能演示面板"行为脚本框选起来,绘制行为脚本框图,并改名为"关闭功能面板",如图 8-24 所示。

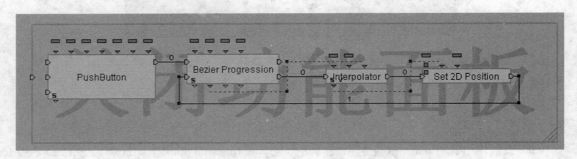

图 8-24 创建脚本框图

连接 Script 脚本开始端与"关闭功能面板"脚本框图的输入端"In 0",连接"关闭功能面板"脚本框图的输入端"In 0"与框图内 Push Button 模块的输入端"On",如图 8-25 所示。

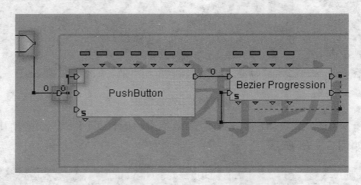

图 8-25 连接模块

（7）按下状态栏的播放按钮,单击"2 关闭功能演示面板"按钮,可以实现"2 功能演示面板"及其子对象渐变向左退出场景效果。测试效果如图 8-26 所示。

在 Global 目录下的 2D Frames 子目录中选择"2 功能演示面板"二维帧,单击 Set IC For Selected 按钮,设定其初始状态,如图 8-27 所示。

图 8-26 测试效果

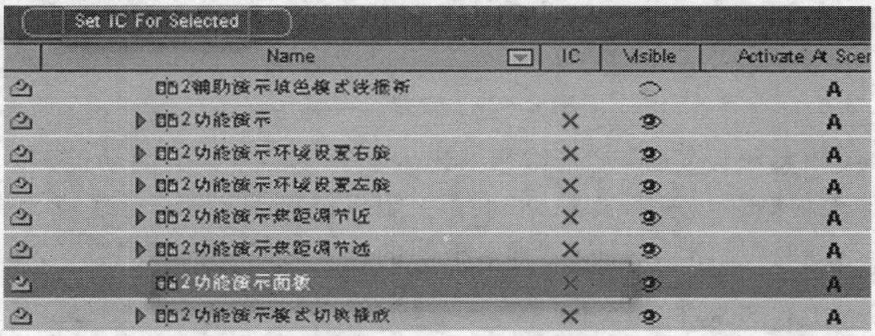

图 8-27 设定初始值

2. 关闭系统设置面板

(1) 单击 Level Manager 标签按钮,在 Global 目录下的 2D Frames 子目录中选择"2 系统设置面板"二维帧,取消其隐藏状态,如图 8-28 所示。

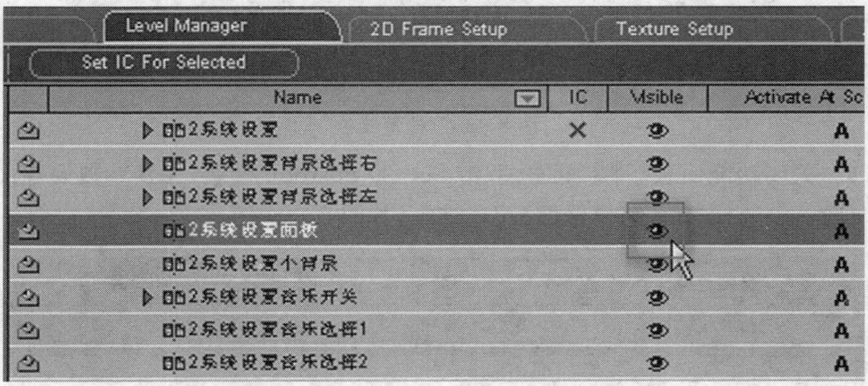

图 8-28 设定显示状态

(2) 创建一个新的二维帧,改名为"2 关闭系统设置面板",在其设置面板 Position 选项中设置 X 的数值为 180、Y 的数值为 22、Z Order(Z 轴次序)的数值为 0,在 Size 选项中设置 Width 的数值为 20、Height 的数值为 20,在 Parent 选项中选择"2 系统设置面板",如图 8-29 所示。

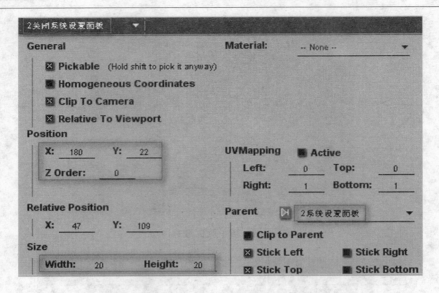

图 8-29　设置二维帧

(3) 创建"2 关闭系统设置面板"二维帧 Script 脚本,复制"2 关闭功能演示面板"Script 脚本中的"关闭功能面板"脚本框图,并粘贴到"2 关闭系统设置面板"二维帧 Script 脚本中。连接 Script 脚本开始端与"关闭功能面板"脚本框图的输入端"In 0",如图 8-30 所示。

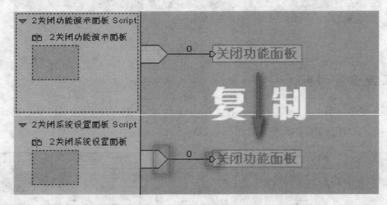

图 8-30　连接模块

(4) 打开"关闭功能面板"脚本框图,双击 Set 2D Position 模块,在其参数设置面板 Target (2D Entity)选项中选择"2 系统设置面板"二维帧,如图 8-31 所示。

图 8-31　设定参数

(5) 在 Global 目录下的 2D Frames 子目录中选择"2 系统设置面板"二维帧,并取消显示状态,使其隐藏。单击 Set IC For Selected 按钮,设定其初始状态,如图 8-32 所示。

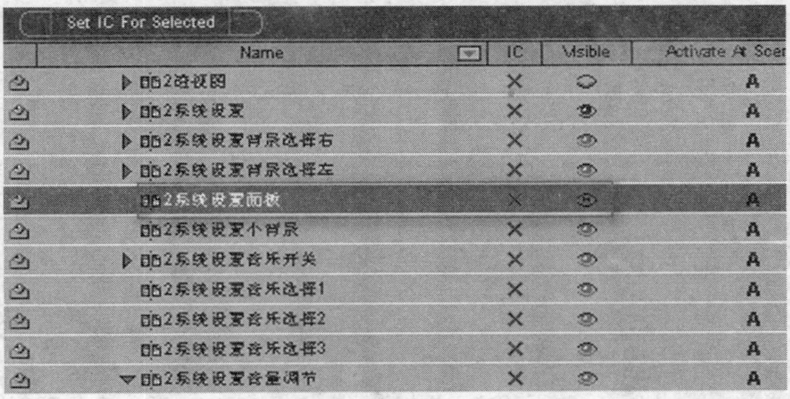

图 8-32 设定初始值

提 示：

这里为什么直接设置"2系统设置面板"二维帧隐藏状态，而不是先进行播放测试，再设定其初始状态呢？

第 4 章中系统设置"2 系统设置音量调节"Script 脚本制作部分，在其脚本执行时就先赋予了"2 系统设置音量调节"二维帧的初始坐标，而这个坐标数值又关系到进行演示时的背景音乐的音量，所以在这里只是隐藏了"2 系统设置面板"二维帧，当按下菜单栏的"系统设置"按钮时，就可以先取消"2 系统设置面板"的隐藏状态，使"2 系统设置面板"及其子对象全部显示。

3．关闭换色演示面板

（1）单击 Level Manager 标签按钮，在 Global 目录下的 2D Frames 子目录中选择"2 换色演示面板"二维帧，取消其隐藏状态，如图 8-33 所示。

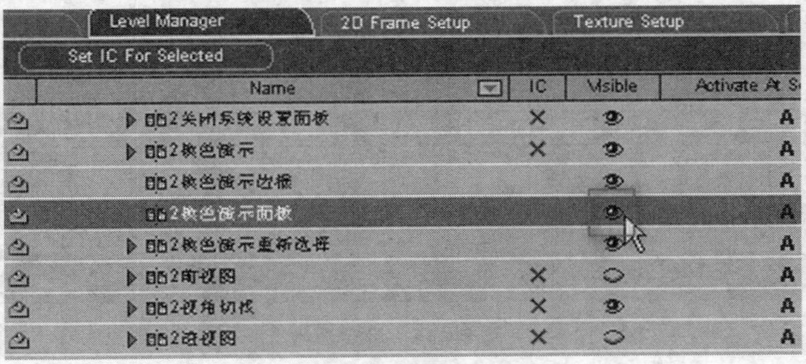

图 8-33 设定显示状态

（2）创建一个新的二维帧，改名为"2 关闭换色演示面板"，在其设置面板 Position 选项中设置 X 的数值为 180、Y 的数值为 22、Z Order（Z 轴次序）的数值为 0，在 Size 选项中设置 Width 的数值为 20、Height 的数值为 20，在 Parent 选项中选择"2 换色演示面板"，如图 8-34 所示。

（3）创建"2 关闭换色演示面板"二维帧 Script 脚本，复制"2 关闭功能演示面板"Script 脚本中的"关闭功能面板"脚本框图，并粘贴到"2 关闭换色演示面板"二维帧 Script 脚本中。连

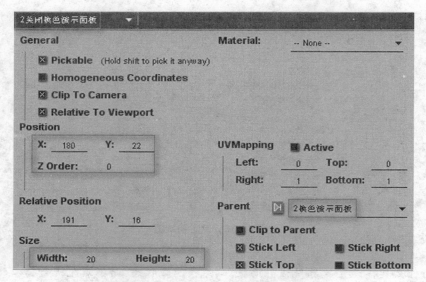

图 8-34　设置二维帧

接 Script 脚本开始端与"关闭功能面板"脚本框图的输入端"In 0",如图 8-35 所示。

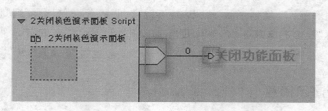

图 8-35　连接模块

（4）打开"关闭功能面板"脚本框图,双击其中的 Interpolator 模块,在其参数设置面板 A 项中输入 X 的数值为 13、Y 的数值为 19,B 项中输入 X 的数值为－190、Y 的数值为 19,如图 8-36 所示。

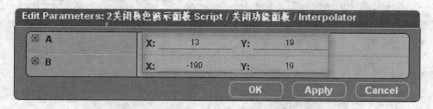

图 8-36　设定参数

提　示:
　　因为"2 换色演示面板"二维帧和"2 功能演示设置"、"2 系统设置面板"二维帧的坐标与尺寸数值不一样,所以要重新设定框图内 Interpolator 模块 A、B 项的数值。

（5）双击 Set 2D Position 模块,在其参数设置面板 Target(2D Entity)选项中选择"2 换色演示面板"二维帧,如图 8-37 所示。

（6）按下状态栏的播放按钮,单击"2 关闭换色演示面板"按钮,可以实现"2 换色演示面板"及其子对象渐变向左退出场景效果,如图 8-38 所示。

图 8-37 设定参数

图 8-38 测试效果

(7) 在 Global 目录下的 2D Frames 子目录中选择"2 换色演示面板"二维帧,单击 Set IC For Selected 按钮,设定其初始状态,如图 8-39 所示。

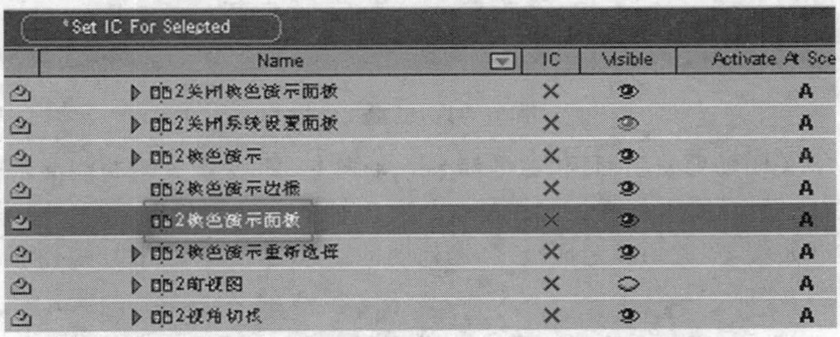

图 8-39 设定初始值

4. 关闭辅助演示面板

(1) 在 2D Frames 目录中选择"2 辅助演示面板"二维帧,取消其隐藏状态,如图 8-40 所示。

(2) 创建一个新的二维帧,改名为"2 关闭辅助演示面板",在其设置面板 Position 选项中设置 X 的数值为 179、Y 的数值为 28、Z Order(Z 轴次序)的数值为 0,在 Size 选项中设置 Width 的数值为 20、Height 的数值为 20,在 Parent 选项中选择"2 辅助演示面板",如图 8-41 所示。

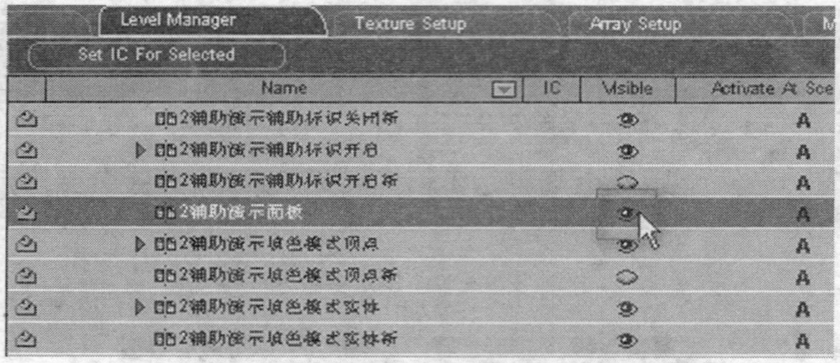

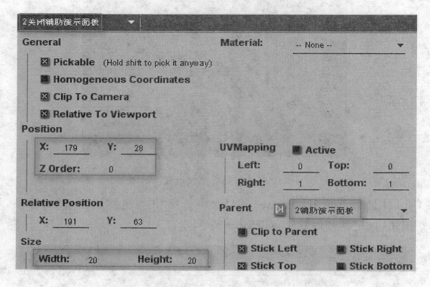

图 8-40 设定显示状态

图 8-41 设置二维帧

（3）创建"2 关闭辅助演示面板"二维帧 Script 脚本，复制"2 关闭功能演示面板"Script 脚本中的"关闭功能面板"脚本框图，并粘贴到"2 关闭辅助演示面板"二维帧 Script 脚本中。连接 Script 脚本开始端与"关闭功能面板"脚本框图的输入端"In0"，如图 8-42 所示。

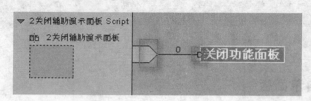

图 8-42 连接模块

（4）打开"关闭功能面板"脚本框图，双击其中的 Interpolator 模块，在其参数设置面板 A 项中输入 X 的数值为 -12、Y 的数值为 -35，B 项中输入 X 的数值为 -235、Y 的数值为 -35，如图 8-43 所示。

（5）双击 Set 2D Position 模块，在其参数设置面板 Target(2D Entity)选项中选择"2 辅助演示面板"二维帧，如图 8-44 所示。

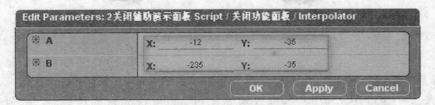

图 8-43 设定参数

图 8-44 设定参数

（6）按下状态栏的播放按钮，单击"2 关闭辅助演示面板"按钮，可以实现"2 辅助演示面板"及其子对象渐变向左退出场景效果，如图 8-45 所示。

图 8-45 测试效果

（7）在 2D Frames 目录中选择"2 辅助演示面板"二维帧，单击 Set IC For Selected 按钮，设定其初始状态，如图 8-46 所示。

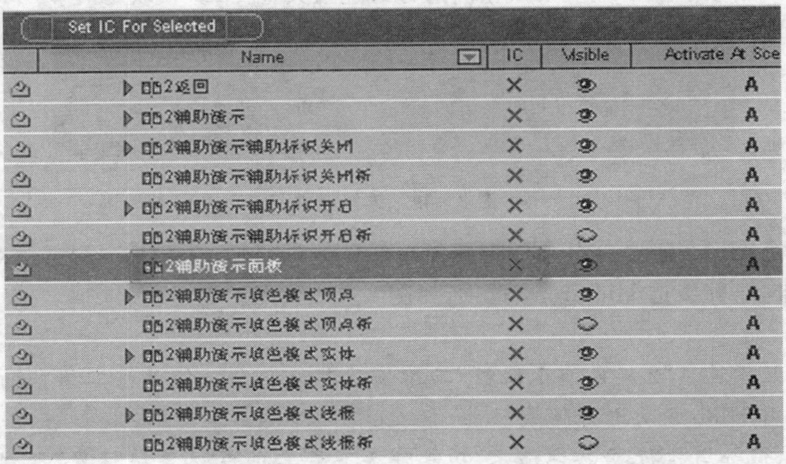

图 8-46 设定初始值

8.1.3 "系统设置"交互

（1）开启"2 系统设置"Script 脚本编辑窗口，添加 Show（显示 Building Blocks/Visuals/Show-Hide/Show）BB 行为交互模块，拖放到 Set As Active Camera 模块后面，并添加其目标参数。连接 Set As Active Camera 模块的输出端"Out"与 Show 模块的输入端"In"，如图 8-47 所示。

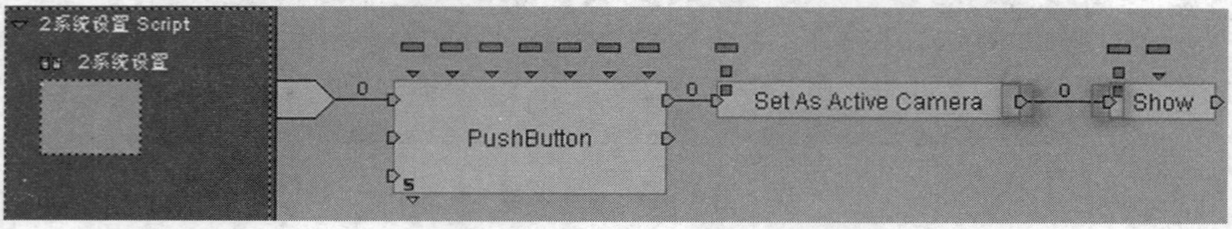

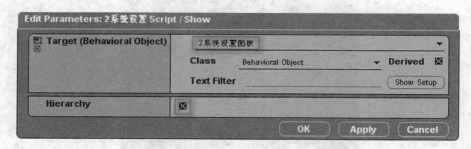

图 8-47 连接模块

双击 Show 模块，在其参数设置面板 Target（Behavioral Object）选项中选择"2 系统设置面板"二维帧，并叉选 Hierarchy 选项，如图 8-48 所示。

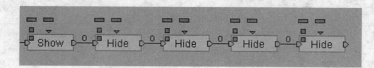

图 8-48 设置参数

（2）添加四个 Hide（隐藏 Building Blocks/Visuals/Show-Hide/Hide）BB 行为交互模块，并拖放到 Show 模块的后面，并添加 Hide 模块的目标参数。连接 Show 模块的输出端"Out"与第一个 Hide 模块的输入端"In"，按相同的方式连接其他 Hide 模块，如图 8-49 所示。

图 8-49 连接模块

双击第 1 个 Hide 模块，在其参数设置面板 Target（Behavioral Object）选项中选择"2 换色演示面板"二维帧，并叉选 Hierarchy 选项，如图 8-50 所示。

提　示：

前一节已经设置了"2 换色演示面板"二维帧及其他几个功能面板二维帧的初始状态，为什么在此要应用 Hide 模块进行隐藏？

这是因为，假如当执行"2 换色演示"功能时按下菜单栏的"2 系统设置"按钮，这时就要切

图8-50 设置参数

换到系统设置功能,要显示"2系统设置面板"二维帧及其子对象,隐藏"2换色演示"二维帧及其子对象;并且要激活与系统设置相关的Script脚本,解除激活与其无关的其他功能演示所属的Script脚本。

双击第2个Hide模块,在其参数设置面板Target(Behavioral Object)选项中选择"2辅助演示面板"二维帧,并叉选Hierarchy选项,如图8-51所示。

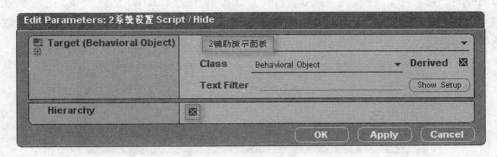

图8-51 设置参数(2辅助演示面板)

双击第3个Hide模块,在其参数设置面板Target(Behavioral Object)选项中选择"2功能演示面板"二维帧,并叉选Hierarchy选项,如图8-52所示。

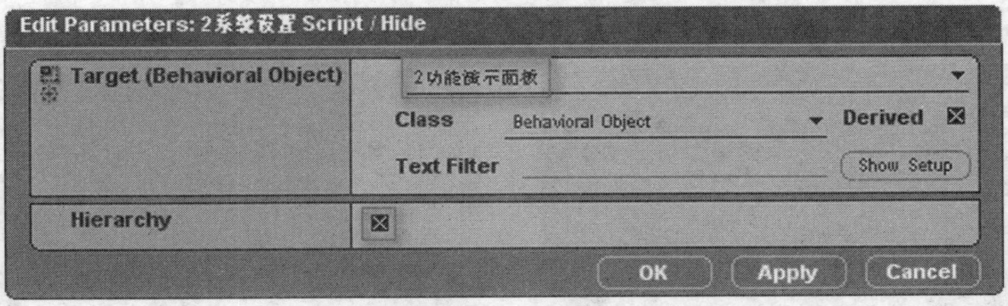

图8-52 设置参数(2功能演示面板)

双击第4个Hide模块,在其参数设置面板Target(Behavioral Object)选项中选择"Box01"对象,如图8-53所示。

(3)复制"2关闭功能演示面板"Script脚本中的"关闭功能面板"脚本框图,并粘贴到"2系统设置"二维帧Script脚本中。连接第4个Hide模块的输出端"Out"与"关闭功能面板"脚

图 8-53 设置参数(Box01)

本框图的输入端"In 0",并把"关闭功能面板"脚本框图改名为"弹出功能面板",如图 8-54 所示。

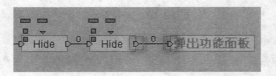

图 8-54 连接模块

打开"弹出功能面板"脚本框图,删除 PushButton 模块,连接"弹出功能面板"脚本框图开始端与 Bezier Progression 模块的输入端"In"。双击其中的 Interpolator 模块,在其参数设置面板 A 项中输入 X 的数值为-218、Y 的数值为 6,B 项中输入 X 的数值为-12、Y 的数值为 6,如图 8-55 所示。

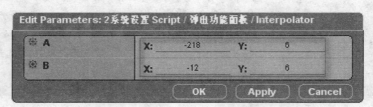

图 8-55 设定参数

按下状态栏的播放按钮,进行测试。当按下菜单栏的系统设置按钮时,则可以弹出"2 系统设置面板"二维帧及其子对象。再单击"2 系统设置面板"上面的"2 关闭系统设置"按钮,则"2 系统设置面板"二维帧又退出场景。测试效果如图 8-56~图 8-57 所示。

图 8-56 测试效果 1

图 8-57 测试效果 2

（4）添加 Activate Script(脚本激活 Building Blocks/Narratives/Script Management/ Activate Script)BB 行为交互模块，并拖动到 Set As Active Camera 模块的后面。连接 Set As Active Camera 模块的输出端"Out"与 Activate Script 模块的输入端"In"，如图 8－58 所示。

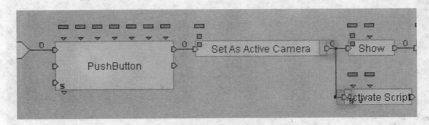

图 8－58　连接模块

通过右键快捷菜单的操作为 Activate Script 模块添加一个参数输入端口，如图 8－59 所示。

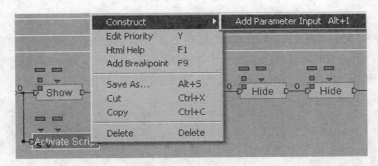

图 8－59　添加端口

在弹出的参数设置面板 Parameter Type 选项中选择 Script，如图 8－60 所示。

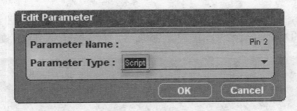

图 8－60　设定参数

按此方式再添加两个参数输入端口。双击 Activate Script 模块，在其参数设置面板 Reset 项取消叉选标记，Script 选项选择"2 系统设置背景选择右"，Pin 2 项选择"2 系统设置背景选择左"，Pin 3 项选择"2 系统设置音乐开关"，Pin 4 项选择"2 关闭系统设置面板"，如图 8－61 所示。

提　示：

这里没有设置对"音乐选择"及"2 系统设置音量调节"Script 脚本的激活，是因为这两个 Script 脚本在演示一开始运行就处于激活状态，而且在整个演示中也没有设置对它们解除激活。

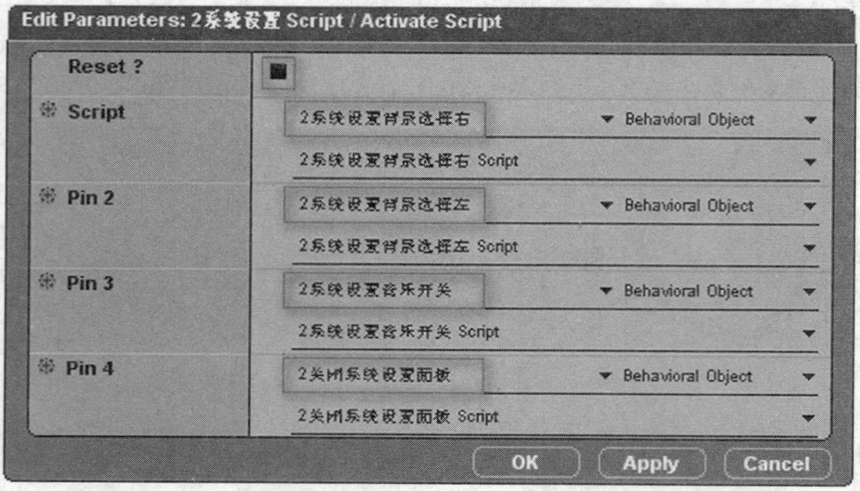

图 8-61 设置 Activate Script 模块

(5) 添加 Deactivate Script (解除脚本激活 Building Blocks/Narratives/Script Management/ Deactivate Script) BB 行为交互模块,并拖动到 Activate Script 模块的后面。连接 Activate Script 模块的输出端"Out"与 Deactivate Script 模块的输入端"In",如图 8-62 所示。

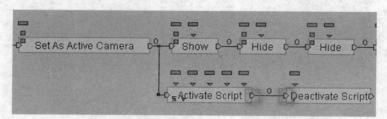

图 8-62 添加模块

按上面的方式,为 Deactivate Script 模块添加 21 个参数输入端口,如图 8-63 所示。

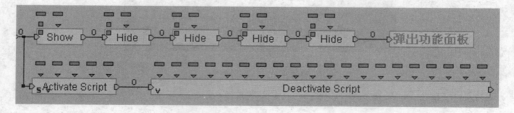

图 8-63 添加端口

双击 Deactivate Script 模块,在弹出的 Deactivate Script 模块设置面板 Script 选项选择 "Level",再选择"2 换色演示",Pin 1 项选择"2 换色演示重新选择",Pin 2 项选择"2 关闭换色演示面板",如图 8-64 所示。

Pin 3 选项选择"Level",再选择"2 辅助标识开启关闭",Pin 4 项选择"2 辅助演示辅助标识关闭",Pin 5 项选择"2 辅助演示辅助标识开启",Pin 6 项选择"2 辅助演示填色模式顶点",Pin 7 项选择"2 辅助演示填色模式实体",Pin 8 项选择"2 辅助演示填色模式线框",Pin 9 项选

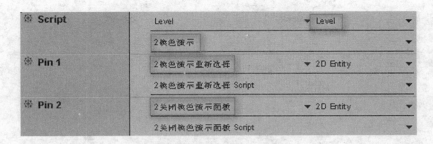

图 8-64　设置 Deactivate Script 模块

择"2 关闭辅助演示面板",Pin 10 项先选择"Level",再选择"2 辅助演示填色模式",如图 8-65 所示。

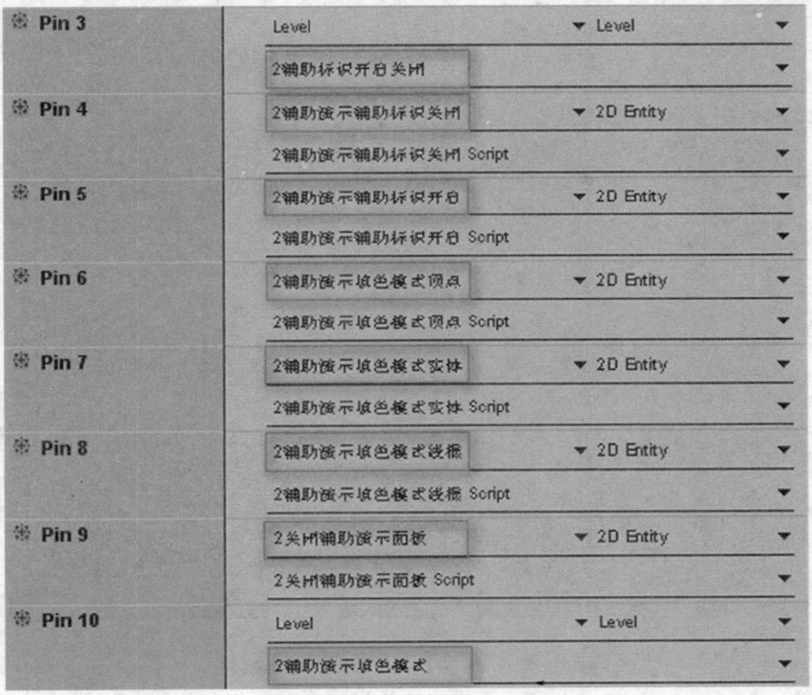

图 8-65　设置 Deactivate Script 模块

Pin 11 项选择"2 功能演示环境设置左旋",Pin 12 项选择"2 功能演示焦距调节近",Pin 13 项选择"2 功能演示焦距调节远",Pin 14 项选择"2 功能演示模式切换播放",Pin 15 选项选择"2 功能演示模式切换快门",如图 8-66 所示。

Pin 16 项选择"2 功能演示模式切换拍摄",Pin 17 项选择"2 功能演示向后查看",Pin 18 项选择"2 功能演示向前查看",Pin 19 项选择"2 关闭功能演示面板",Pin 20 选项选择"2 功能演示环境设置右旋",Pin 21 选项先选择"3D Object",再选择"显示屏",如图 8-67 所示。

(6) 将添加的 Show 模块、Hide 模块、"弹出功能面板"框图、Activate Script 模块、Deactivate Script 模块框选起来,绘制行为脚本框图,并改名为"交互设置",如图 8-68 所示。

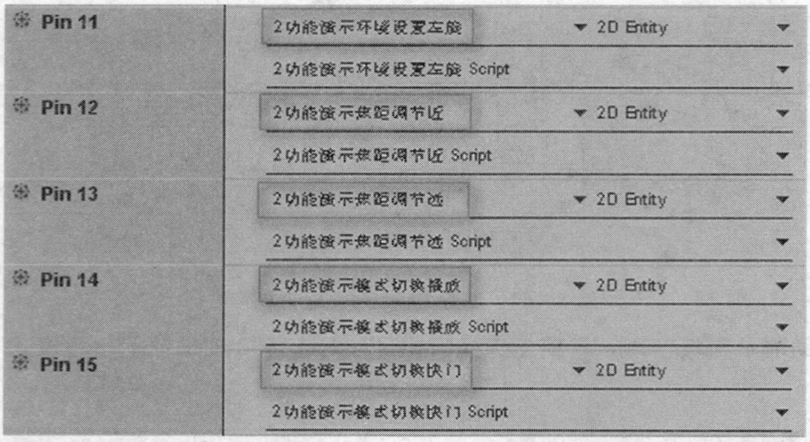

Pin 11	2功能演示环境设置左旋	2D Entity
	2功能演示环境设置左旋 Script	
Pin 12	2功能演示焦距调节近	2D Entity
	2功能演示焦距调节近 Script	
Pin 13	2功能演示焦距调节远	2D Entity
	2功能演示焦距调节远 Script	
Pin 14	2功能演示模式切换横成	2D Entity
	2功能演示模式切换横成 Script	
Pin 15	2功能演示模式切换快门	2D Entity
	2功能演示模式切换快门 Script	

图 8-66 设置 Deactivate Script 模块

Pin 16	2功能演示模式切换相撮	2D Entity
	2功能演示模式切换相撮 Script	
Pin 17	2功能演示向后查看	2D Entity
	2功能演示向后查看 Script	
Pin 18	2功能演示向前查看	2D Entity
	2功能演示向前查看 Script	
Pin 19	2关闭功能演示面板	2D Entity
	2关闭功能演示面板 Script	
Pin 20	2功能演示环境设置右旋	2D Entity
	2功能演示环境设置右旋 Script	
Pin 21	显示屏	3D Object
	2功能演示镜视场景 Script	

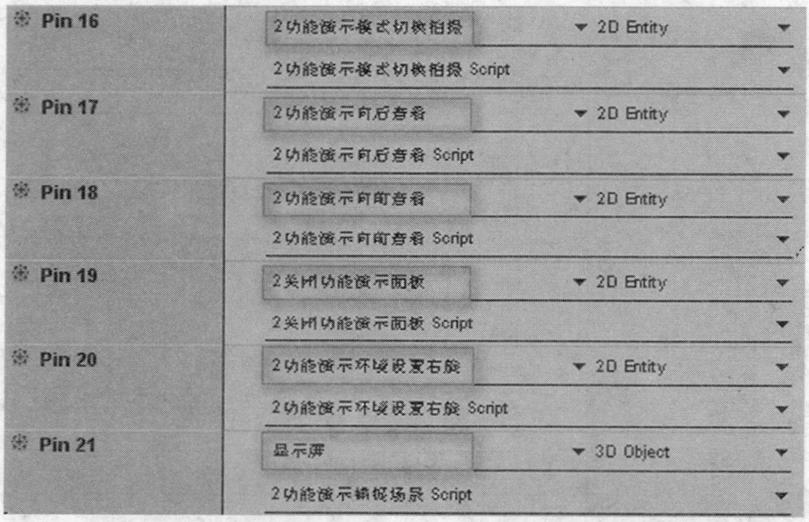

图 8-67 设置 Deactivate Script 模块

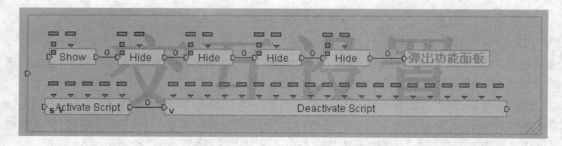

图 8-68 创建脚本框图

连接 Set As Active Camera 模块与"交互设置"脚本框图的输入端"In 0",连接"交互设置"脚本框图的输入端"In0"与框图内 Show 模块、Activate Script 模块的输入端"In",如图 8－69 所示。

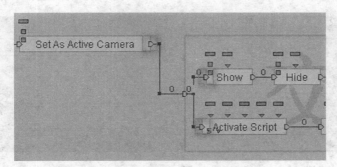

图 8－69　连接模块

8.1.4　"换色演示"交互

（1）复制"2 系统设置"Script 脚本中的"交互设置"脚本框图到"2 换色演示"Script 脚本中,连接 Set As Active Camera 模块与"交互设置"脚本框图的输入端"In 0",如图 8－70 所示。

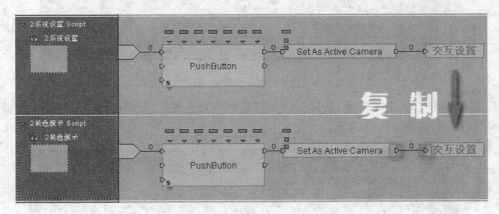

图 8－70　连接模块

（2）打开"交互设置"脚本框图,双击 Show 模块,在其参数设置面板 Target（Behavioral Object）选项中选择"2 换色演示面板"二维帧,并叉选 Hierarchy 选项,如图 8－71 所示。

图 8－71　设置参数

(3) 双击第 1 个 Hide 模块,在其参数设置面板 Target(Behavioral Object)选项中选择"2 系统设置面板"二维帧,并叉选 Hierarchy 选项(如图 8-72 所示),其他三个 Hide 模块保持前面的设定。

图 8-72 设置参数

(4) 打开"弹出功能面板"脚本框图,双击其中的 Interpolator 模块,在其参数设置面板 A 项中输入 X 的数值为-195、Y 的数值为 19,B 项中输入 X 的数值为 13、Y 的数值为 19,如图 8-73 所示。

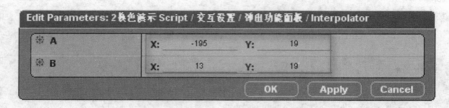

图 8-73 设定参数

双击 Set 2D Position 模块,在其参数设置面板 Target(2D Entity)选项中选择"2 换色演示面板"二维帧,如图 8-74 所示。

图 8-74 设定参数

(5) 双击 Activate Script 模块,在其参数设置面板 Reset 项取消叉选标记,Script 选项先选择"Level",再选择"2 换色演示",Pin 2 项选择"2 换色演示重新选择",Pin 3 项选择"2 关闭换色演示面板",Pin 4 项选择"NULL",如图 8-75 所示。

(6) 为 Deactivate Script 模块再添加一个参数输入端口。双击 Deactivate Script 模块,在弹出的 Deactivate Script 模块设置面板 Script 选项选择"2 系统设置背景选择右",Pin 1 项选择"2 系统设置背景选择左",Pin 2 项选择"2 系统设置音乐开关",Pin 22 项选择"2 关闭系统设置面板",其他选项保持原有不变,如图 8-76 所示。

图 8-75 设置 Activate Script 模块

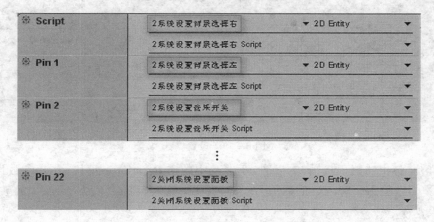

图 8-76 设置 Deactivate Script 模块

8.1.5 "辅助演示"交互

(1) 复制"2 换色演示"Script 脚本中的"交互设置"脚本框图到"2 辅助演示"Script 脚本中,连接 Set As Active Camera 模块与"交互设置"脚本框图的输入端"In 0",如图 8-77 所示。

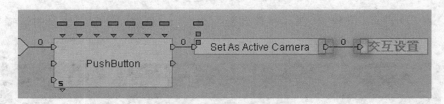

图 8-77 连接模块

(2) 打开"交互设置"脚本框图,双击 Show 模块,在其参数设置面板 Target(Behavioral Object)选项中选择"2 辅助演示面板"二维帧,并叉选 Hierarchy 选项,如图 8-78 所示。

359

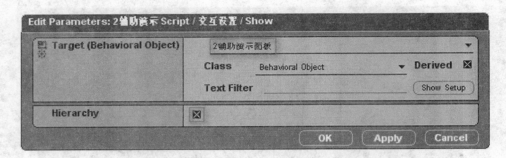

图 8-78 设置参数

(3) 双击第 2 个 Hide 模块,在其参数设置面板 Target(Behavioral Object)选项中选择"2换色演示面板"二维帧,并叉选 Hierarchy 选项(如图 8-79 所示)。其他三个 Hide 模块保持前面的设定。

图 8-79 设置参数

(4) 打开"弹出功能面板"脚本框图,双击其中的 Interpolator 模块,在其参数设置面板 A 项中输入 X 的数值为-235、Y 的数值为-35,B 项中输入 X 的数值为-12、Y 的数值为-35,如图 8-80 所示。

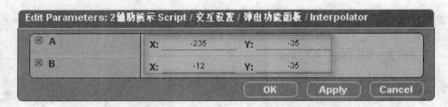

图 8-80 设定参数

双击 Set 2D Position 模块,在其参数设置面板 Target(2D Entity)选项中选择"2 辅助演示面板"二维帧,如图 8-81 所示。

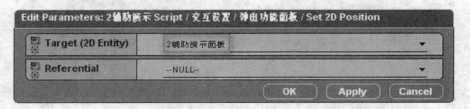

图 8-81 设定参数

（5）为 Activate Script 模块再添加四个参数输入端口。双击 Activate Script 模块,在其参数设置面板叉选 Reset 项,Script 选项先选择"Level",再选择"2 辅助演示开启关闭",Pin 2 项选择"2 辅助演示标识关闭",Pin 3 项选择"2 辅助演示标识开启",Pin 4 项选择"2 辅助演示填色模式顶点",Pin 5 项选择"2 辅助演示填色模式实体",Pin 6 项选择"2 辅助演示填色模式线框",Pin 7 项选择"2 关闭辅助演示面板",Pin 8 项先选择"Level",再选择"2 辅助演示填色模式",如图 8-82 所示。

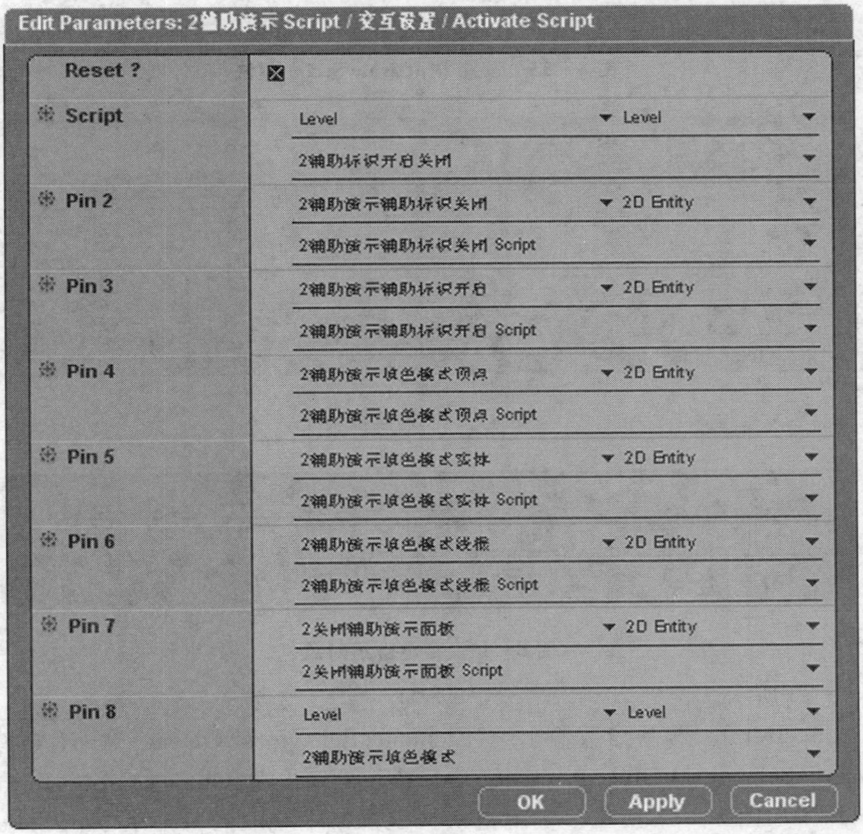

图 8-82 设置 Activate Script 模块

（6）双击 Deactivate Script 模块,在其参数设置面板 Pin 3 选项选择"Level",再选择"2 换色演示",Pin 4 项选择"2 换色演示重新选择",Pin 5 项选择"2 关闭换色演示面板",Pin 6～Pin 10 项选择"NULL",其他选项保持原有不变,如图 8-83 所示。

（7）添加 Group Iterator(群组迭代器 Building Blocks/Logics/Groups/Group Iterator)BB 行为交互模块。拖动到 PushButton 模块的后面。连接 PushButton 模块的输出端"Pressed"与 Group Iterator 模块的输入端"In",如图 8-84 所示。

双击此 Group Iterator 模块,在其参数设置面板 Group 选项中选择"2 辅助演示辅助标识"群组,如图 8-85 所示。

（8）添加 Hide(显示 Building Blocks/Visuals/Show-Hide/Hide)BB 行为交互模块,连接 Group Iterator 模块输出端"Loop Out"与 Hide 模块的输入端"In",并添加 Hide 模块的目标

图 8-83　设置 Deactivate Script 模块

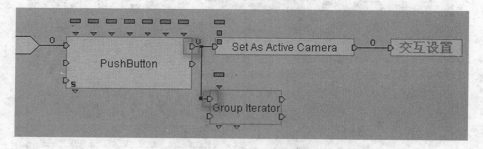

图 8-84　连接模块

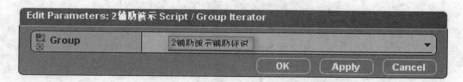

图 8-85　指定群组对象

参数,如图 8-86 所示。

连接 Group Iterator 模块参数输出端"Element(Behavioral Object)"与 Hide 模块的参数输入端"Target(Behavioral Object)",连接 Hide 模块的输出端"Out"与 Group Iterator 模块输入端"Loop In",如图 8-87 所示。实现把从指定群组中获取的每一个 3D Sprite 对象隐藏起来。

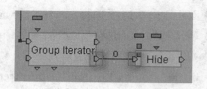   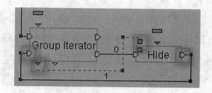

　图 8-86　连接模块　　　　　　　图 8-87　连接模块

8.1.6　"功能演示"交互

（1）复制"2 系统设置"Script 脚本中的"交互设置"脚本框图到"2 功能演示"Script 脚本中,连接 Set As Active Camera 模块与"交互设置"脚本框图的输入端"In0",如图 8-88 所示。

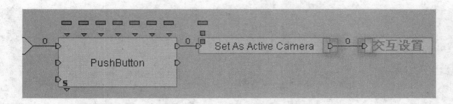

图 8-88 连接模块

(2) 打开"交互设置"脚本框图,双击 Show 模块,在其参数设置面板 Target(Behavioral Object)选项中选择"2 功能演示面板"二维帧,并叉选 Hierarchy 选项,如图 8-89 所示。

图 8-89 设置参数

(3) 双击第 3 个 Hide 模块,在其参数设置面板 Target(Behavioral Object)选项中选择"2 系统设置面板"二维帧,并叉选 Hierarchy 选项(如图 8-90 所示)。其他三个 Hide 模块保持前面的设定。

图 8-90 设置参数

删除第 4 个 Hide 模块,添加 Show(显示 Building Blocks/Visuals/Show-Hide/Show)BB 行为交互模块,并拖放到第 3 个 Hide 模块后面,并添加其目标参数。连接第 3 个 Hide 模块的输出端"Out"与此 Show 模块的输入端"In",连接此 Show 模块的输出端"Out"与"弹出功能面板"脚本框图的输入端"In 0",如图 8-91 所示。

双击此 Show 模块,在其参数设置面板 Target(Behavioral Object)选项中选择"Box01"对象,如图 8-92 所示。

(4) 双击 Set 2D Position 模块,在其参数设置面板 Target(2D Entity)选项中选择"2 功能演示面板"二维帧,如图 8-93 所示。

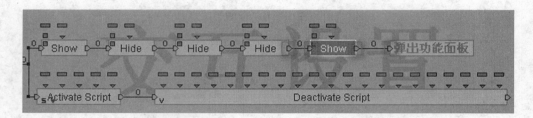

图 8-91 连接模块

图 8-92 设置参数

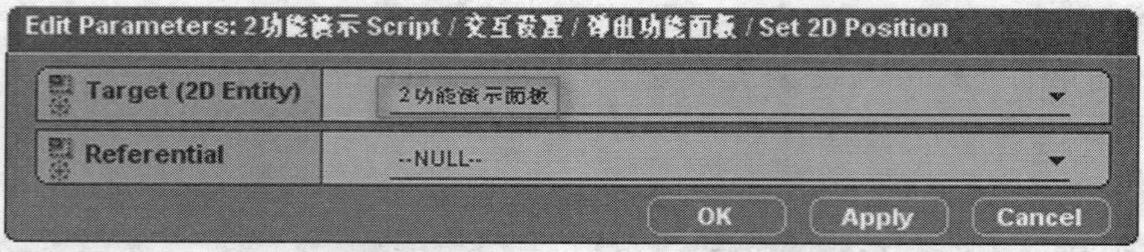

图 8-93 设定参数

（5）为 Activate Script 模块再添加六个参数输入端口。双击 Activate Script 模块，在弹出的 Activate Script 模块设置面板又选 Reset 项，Script 选项选择"2 功能演示环境设置右旋"，Pin 2 选项选择"2 功能演示环境设置左旋"，Pin 3 项选择"2 功能演示焦距调节近"，Pin 4 项选择"2 功能演示焦距调节远"，Pin 5 项选择"2 功能演示模式切换播放"，Pin 6 选项选择"2 功能演示模式切换快门"，Pin 7 项选择"2 功能演示模式切换拍摄"，Pin 8 项选择"2 功能演示向后查看"，Pin 9 项选择"2 功能演示向前查看"，Pin 10 项选择"2 关闭功能演示面板"，Pin 11 项先选择"3D Object"，再选择"显示屏"，如图 8-94 所示。

（6）双击 Deactivate Script 模块，在其参数设置面板 Pin 11 选项选择"2 系统设置背景选择右"，Pin 12 项选择"2 系统设置背景选择左"，Pin 13 项选择"2 系统设置音乐开关"，Pin 14 项选择"2 关闭系统设置面板"，Pin 15～Pin 21 项选择"NULL"，其他选项保持原有不变，如图 8-95 所示。

（7）添加 Identity（参数指定 Building Blocks/Logics/Calculator/Identity）BB 行为交互模块，连接 PushButton 模块的输出端"Pressed"与 Identity 模块的输入端"In"，如图 8-96 所示。

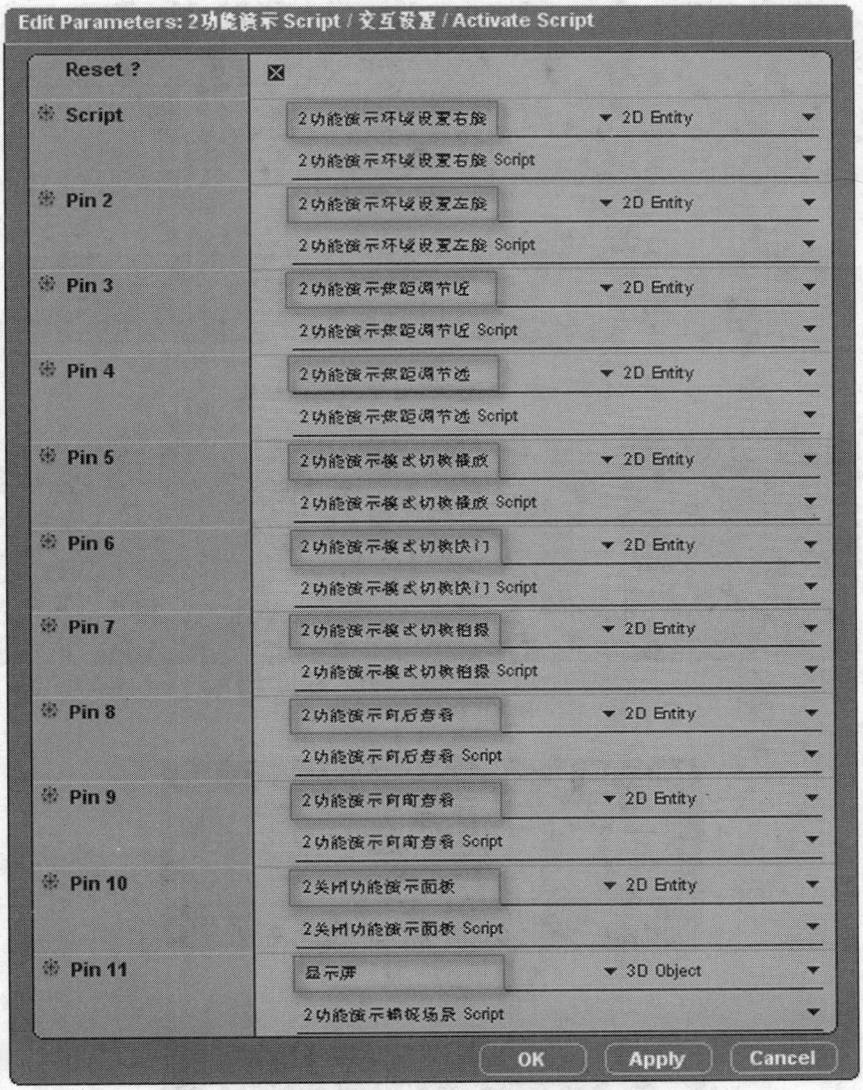

图 8-94 设置 Activate Script 模块

　　双击 Identity 模块的参数输入端"pIn 0(Float)"，在其参数设置面板 Parameter Type 选项中选择 Integer。为 Identity 模块添加一个参数输入端口，选择参数类型为 Integer，如图 8-97 所示。

　　为 Identity 模块再添加两个参数输入端口，选择参数类型为 Boolean，如图 8-98 所示。

　　复制"2 功能演示模式切换快门"Script 脚本中 Set Row 模块的参数输入端"Row Index (Integer)"、"2 功能演示向前查看"Script 脚本中区域参数"Local 11"、"2 功能演示向后查看" Script 脚本中 Binary Switch 模块的参数输入端"Condition(Boolean)"、"2 功能演示向前查看" Script 脚本中 Binary Switch 模块的参数输入端"Condition(Boolean)"、"2 功能演示模式切换快门"Script 脚本中 Binary Switch 模块的参数输入端"Condition(Boolean)"到"2 功能演示" Script 脚本中(如图 8-99 所示)，并以名称和数值形式显示。

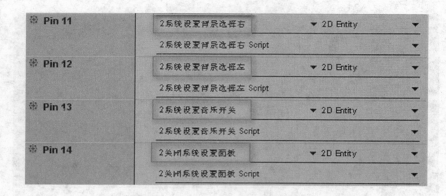

图 8-95 设置 Deactivate Script 模块

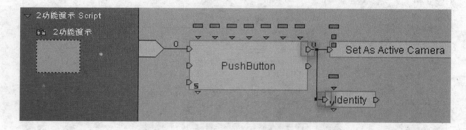

图 8-96 连接模块

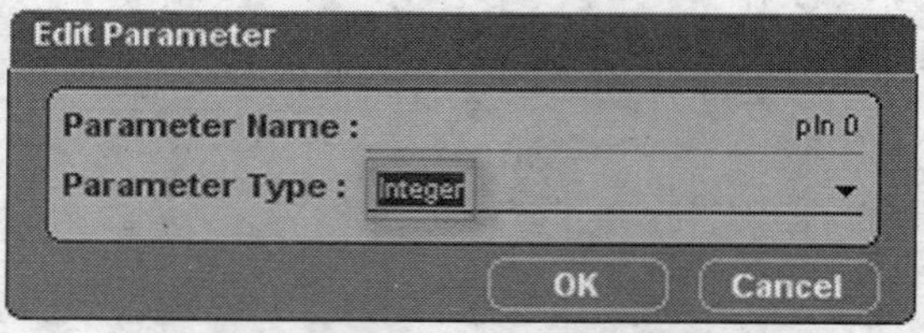

图 8-97 编辑参数

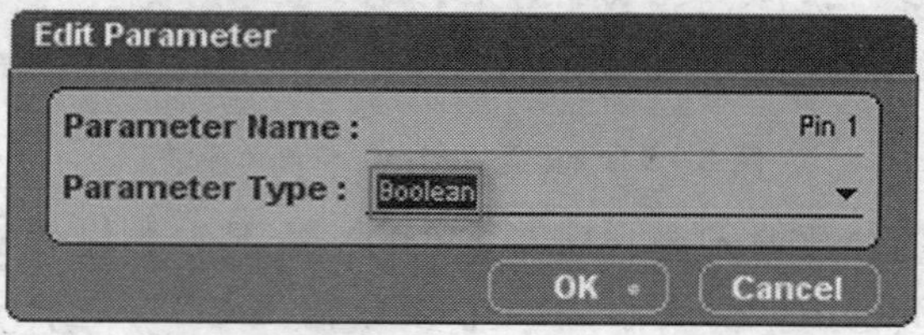

图 8-98 编辑参数

连接 Identity 模块参数输出端"pOut 0(Integer)"与"Row Index(Integer)"快捷方式,连接 Identity 模块参数输出端"pOut 1(Integer)"与区域参数"Local 11"快捷方式,连接 Identity 模块参数输出端"pOut 2(Boolean)"与"2 功能演示向后查看"Script 脚本中 Binary Switch 模块的参数输入端"Condition(Boolean)"快捷方式、"2 功能演示向前查看"Script 脚本中 Binary Switch 模块的参数输入端"Condition(Boolean)"快捷方式,连接 Identity 模块参数输出端"pOut 3(Boolean)"与"2 功能演示模式切换快门"Script 脚本中 Binary Switch 模块的参数输

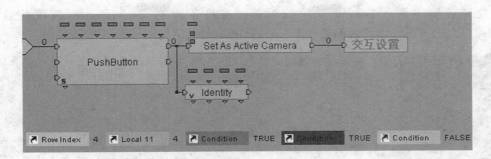

图 8-99　复制参数

入端"Condition(Boolean)"快捷方式,如图 8-100 所示。

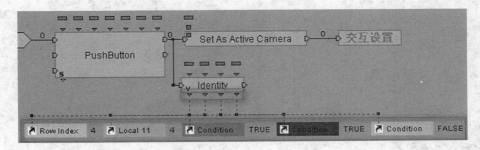

图 8-100　连接参数

双击 Identity 模块,在其参数设置面板 pIn 0 项中输入 0,Pin 1 项中输入 2,取消 Pin 2 项的叉选标记,叉选 Pin 3 项,如图 8-101 所示。实现当进入"功能演示"功能时先对相应的各参数进行初始化设定。

(8) 当在"功能演示"功能中,拍摄了"照片",并处于播放状态下,再切换到"系统设置"等功能时,就会发现此时的显示屏上显示的是查看状态下所拍摄的"照片"。测试效果如图 8-102 所示。

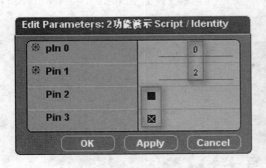

图 8-101　设定参数

图 8-102　测试效果

在"2 系统设置"、"2 换色演示"、"2 辅助演示"、"2 功能演示"Script 脚本中各添加一个 Set Texture(设定贴图 Building Blocks/Materials-Textures/Basic/Set Texture)BB 行为交互模

块,拖放到各脚本 PushButton 模块的后面。连接各脚本 Push Button 模块的输出端"Pressed"与 Set Texture 模块的输入端"In",如图 8-103 所示。

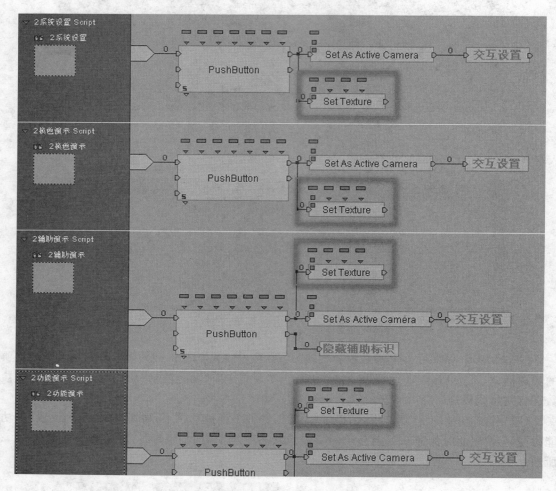

图 8-103 连接模块

双击"2 功能演示"Script 脚本中 Set Texture 模块,在其参数设置面板 Target(Material)选项中选择"Material♯29"材质,Texture 选项中选择"8"纹理图片,如图 8-104 所示。

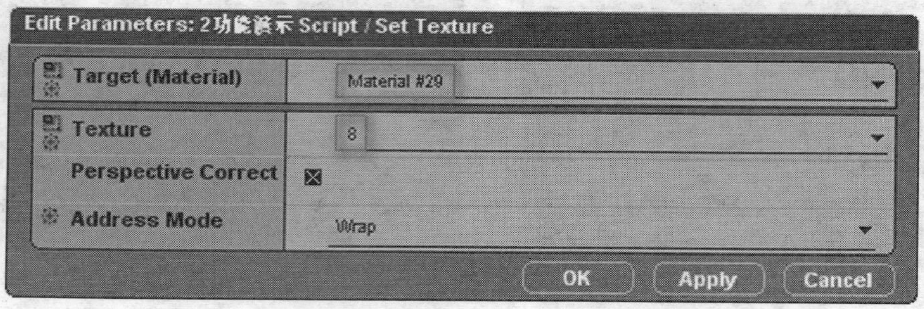

图 8-104 设定参数

双击"2 系统设置"、"2 换色演示"、"2 辅助演示"Script 脚本中的 Set Texture 模块,在其参数设置面板 Target(Material)选项中选择"Material #29"材质,Texture 选项中选择"Screenphoto"纹理图片,如图 8-105 所示。

图 8-105 设定参数

(9) 切换到"2 辅助演示"Script 脚本编辑窗口,框选 Group Iterator 模块与 Hide 模块,创建行为脚框图,并改名为"隐藏辅助标识",如图 8-106 所示。

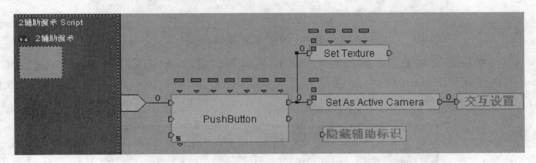

图 8-106 创建脚本框图

连接 Push Button 模块的输出端"Pressed"与此脚本框图的输入端"In 0",连接此脚本框图输入端"In 0"与 Group Iterator 模块输入端"In",如图 8-107 所示。

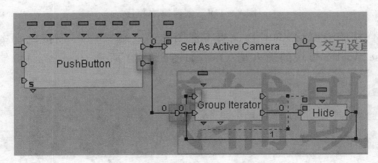

图 8-107 连接模块

复制"隐藏辅助标识"脚本框图到"2 功能演示"Script 脚本编辑窗口 Identity 模块的后面,连接 Identity 模块的输出端"Out"与此脚本框图的输入端"In0",如图 8-108 所示。

为"隐藏辅助标识"脚本框图添加一个行为输出端口,连接 Group Iterator 模块输出端"Out"与此框图的输出端"Out 0",如图 8-109 所示。

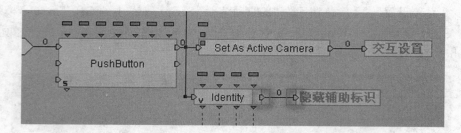

图 8-108 连接模块

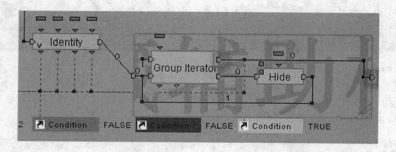

图 8-109 连接模块

（10）切换到"2 辅助演示填色模式"Script 脚本编辑窗口，框选其中的 Iterator 模块、Get Row 模块、Set Fill Mode 模块，创建行为脚本框图，改名为"相机填色模式"（如图 8-110 所示），并为此框图添加一个行为输出端口。

图 8-110 创建脚本框图

连接 Hide 模块的输出端"Out"与此脚本框图的输入端"In 0"，连接此脚本框图的输出端"Out0"与 Mouse Waiter 模块的输入端"On"，如图 8-111 所示。

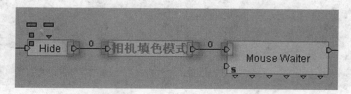

图 8-111 连接模块

打开此脚本框图，连接脚本框图的输入端"In 0"与 Iterator 模块的输入端"In"，连接 Iterator 模块的输出端"Out"与脚本框图的输出端"Out 0"，如图 8-112 所示。

复制"相机填色模式"脚本框图到"2 功能演示"Script 脚本编辑窗口"隐藏辅助标识"脚本框图的后面，连接"隐藏辅助标识"脚本框图输出端"Out 0"与"相机填色模式"脚本框图输入端

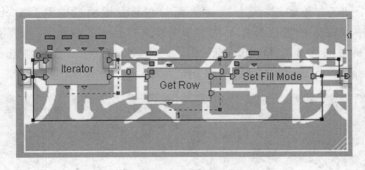

图 8 - 112　连接模块

"In 0",如图 8 - 113 所示。

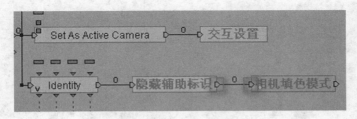

图 8 - 113　连接框图

8.2　主、次界面交互制作

照相机虚拟演示实例开始运行后,首先展现出来的就是主界面及主界面的操作菜单。主界面上共有"操作说明"、"虚拟演示"、"功能介绍"、"退出系统"四个按钮。"操作说明"、"功能介绍"按钮对应的是说明框图,"虚拟演示"按钮对应的则是进入到次界面。

8.2.1　主界面

(1) 创建一个新材质,改名为"1 主界面",在其设置面板中将 Diffuse 颜色选择为 R、G、B 的数值都为 255 的白色,在 Texture(纹理)选项中选择名称为"主背景"的纹理图片,如图 8 - 114 所示。

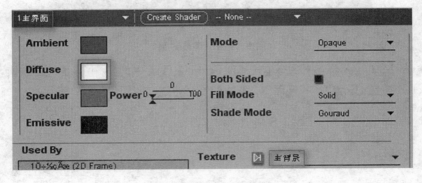

图 8 - 114　设置材质

(2) 创建一个新的二维帧,改名为"1 主界面",在其设置面板中取消 Pichable 叉选标记,在 Position 选项中设置 X 的数值为 0、Y 的数值为 0、Z Order(Z 轴次序)的数值为 3,在 Size 选项中设置 Width 的数值为 800、Height 的数值为 600,在 Material 选项中选择"1 主界面"材质,如图 8-115 所示。场景效果如图 8-116 所示。

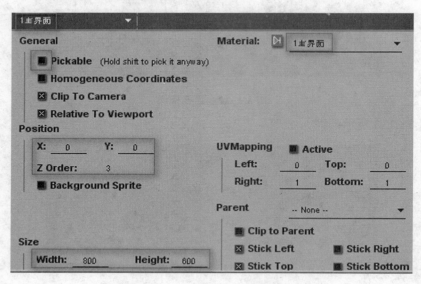

图 8-115 设置二维帧

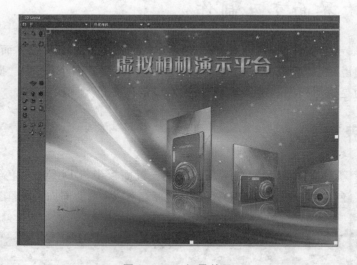

图 8-116 场景效果

单击 Level Manager 标签按钮,单击 2D Frames 目录中的"1 主界面"二维帧,再单击 Set IC For Selected 按钮,设置"1 主界面"二维帧的初始状态,如图 8-117 所示。

图 8-117 设置二维帧初始状态

8.2.2 交互按钮

1. "操作说明"按钮

（1）创建一个新的二维帧，改名为"1 操作说明"，在其设置面板 Position 选项中设置 X 的数值为 68、Y 的数值为 197、Z Order(Z 轴次序)的数值为 4，在 Size 选项中设置 Width 的数值为 180、Height 的数值为 70，在 Parent 选项中选择"1 主界面"，如图 8-118 所示。

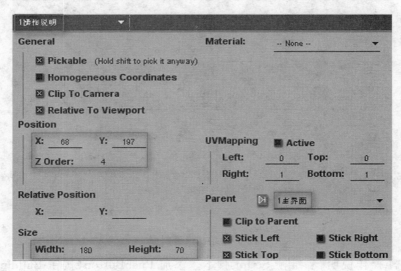

图 8-118 设置二维帧

（2）创建一个新材质，改名为"1 操作说明 1"，在其设置面板中将 Diffuse 颜色选择为 R、G、B 的数值都为 255 的白色，在 Mode 选项中选择 Transparent(透明)模式，在 Texture(纹理)选项中选择名称为"主界面操作说明 1"的纹理图片，在 Filter Min 选项中选择 Mip Nearest，在 Filter Mag 选项中选择 Nearest，如图 8-119 所示。

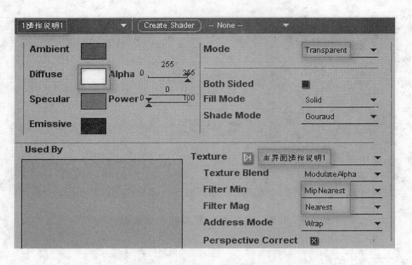

图 8-119 设置材质

创建一个新材质,改名为"1 操作说明 2",在其设置面板中将 Diffuse 颜色选择为 R、G、B 的数值都为 255 的白色,在 Mode 选项中选择 Transparent(透明)模式,在 Texture(纹理)选项中选择名称为"主界面操作说明 2"的纹理图片,在 Filter Min 选项中选择 Mip Nearest,在 Filter Mag 选项中选择 Nearest,如图 8-120 所示。

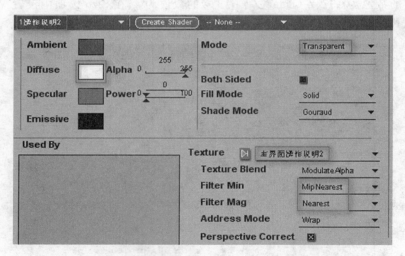

图 8-120 设置材质

(3) 创建"1 操作说明"二维帧 Script 脚本。添加 PushButton(按钮 Building Blocks/Interface/Controls/PushButton)BB 行为交互模块,在其设置面板中取消 Released、Active、Enter Button、Exit Button、In Button 选项的叉选,如图 8-121 所示。

连接"1 操作说明"二维帧 Script 脚本编辑窗口开始端与 PushButton 模块的输入端"On",如图 8-122 所示。

双击 PushButton 模块,在其参数设置面板 Released Material(松开按钮材质)选项中选择 "1 操作说明 1"材质,在 Pressed Material(按下按钮材质)、RollOver Material(鼠标经过时材

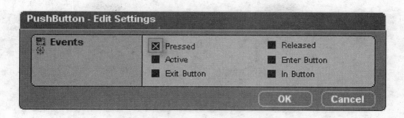

图 8-121 设置模块

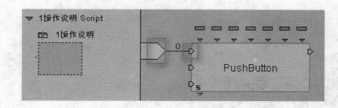

图 8-122 连接模块

质)选项中选择"1 操作说明 2"材质,如图 8-123 所示。

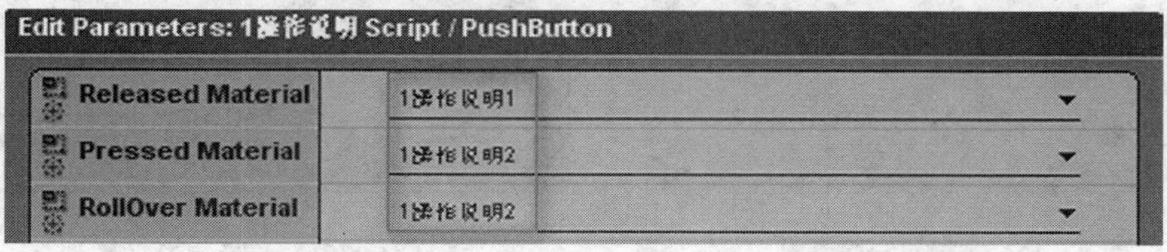

图 8-123 设置 Push Button 模块

按下状态栏的播放按钮,单击操作说明按钮,按钮对应材质发生变化。测试效果如图 8-124 所示。

(4) 添加 Send Message(发送信息 Building Blocks/Logics/Message/Send Message)BB 行为交互模块,并拖放到 PushButton 模块的后面。连接 PushButton模块的输出端"Pressed"与 Send Message 模块的输入端"In",如图 8-125 所示。操作说明按钮所要实现的是当单击此按钮时在主界面上显示出操作说明框图,所以添加一个 Send Message 模块实现信息的发送。

图 8-124 测试效果

因为单击操作说明按钮或功能介绍按钮,所显示出来的都是"说明框图"(还未创建)二维帧,但赋给此二维帧的材质是不同的,这样就显示出了不同的框图图片。在 Script 脚本编辑窗口空白处右击,在弹出的右键快捷菜单选择 Add＜This＞ Parameter(添加＜自己＞为参数)选项(如图 8-126 所示),添加一个"自己"参数。

为 Send Message 模块添加一个参数输入端口,并在其参数设置面板 Parameter Type 选项中选择 2D Entity 参数类型,如图 8-127 所示。

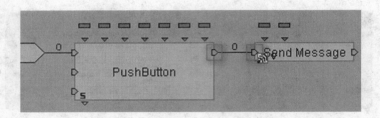

图 8-125　连接模块

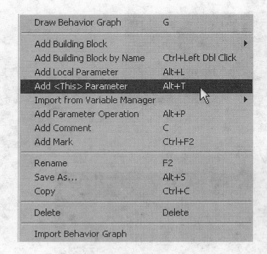

图 8-126　添加 This 参数

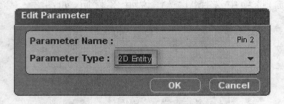

图 8-127　设定参数类型

连接 Send Message 模块的参数输入端"Pin 2(2D Entity)"与"This"参数，如图 8-128 所示。当按下操作说明按钮发出信息，接收信息的模块就可以判定这个信息是由操作说明按钮发出的，进而显示出的是操作说明框图图片。

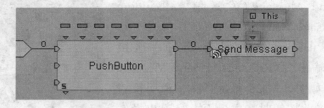

图 8-128　连接模块

双击 Send Message 模块，在其参数设置面板 Message 选项中输入"显示框图"，Dest 选项中选择"Level"，其他设置保持不变，如图 8-129 所示。

2."虚拟演示"按钮

（1）创建一个新的二维帧，改名为"1 虚拟演示"，在其设置面板 Position 选项中设置 X 的数值为 68、Y 的数值为 285、Z Order(Z 轴次序)的数值为 4，在 Size 选项中设置 Width 的数值为 180、Height 的数值为 70，在 Parent 选项中选择"1 主界面"，如图 8-130 所示。

图 8-129　设置 Send Message 模块

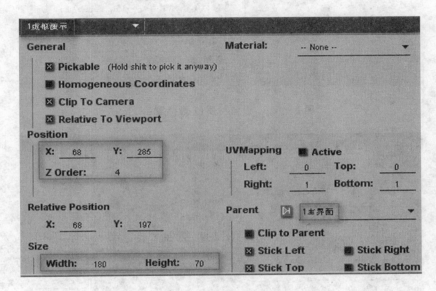

图 8-130　设置二维帧

（2）创建一个新材质，改名为"1 虚拟演示 1"，在其设置面板中将 Diffuse 颜色选择为 R、G、B 的数值都为 255 的白色，在 Mode 选项中选择 Transparent（透明）模式，在 Texture（纹理）选项中选择名称为"主界面虚拟演示 1"的纹理图片，在 Filter Min 选项中选择 Mip Nearest，在 Filter Mag 选项中选择 Nearest，如图 8-131 所示。

创建一个新材质，改名为"1 虚拟演示 2"，在其设置面板中将 Diffuse 颜色选择为 R、G、B 的数值都为 255 的白色，在 Mode 选项中选择 Transparent（透明）模式，在 Texture（纹理）选项中选择名称为"主界面虚拟演示 2"的纹理图片，在 Filter Min 选项中选择 Mip Nearest，在 Filter Mag 选项中选择 Nearest，如图 8-132 所示。

（3）创建"1 虚拟演示"二维帧 Script 脚本。复制"1 操作说明"Script 脚本中的 PushButton 模块到"1 虚拟演示"二维帧 Script 脚本编辑窗口。连接"1 虚拟演示"二维帧 Script 脚本编辑窗口开始端与 PushButton 模块的输入端"On"，如图 8-133 所示。

双击 PushButton 模块，在其参数设置面板 Released Material（松开按钮材质）选项中选择"1 虚拟演示 1"材质，在 Pressed Material（按下按钮材质）、RollOver Material（鼠标经过时材质）选项中选择"1 虚拟演示 2"材质，如图 8-134 所示。

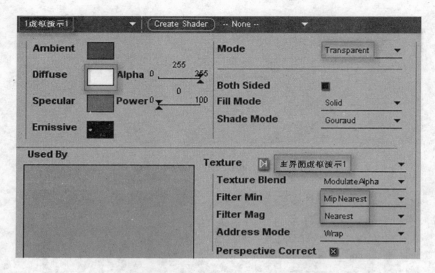

图 8-131 设置材质(1 虚拟演示 1)

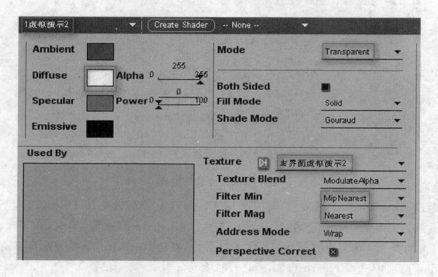

图 8-132 设置材质(1 虚拟演示 2)

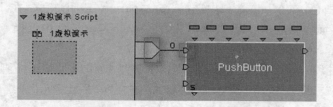

图 8-133 连接模块

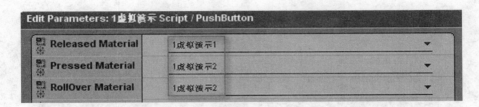

图 8-134 设置 PushButton 模块

按下状态栏的播放按钮,单击虚拟演示按钮,按钮对应材质发生变化。测试效果如图 8-135 所示。

(4) 添加 Send Message(发送信息 Building Blocks/Logics/Message/Send Message)BB 行为交互模块,并拖放到 PushButton 模块的后面。连接 PushButton 模块的输出端"Pressed"与 Send Message 模块的输入端"In",如图 8-136 所示。

图 8-135 测试效果

双击 Send Message 模块,在其参数设置面板 Message 选项中输入"激活次界面",Dest 选项中选择"Level",其他设置保持不变,如图 8-137 所示。

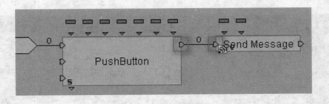

图 8-136 连接模块

图 8-137 设置 Send Message 模块

3."功能介绍"按钮

(1) 创建一个新的二维帧,改名为"1 功能介绍",在其设置面板 Position 选项中设置 X 的数值为 68、Y 的数值为 372、Z Order(Z 轴次序)的数值为 4,在 Size 选项中设置 Width 的数值为 180、Height 的数值为 70,在 Parent 选项中选择"1 主界面",如图 8-138 所示。

(2) 创建一个新材质,改名为"1 功能介绍 1",在其设置面板中将 Diffuse 颜色选择为 R、G、B 的数值都为 255 的白色,在 Mode 选项中选择 Transparent(透明)模式,在 Texture(纹理)选项中选择名称为"主界面功能介绍 1"的纹理图片,在 Filter Min 选项中选择 Mip Nearest,

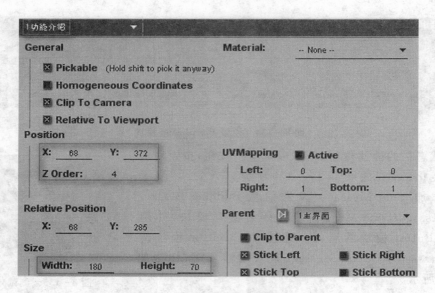

图 8-138 设置二维帧

在 Filter Mag 选项中选择 Nearest,如图 8-139 所示。

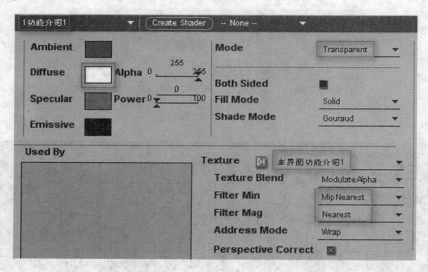

图 8-139 设置材质

创建一个新材质,改名为"1 功能介绍 2",在其设置面板中将 Diffuse 颜色选择为 R、G、B 的数值都为 255 的白色,在 Mode 选项中选择 Transparent(透明)模式,在 Texture(纹理)选项中选择名称为"主界面功能介绍 2"的纹理图片,在 Filter Min 选项中选择 Mip Nearest,在 Filter Mag 选项中选择 Nearest,如图 8-140 所示。

(3) 创建"1 功能介绍"二维帧 Script 脚本。复制"1 操作说明"Script 脚本中的 PushButton 模块到"1 功能介绍"二维帧 Script 脚本编辑窗口。连接"1 功能介绍"二维帧 Script 脚本编辑窗口开始端与 PushButton 模块的输入端"On",如图 8-141 所示。

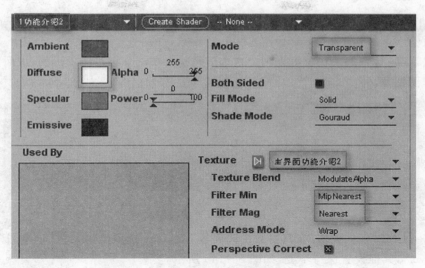

图 8-140 设置材质

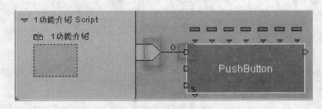

图 8-141 连接模块

双击 PushButton 模块,在其参数设置面板 Released Material(松开按钮材质)选项中选择"1 功能介绍 1"材质,在 Pressed Material(按下按钮材质)、RollOver Material(鼠标经过时材质)选项中选择"1 功能介绍 2"材质,如图 8-142 所示。

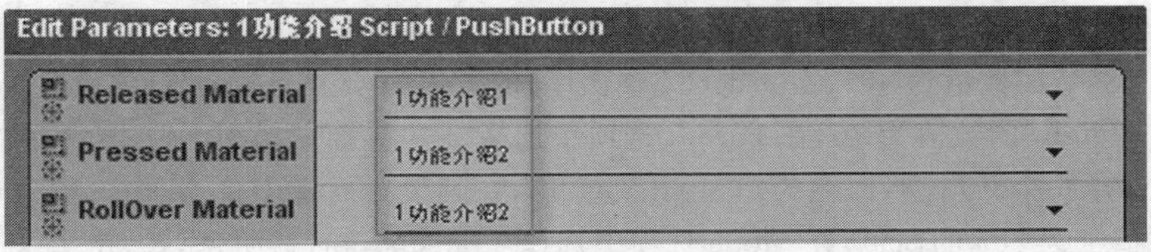

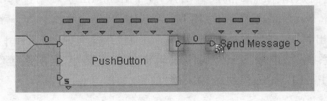

图 8-142 设置 PushButton 模块

(4) 复制"1 操作说明"Script 脚本中的 Send Message 模块到"1 功能介绍"Script 脚本编辑窗口。连接 PushButton 模块的输出端"Pressed"与 Send Message 模块的输入端"In",如图 8-143 所示。

图 8-143 连接模块

在"1功能介绍"二维帧 Script 脚本编辑窗口添加一个"自己"参数。连接 Send Message 模块的参数输入端"Pin 2(2D Entity)"与"This"参数,如图 8-144 所示。当按下操作说明按钮发出信息,接收信息的模块就可以判定这个信息是由功能介绍按钮发出的,进而显示出的是功能介绍框图图片。

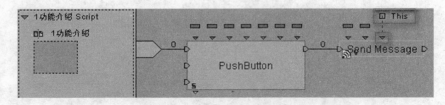

图 8-144 连接模块

双击 Send Message 模块,在其参数设置面板 Message 选项中输入"显示框图",Dest 选项中选择"Level",其他设置保持不变,如图 8-145 所示。

图 8-145 设置 Send Message 模块

4. "退出系统"按钮

(1) 创建一个新的二维帧,并改名为"1 退出系统",在其设置面板 Position 选项中设置 X 的数值为 68、Y 的数值为 461、Z Order(Z 轴次序)的数值为 4,在 Size 选项中设置 Width 的数值为 180、Height 的数值为 70,在 Parent 选项中选择"1 主界面",如图 8-146 所示。

(2) 创建一个新材质,改名为"1 退出系统 1",在其设置面板中将 Diffuse 颜色选择为 R、G、B 的数值都为 255 的白色,在 Mode 选项中选择 Transparent(透明)模式,在 Texture(纹理)选项中选择名称为"主界面退出系统 1"的纹理图片,在 Filter Min 选项中选择 Mip Nearest,在 Filter Mag 选项中选择 Nearest,如图 8-147 所示。

创建一个新材质,改名为"1 退出系统 2",在其设置面板中将 Diffuse 颜色选择为 R、G、B 的数值都为 255 的白色,在 Mode 选项中选择 Transparent(透明)模式,在 Texture(纹理)选项中选择名称为"主界面退出系统 2"的纹理图片,在 Filter Min 选项中选择 Mip Nearest,在 Filter Mag 选项中选择 Nearest,如图 8-148 所示。

(3) 创建"1 退出系统"二维帧 Script 脚本。复制"1 操作说明"Script 脚本中的 PushButton 模块到"1 退出系统"二维帧 Script 脚本编辑窗口。连接"1 退出系统"二维帧 Script 脚本编辑窗口开始端与 PushButton 模块的输入端"On",如图 8-149 所示。

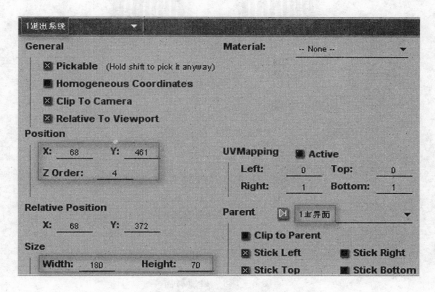

图 8-146 设置二维帧

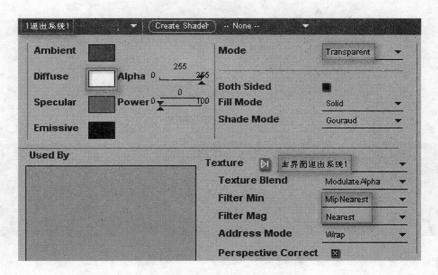

图 8-147 设置材质

双击 Push Button 模块,在其参数设置面板 Released Material(松开按钮材质)选项中选择"1 退出系统 1"材质,在 Pressed Material(按下按钮材质)、RollOver Material(鼠标经过时材质)选项中选择"1 退出系统 2"材质,如图 8-150 所示。

(4)添加 Send Message(发送信息 Building Blocks/Logics/Message/Send Message)BB 行为交互模块,并拖放到 PushButton 模块的后面。连接 PushButton 模块的输出端"Pressed"与 Send Message 模块的输入端"In",如图 8-151 所示。

双击 Send Message 模块,在其参数设置面板 Message 选项中输入"退出",Dest 选项中选择"Level",其他设置保持不变,如图 8-152 所示。

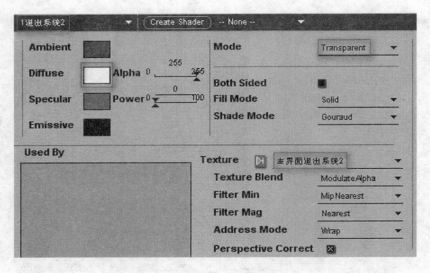

图 8-148　设置材质

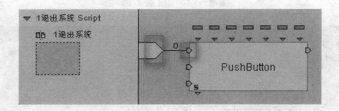

图 8-149　连接模块

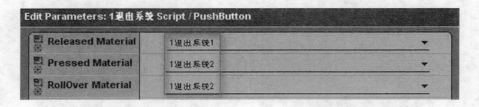

图 8-150　设置 PushButton 模块

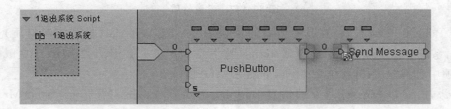

图 8-151　连接模块

图 8-152 设置 Send Message 模块

8.2.3 说明框图

操作说明按钮和功能介绍按钮对应的是文字介绍框图。当单击操作说明按钮时,出现在主界面上的是操作说明框图;当单击功能介绍按钮时,出现在主界面上的是功能介绍框图。

1. 框 图

(1) 创建一个新的二维帧,改名为"1 框图",在其设置面板中取消 Pickable 选项的叉选标记,在 Position 选项中设置 X 的数值为 269、Y 的数值为 98、Z Order(Z 轴次序)的数值为 4,在 Size 选项中设置 Width 的数值为 512、Height 的数值为 512,如图 8-153 所示。

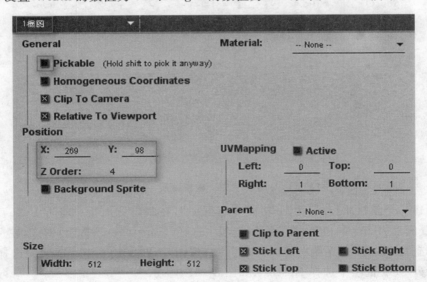

图 8-153 设置二维帧

在 Global 目录下的 2D Frames 子目录中选择"1 框图"二维帧,取消可见标记,使其处于隐藏状态,单击 Set IC For Selected 按钮,设定其初始状态,如图 8-154 所示。

(2) 创建一个新材质,改名为"1 操作说明框图",在其设置面板中将 Diffuse 颜色选择为 R、G、B 的数值都为 255 的白色,在 Mode 选项中选择 Transparent(透明)模式,在 Texture(纹理)选项中选择名称为"主界面操作说明框"的纹理图片,在 Filter Min 选项中选择 Mip

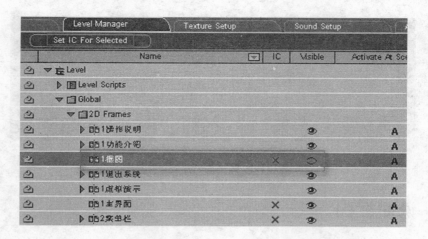

图 8-154 设定初始值

Nearest,在 Filter Mag 选项中选择 Nearest,如图 8-155 所示。

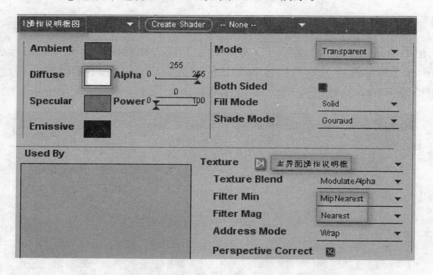

图 8-155 设置材质

（3）创建一个新材质,改名为"1 功能介绍框图",在其设置面板中将 Diffuse 颜色选择为 R、G、B 的数值都为 255 的白色,在 Mode 选项中选择 Transparent(透明)模式,在 Texture(纹理)选项中选择名称为"主界面功能介绍框"的纹理图片,在 Filter Min 选项中选择 Mip Nearest,在 Filter Mag 选项中选择 Nearest,如图 8-156 所示。

（4）创建一个新的阵列,用来存放操作说明按钮和功能介绍按钮对应材质。把新创建的阵列改名为"框图转换",如图 8-157 所示。

在"框图转换"阵列设置面板中,单击 Add Column(添加列)按钮,在 Name 选项中改名为"2D Button",选择对应 Type 选项的类型为 Parameter(参数)、Parameter 选项的参数类型为 2D Entity(二维实体),如图 8-158 所示。这个列用来存放操作说明按钮和功能介绍按钮二维帧。

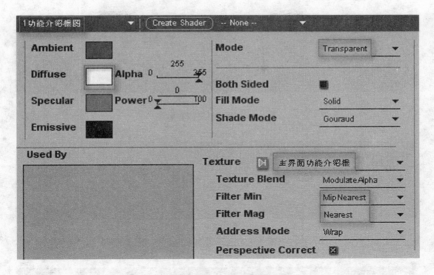

图 8-156 设置材质

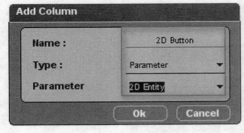

图 8-157 创建阵列

添加一个新的列,在 Name 选项中改名为"Material",选择对应 Type 选项的类型为 Parameter(参数)、Parameter 选项的参数类型为 Material(材质),如图 8-159 所示。这个列用来存放操作说明框图和功能介绍框图所对应的材质。

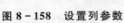 

图 8-158 设置列参数　　　　　　　　图 8-159 设置列参数

单击 Add Row(添加行)按钮,添加 2 行。双击第 0 行、第 0 列对应的单元格,在其参数设置面板 Parameter 选项中选择"1 操作说明"二维帧,如图 8-160 所示。

双击第 1 行、第 0 列对应的单元格,在其参数设置面板 Parameter 选项中选择"1 功能介绍"二维帧,如图 8-161 所示。

双击第 0 行、第 1 列对应的单元格,在其参数设置面板 Parameter 选项中选择"1 操作说明框图"材质,如图 8-162 所示。

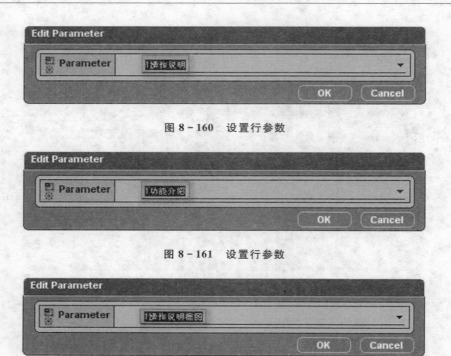

图 8-160 设置行参数

图 8-161 设置行参数

图 8-162 设置行参数

双击第 1 行、第 1 列对应的单元格,在其参数设置面板 Parameter 选项中选择"1 功能介绍框图"材质,如图 8-163 所示。"框图转换"阵列设置完成,如图 8-164 所示。

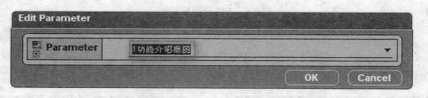

图 8-163 设置行参数

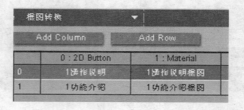

图 8-164 "框图转换"阵列

2. 遮 罩

(1) 创建一个新材质,改名为"1 遮罩"。在其设置面板中将 Diffuse 颜色选择为 R 的数值为 13、G 的数值为 149、B 的数值为 255 的蓝色,在 Mode 选项中选择 Transparent(透明)模式,并设定 Alpha 的数值为 0,其他选项保持不变,如图 8-165 所示。

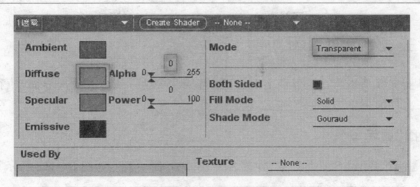

图 8-165 设置材质

（2）创建一个新的二维帧，改名为"1 遮罩"，在其设置面板中取消 Pickable 选项中的叉选标记，在 Position 选项中设置 X 的数值为 299、Y 的数值为 174、Z Order（Z 轴次序）的数值为 5，在 Size 选项中设置 Width 的数值为 456、Height 的数值为 380，在 Material 选项选择"1 遮罩"，如图 8-166 所示。

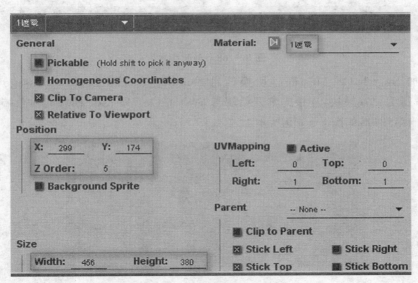

图 8-166 设置二维帧

在 Global 目录下的 2D Frames 子目录中选择"1 遮罩"二维帧，单击 Set IC For Selected 按钮，设定其初始状态，如图 8-167 所示。

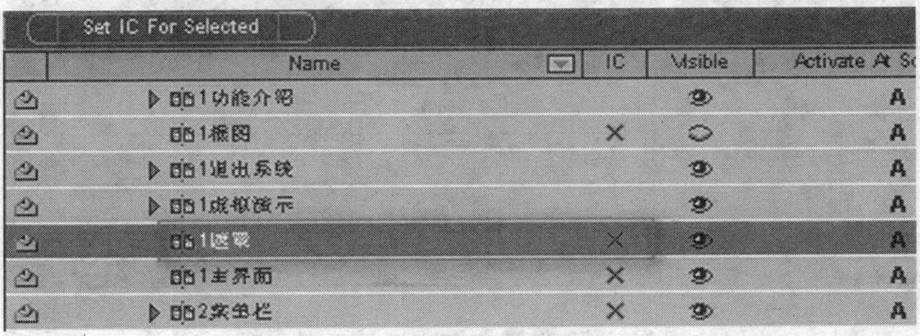

图 8-167 设定初始值

8.2.4 主、次界面交互

主、次界面交互是指当在主界面上单击虚拟演示按钮后,就会进入次界面,执行相应的脚本流程;当在次界面上单击返回按钮后,就会返回主界面。

1. "框图"显示设置

(1) 创建一个 Level Script 脚本,并改名为"主次界面切换",如图 8－168 所示。

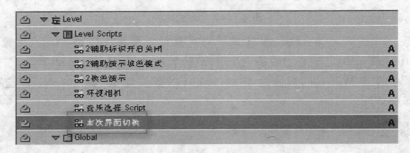

图 8－168　创建脚本

(2) 添加 Switch On Message(切换信息 Building Blocks/Logics/Message/Switch On Message)BB 行为交互模块,连接脚本开始端与 Switch On Message 模块的输入端"On",并添加两个行为输出端口,如图 8－169 所示。

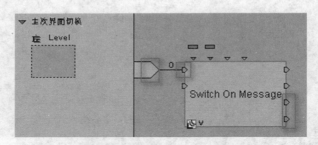

图 8－169　连接模块

双击 Switch On Message 模块,在其参数设置面板 Message 0～Message 3 选项中分别输入"激活主界面、激活次界面、退出、显示框图"信息,如图 8－170 所示。

图 8－170　设置 Switch On Message 模块

(3) 添加 Get Message Data(获取信息数据 Building Blocks/Logics/Message/Get Message Data)BB 行为交互模块,连接 Switch On Message 模块的输出端"Out 3"与 Get Message Data 模块的输入端"In",如图 8-171 所示。

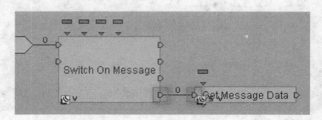

图 8-171 添加 Get Message Data 模块

为 Get Message Data 模块添加一个参数输出端。在其参数设置面板 Parameter Type 选项中选择 2D Entity,如图 8-172 所示。

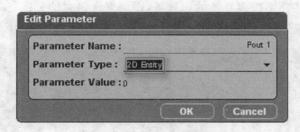

图 8-172 设置参数类型

双击 Get Message Data 模块,在其参数设置面板 Message 选项中选择"显示框图"信息,如图 8-173 所示。

图 8-173 设置 Get Message Data 模块

(4) 添加 Iterator If(条件阵列迭代器 Building Blocks/Logics/Array/ Iterator If)BB 行为交互模块,连接 Get Message Data 模块的输出端"Out"与 Iterator If 模块的输入端"In",如图 8-174 所示。

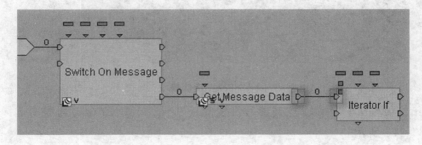

图 8-174 添加 Iterator If 模块

双击 Iterator If 模块,在其参数设置面板 Target(Array)选项中选择"框图转换"阵列,如图 8-175 所示。

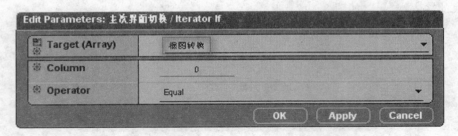

图 8-175　设置 Iterator If 模块

连接 Get Message Data 模块的参数输出端"Pout 1(2D Entity)"与 Iterator If 模块的参数输入端"Reference Value(2D Entity)",如图 8-176 所示。当 Get Message Data 模块获取到由操作说明按钮或功能介绍按钮发送的信息后,则将发送信息的按钮二维帧传递到 Iterator If 模块,进而从"框图转换"阵列中获取相应的材质,并把材质赋给"1 框图"二维帧。

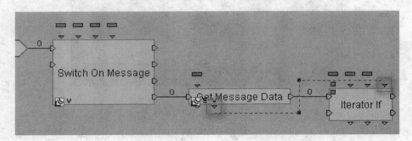

图 8-176　连接模块

(5)添加 Set 2D Material(设定二维材质 Building Blocks/Visuals/2D/ Set 2D Material) BB 行为交互模块,并拖动到 Iterator If 模块的后面。连接 Iterator If 模块的输出端"Loop Out"与 Set 2D Material 模块的输入端"In",连接 Set 2D Material 模块的输出端"Out"与 Iterator If 模块的输入端"Loop In",连接 Iterator If 模块的参数输出端"Material(Material)"与 Set 2D Material 模块的参数输入端"Material(Material)",如图 8-177 所示。实现单击操作说明按钮或功能介绍按钮时,赋予"1 框图"二维帧相应的材质。

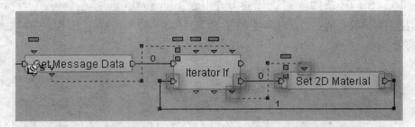

图 8-177　连接模块

双击 Set 2D Material 模块,在其参数设置面板 Target(2D Entity)选项中选择"1 框图"二维帧,如图 8-178 所示。

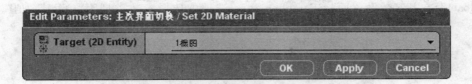

图 8-178　设置 Set 2D Material 模块

（6）前面已经设置了"1遮罩"二维帧。"1遮罩"二维帧是用来实现"1框图"二维帧显示出来时的颜色渐变过渡效果。

添加 Bezier Progression（贝兹级数 Building Blocks/Logics/Loops/ Bezier Progression）BB 行为交互模块，并拖动到 Iterator If 模块后面。连接 Iterator If 模块的输出端"Out"与 Bezier Progression 模块的输入端"In"，如图 8-179 所示。

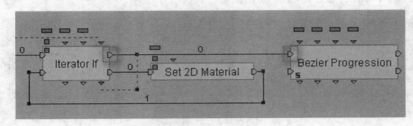

图 8-179　连接模块

双击 Bezier Progression 模块，在弹出的 Bezier Progression 模块设置面板 Duration 选项设定 Min 的数值为 0、S 的数值为 0、Ms 的数值为 50，其他设置保持不变，如图 8-180 所示。

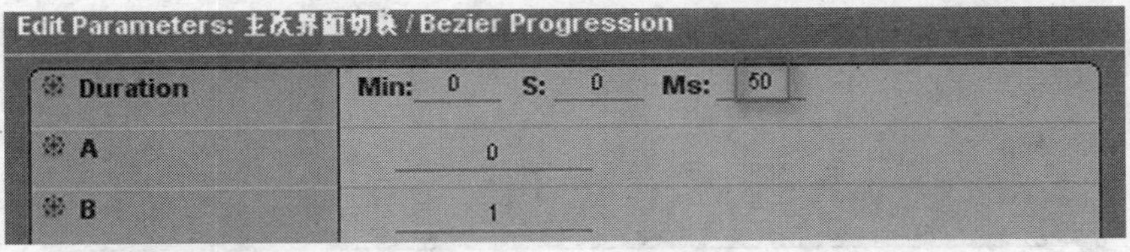

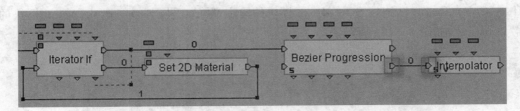

图 8-180　设置 Bezier Progression 模块

（7）添加 Interpolator（内插运算 Building Blocks/Logics/Interpolator/ Interpolator）BB 行为交互模块，并拖动到 Bezier Progression 模块后面。连接 Bezier Progression 模块的输出端"Loop Out"与 Interpolator 模块的输入端"In"，如图 8-181 所示。

图 8-181　添加 Interpolator 模块

此时，Interpolator 模块对应的参数输出数值应该是颜色，双击 Interpolator 模块的参数输出端"C(Float)",在其参数设置面板 Paramter Type 选项中选择参数类型为"Color",如图 8-182 所示。

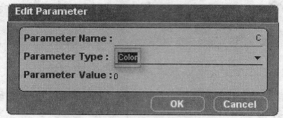

图 8-182　设置 Interpolator 模块

连接 Bezier Progression 模块的参数输出端"Progression(Percentage)"与 Interpolator 模块的参数输入端"Value(Percentage)",如图 8-183 所示。

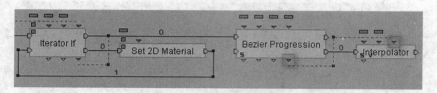

图 8-183　连接模块

双击 Interpolator 模块,在其参数设置面板 A 项设置 R 的数值为 13、G 的数值为 149、B 的数值为 255、A 的数值为 0,B 项设置 R 的数值为 13、G 的数值为 149、B 的数值为 255、A 的数值为 255,如图 8-184 所示。

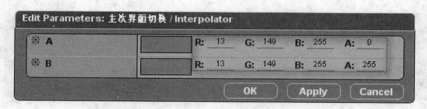

图 8-184　设置 Interpolator 模块

(8) 添加 Set Diffuse(设置漫反射颜色 Building Blocks/Materials-Textures/Basic/Set Diffuse)BB 行为交互模块。连接 Interpolator 模块的输出端"Out"与 Set Diffuse 模块的输入端"In",连接 Interpolator 模块的参数输出端"C(Color)"与 Set Diffuse 模块的参数输入端"Diffuse Color(Color)",连接 Set Diffuse 模块的输出端"Out"与 Bezier Progression 模块的输入端"Loop In",如图 8-185 所示。

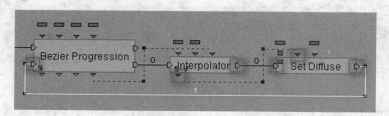

图 8-185　连接模块

双击 Set Diffuse 模块,在其参数设置面板 Target(Material)选项中选择"1 遮罩"材质,并取消 Keep Alpha Component 选项的叉选标记,如图 8-186 所示。

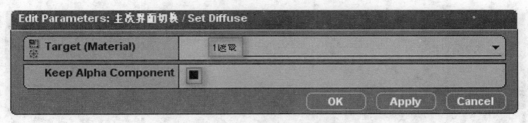

图 8-186　设置 Set Diffuse 模块

框选在此脚本中所创建的 Bezier Progression 模块、Interpolator 模块和 Set Diffuse 模块,绘制行为框图,并改名为"渐变进入",如图 8-187 所示。

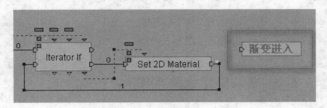

图 8-187　绘制行为框图

为"渐变进入"脚本框图添加一个行为输出端。连接 Iterator If 模块的输出端"Out"与"渐变进入"脚本框图的输入端"In 0",连接"渐变进入"脚本框图的输入端"In 0"与 Bezier Progression 模块的输入端"In",连接 Bezier Progression 模块的输出端"Out"与"渐变进入"脚本框图的输出端"Out 0",如图 8-188 所示。

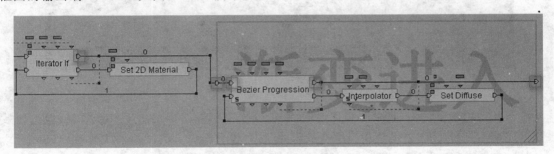

图 8-188　连接模块

(9) 添加 Show(显示 Building Blocks/Visuals/Show-Hide/ Show)BB 行为交互模块,并拖动到"渐变进入"脚本框图的后面,添加 Show 模块的目标参数。连接"渐变进入"脚本框图的输出端"Out 0"与 Show 模块的输入端"In",如图 8-189 所示。

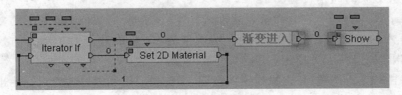

图 8-189　连接模块

双击 Show 模块，在其参数设置面板 Target(Behavioral Object)选项中选择"1框图"二维帧，其他选项保持默认，如图 8-190 所示。

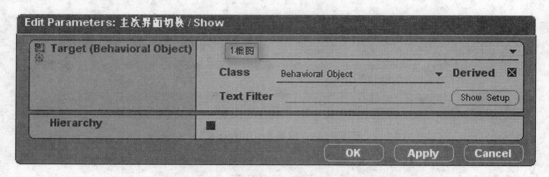

图 8-190　设置 Show 模块

再添加一个 Show 模块，并添加 Show 模块的目标参数，连接第 1 个 Show 模块的输出端"Out"与第 2 个 Show 模块的输入端"In"，如图 8-191 所示。

双击第 2 个 Show 模块，在其参数设置面板 Target(Behavioral Object)选项中选择"1遮罩"二维帧，如图 8-192 所示。

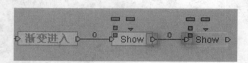

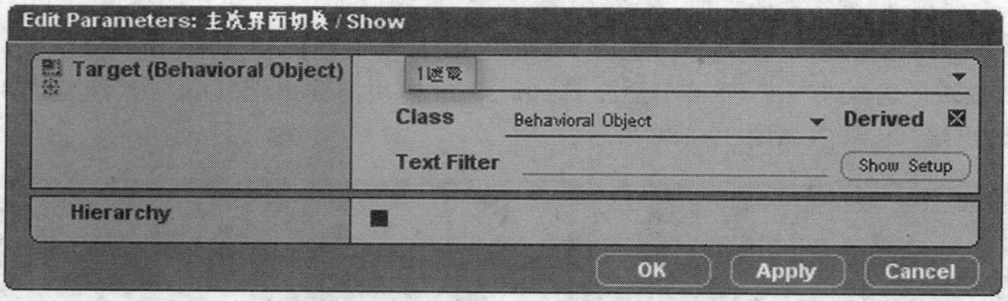

图 8-191　连接模块

图 8-192　设置 Show 模块

按下状态栏的播放按钮，单击操作说明按钮，操作说明框图显示出了过渡效果，但过渡效果显示完毕后，"1遮罩"二维帧却停留在最后的状态，没有消失。测试效果如图 8-193 所示。

(10) 复制"渐变进入"框图，并改名为"渐变退出"。连接第 2 个 Show 模块的输出端"Out"与"渐变退出"脚本框图的输入端"In 0"，如图 8-194 所示。

打开"渐变退出"框图，在 Bezier Progression 模块参数设置面板 Duration 选项中设置 Min 的数值为 0、S 的数值为 0、Ms 的数值为 250，如图 8-195 所示。实现渐变退出的过渡效果比渐变进入的过渡效果时间稍长些。

双击 Interpolator 模块，在其参数设置面板 A 项设置 R 的数值为 13、G 的数值为 149、B 的数值为 255、A 的数值为 255，B 项设置 R 的数值为 13、G 的数值为 149、B 的数值为 255、A 的数值为 0，如图 8-196 所示。

按下状态栏的播放按钮，单击操作说明按钮，操作说明框图以过渡效果显示出来。单击功能介绍按钮，则显示出功能介绍框图。测试效果如图 8-197～图 8-198 所示。

图 8-193 测试效果

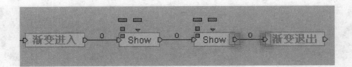

图 8-194 连接模块

图 8-195 设置 Bezier Progression 模块

图 8-196 设置 Interpolator 模块

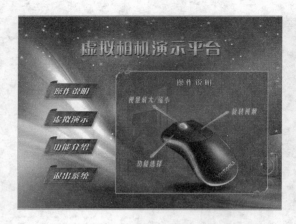
图 8-197 测试效果 1

图 8-198 测试效果 2

框选在"主次界面切换"Script 脚本编辑窗口中 Switch On Message 模块后面的脚本框图及模块,绘制行为框图,并改名为"框图显示",如图 8-199 所示。

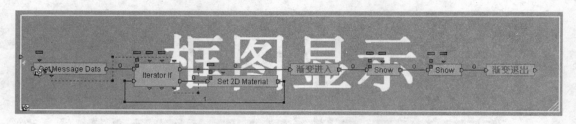
图 8-199 创建"框图显示"脚本框图

连接 Switch On Message 模块的输出端"Out 3"与"框图显示"脚本框图的输入端"In",连接"框图显示"脚本框图的内输入端"In"与 Get Message Data 模块的输入端"In",如图 8-200 所示。

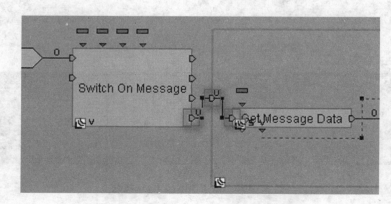
图 8-200 连接模块

2. 主、次界面切换

(1) 打开"2 返回"Script 脚本编辑窗口,添加 Send Message(发送信息 Building Blocks/

Logics/Message/Send Message)BB 行为交互模块,并拖放到 PushButton 模块的后面。连接 PushButton 模块的输出端"Pressed"与 Send Message 模块的输入端"In",如图 8-201 所示。

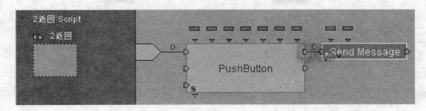

图 8-201 连接模块

双击 Send Message 模块,在其参数设置面板 Message 选项中选择"激活主界面",Dest 选项中选择"Level",如图 8-202 所示。

图 8-202 设定参数

(2) 创建一个 Group 群组,改名为"主界面按钮",如图 8-203 所示。此群组用来存放主界面所用到的 4 个按钮,以供主、次界面切换时使用。

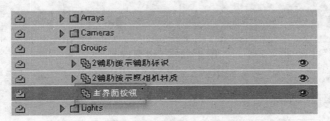

图 8-203 创建群组

在 2D Frames 目录下选择"1 操作说明"、"1 功能介绍"、"1 退出系统"、"1 虚拟演示"4 个二维帧,把它们传递到"主界面按钮"群组中,如图 8-204 所示。

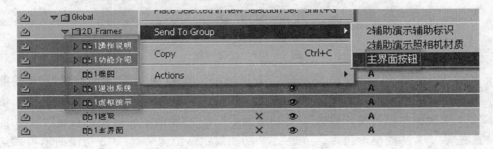

图 8-204 设置群组

创建另一个 Group 群组，改名为"次界面按钮"，如图 8-205 所示。此群组用来存放次界面所用到的按钮。

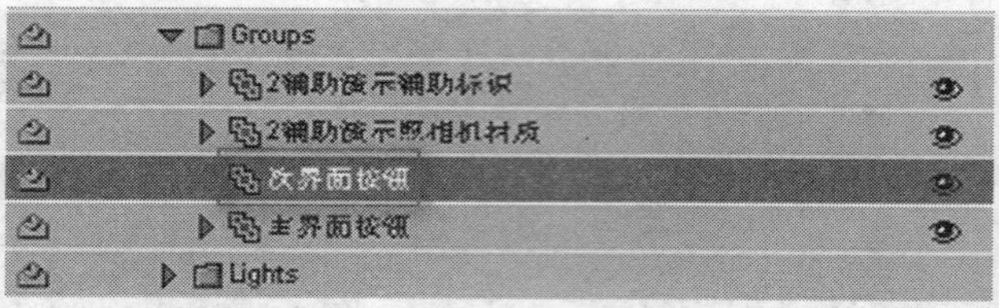

图 8-205 创建群组

在 2D Frames 目录下选择"2 右视图"、"2 系统设置"、"2 透视图"、"2 视角切换"、"2 前视图"、"2 换色演示"、"2 功能演示"、"2 辅助演示"、"2 返回"、"2 顶视图"10 个二维帧，把它们传递到"次界面按钮"群组中，如图 8-206 所示。

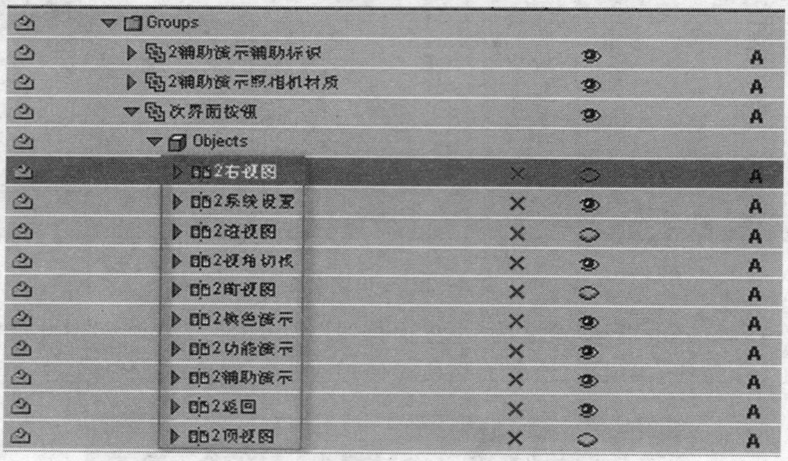

图 8-206 设置群组

再创建一个 Group 群组，改名为"次界面运行脚本"，如图 8-207 所示。此群组用来存放次界面所用到的 Script 脚本。

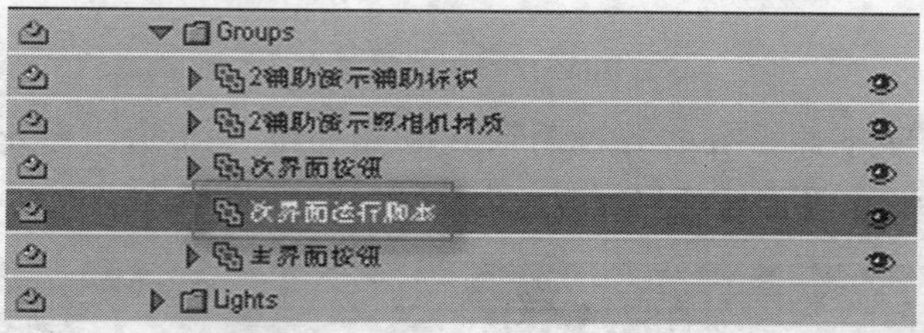

图 8-207 创建群组

在 2D Frames 目录下选择"2 菜单栏"、"2 顶视图"、"2 返回"、"2 辅助演示"、"2 辅助演示辅助标识关闭"、"2 辅助演示辅助标识开启"、"2 辅助演示填色模式顶点"、"2 辅助演示填色模式实体"、"2 辅助演示填色模式线框"、"2 功能演示"、"2 功能演示环境设置右旋"、"2 功能演示环境设置左旋"、"2 功能演示焦距调节近"、"2 功能演示焦距调节远"、"2 功能演示模式切换播放"、"2功能演示模式切换快门"、"2功能演示模式切换拍摄"、"2功能演示向后查看"、"2功能演示向前查看"、"2关闭辅助演示面板"、"2关闭功能演示面板"、"2关闭换色演示面板"、"2关闭系统设置面板"、"2换色演示"、"2换色演示重新选择"、"2前视图"、"视角切换"、"透视图"、"2系统设置"、"2系统设置背景选择右"、"2系统设置背景选择左"、"2系统设置音乐开关"、"2右视图"二维帧及"显示屏"对象，把它们传递到"次界面运行脚本"群组中，如图8-208所示。

图8-208 设置群组

再创建一个Group群组，改名为"次界面初始化"，如图8-209所示。此群组用来存放由主界面进入次界面所要进行初始化的Script脚本。

在2D Frames目录下选择"2系统设置面板"、"2换色演示面板"、"2功能演示面板"、"2辅助演示面板"二维帧及"显示屏"、"Box01"对象，把它们传递到"次界面初始化"群组中，如图8-210所示。

（3）创建一个Level Script脚本，改名为"解除次界面脚本"，如图8-211所示。

添加Group Iterator（群组迭代器 Building Blocks/Logics/Groups/Group Iterator）BB行

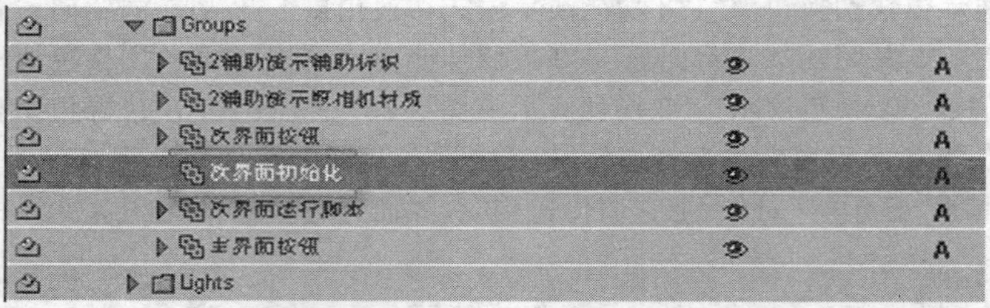

图 8-209 创建群组

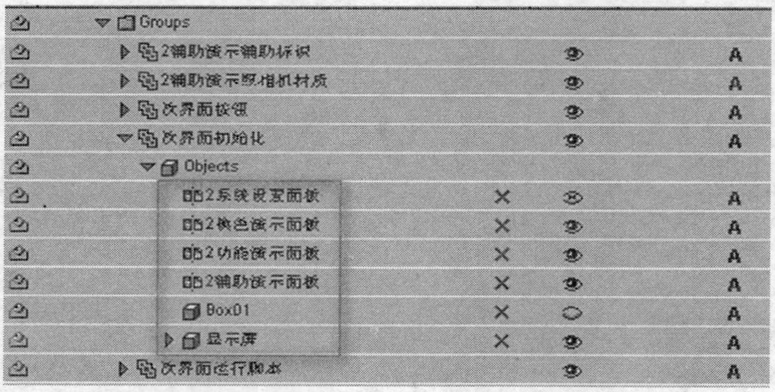

图 8-210 设置群组

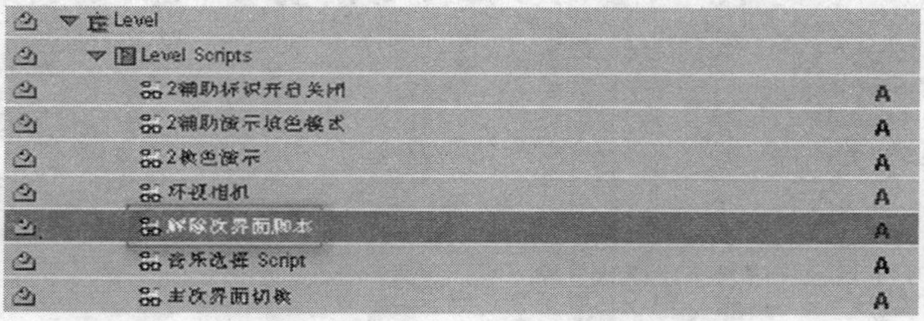

图 8-211 创建脚本

为交互模块,连接脚本开始端与 Group Iterator 模块的输入端"In",如图 8-212 所示。

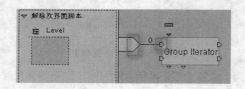

图 8-212 连接模块

在 Group Iterator 模块参数设置面板 Group 选项中选择"次界面运行脚本"群组,如图 8-213 所示。

添加 Deactivate Script(解除脚本激活 Building Blocks/Narratives/Script Management/ Deactivate Script)BB 行为交互模块,并拖动到 Group Iterator 模块的后面。连接 Group Itera-

图 8-213　指定群组对象

tor 模块的输出端"Loop Out"与 Deactivate Script 模块的输入端"In",连接 Deactivate Script 模块的输入端"Out"与 Group Iterator 模块的输入端"Loop In",如图 8-214 所示。

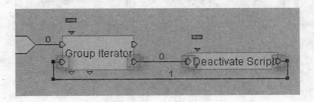

图 8-214　连接模块

添加一个运算参数,在其参数设置面板 Inputs 选项中选择 Behavioral Object,Operation 选项中选择 Get Script,Output 选项中选择 Script,如图 8-215 所示。

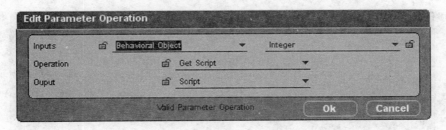

图 8-215　设定参数

连接 Group Iterator 模块的参数输出端"Element(Behavioral Object)"与 Get Script 运算参数的输入端"Pin 0(Behavioral Object)",连接 Get Script 运算参数的输出端"Pout 0 (Script)"与 Deactivate Script 模块的参数输入端"Script(Script)",如图 8-216 所示。实现了从脚本开始执行时,就先解除次界面所涉及的相应的脚本,节省了系统运行时的资源。

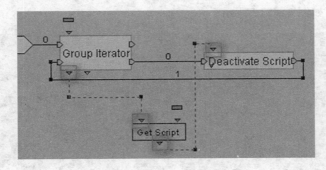

图 8-216　连接模块

需要注意的是,Level Script 脚本无法传递到群组中,而和次界面相关需要解除的 Level

Script 脚本有"2 辅助标识开启关闭"、"2 换色演示:"、"环视相机"。

再添加一个 Deactivate Script 模块,并添加两个参数输入端口。连接 Group Iterator 模块的输出端"Out"与 Deactivate Script 模块的输入端"In",如图 8-217 所示。

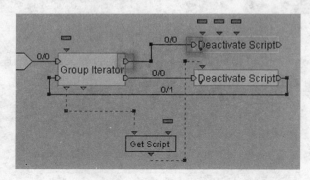

图 8-217 连接模块

双击此 Deactivate Script 模块,在其参数设置面板 Script 选项中先选择"Level",再选择"2 辅助标识开启关闭";Pin 1 选项中先选择"Level",再选择"2 换色演示";Pin 2 选项中先选择"Level",再选择"环视相机"。具体设置如图 8-218 所示。

图 8-218 设定参数

框选在"解除次界面脚本"Script 脚本中所添加的所有模块,创建行为脚本框图,改名为"解除次界面脚本",如图 8-219 所示。

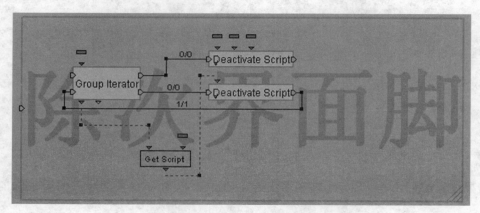

图 8-219 创建脚本框图

连接"解除次界面脚本"Script 脚本开始端与"解除次界面脚本"脚本框图的输入端"In 0",连接"解除次界面脚本"脚本框图的输入端"In 0"与 Group Iterator 模块的输入端"In",如图 8-220 所示。

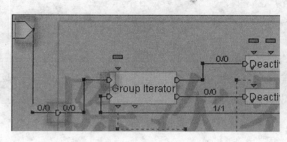

图 8-220 连接模块

（4）当按下主界面上的"虚拟演示"按钮,进入到次界面时,要隐藏主界面及其子对象,解除激活主界面的按钮,激活菜单栏及其子对象、视角切换按钮及其子对象,激活环视相机脚本,初始化四个功能面板、"显示屏"及"Box01"对象,再设定照相机材质的填色模式。

① 添加三个 Hide(隐藏 Building Blocks/Visuals/Show-Hide/Hide)BB 行为交互模块,拖放到"主次界面切换"Script 脚本中,并添加其目标参数。连接 Switch On Message 模块的输出端"Received1"与第 1 个 Hide 模块的输入端"In",按相同的方式连接其他 Hide 模块,如图 8-221 所示。

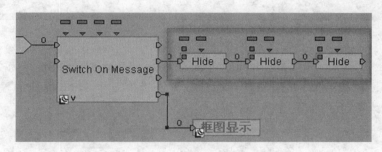

图 8-221 添加模块

双击第 1 个 Hide 模块,在其参数设置面板 Target(Behavioral Object)选项中选择"1 主界面"二维帧,并叉选 Hierarchy 选项,如图 8-222 所示。

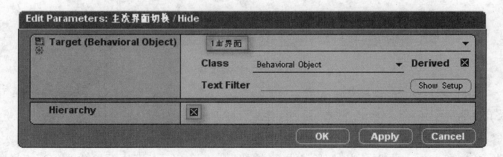

图 8-222 设置参数

双击第 2 个 Hide 模块,在其参数设置面板 Target(Behavioral Object)选项中选择"1 框图"二维帧,如图 8-223 所示。

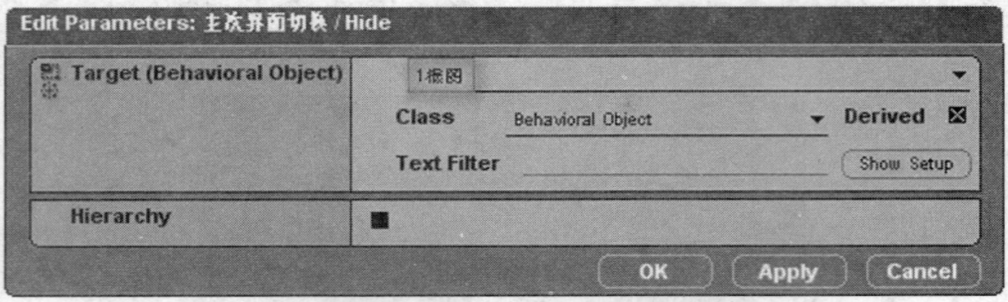

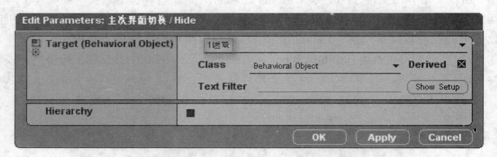

图 8-223　设置参数

双击第 3 个 Hide 模块,在其参数设置面板 Target(Behavioral Object)选项中选择"1 遮罩"二维帧,如图 8-224 所示。

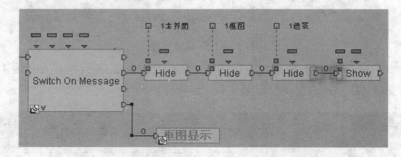

图 8-224　设置参数

② 添加 Show(显示 Building Blocks/Visuals/Show-Hide/Show)BB 行为交互模块,并拖放到第三个 Hide 模块后面,并添加其目标参数。连接第 3 个 Hide 模块的输出端"Out"与 Show 模块的输入端"In",如图 8-225 所示。

图 8-225　连接模块

双击 Show 模块,在其参数设置面板 Target(Behavioral Object)选项中选择"2 次背景"二维帧,并叉选 Hierarchy 选项,如图 8-226 所示。

③ 复制"解除次界面脚本"Script 脚本中的"解除次界面脚本"行为脚本框图到"主次界面切换"Script 脚本中。并改名为"解除主界面按钮"。连接 Show 模块的输出端"Out"与"解除主界面按钮"脚本框图的输入端"In 0",如图 8-227 所示。

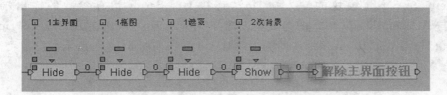

图8-226 设置参数

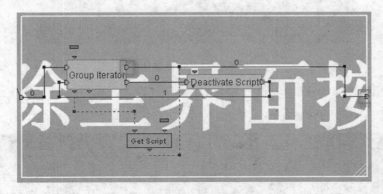

图8-227 连接模块

为"解除主界面按钮"脚本框图添加一个行为输出端口,打开脚本框图,删除上面的Deactivate Script模块,连接脚本框图中Group Iterator模块的输出端"Out"与脚本框图的输出端"Out 0",如图8-228所示。

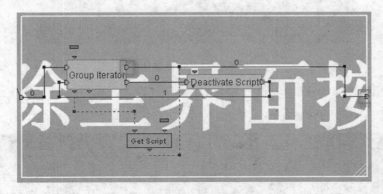

图8-228 连接模块

双击脚本框图中的Group Iterator模块,在其参数设置面板Group选项中选择"主界面按钮"群组,如图8-229所示。

图8-229 设置参数

④ 复制"解除主界面按钮"脚本框图,并改名为"激活次界面按钮"。连接"解除主界面按钮"脚本框图的输出端"Out 0"与"激活次界面按钮"脚本框图的输入端"In 0",如图8-230所示。

图 8-230 连接框图

打开"激活次界面按钮"脚本框图,删除其中的 Deactivate Script 模块,添加 Activate Script(脚本激活 Building Blocks/Narratives/Script Management/ Activate Script)BB 行为交互模块,并拖动到原 Deactivate Script 模块的位置。连接 Group Iterator 模块的输出端"Loop Out"与 Activate Script 模块的输入端"In",连接 Get Script 运算参数的输出端"Pout 0 (Script)"与 Activate Script 模块的参数输入端"Script(Script)",连接 Activate Script 模块的输出端"Out"与 Group Iterator 模块的输入端"Loop In",如图 8-231 所示。

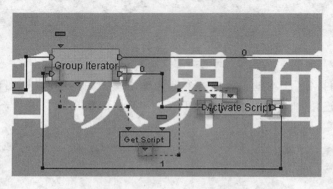

图 8-231 连接模块

双击脚本框图中的 Group Iterator 模块,在其参数设置面板 Group 选项中选择"次界面按钮"群组,如图 8-232 所示。

图 8-232 设置参数

⑤ 添加两个 Activate Script(脚本激活 Building Blocks/Narratives/Script Management/ Activate Script)BB 行为交互模块,连接"激活次界面按钮"脚本框图的输出端"Out 0"与第 1 个 Activate Script 模块的输入端"In",连接第 1 个 Activate Script 模块的输出端"Out"与第 2 个 Activate Script 模块的输入端"In",如图 8-233 所示。

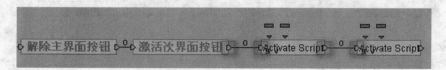

图 8-233 连接模块

双击第 1 个 Activate Script 模块,在其参数设置面板 Reset 选项进行叉选,Script 选项先选择"Level",再选择"环视相机",如图 8-234 所示。

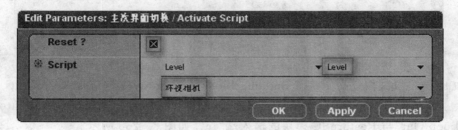

图 8-234 设置参数

双击第 2 个 Activate Script 模块,在其参数设置面板中取消 Reset 选项的叉选标记,Script 选项选择"菜单栏",如图 8-235 所示。

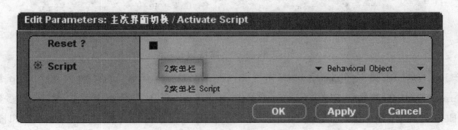

图 8-235 设置参数

提　示：

第 1 个 Activate Script 模块的 Reset 选项进行叉选,是为了激活时环视相机时重新设定场景中应激活的摄影机。如果不进行 Reset,当在次界面进行功能演示时,返回到主界面,再由主界面返回到次界面时,则此时场景中激活的摄影机是"功能演示摄影机",而不是"环视相机"。

第 2 个 Activate Script 模块的 Reset 选项取消叉选,是为了当由主界面进入到次界面后避免次界面菜单栏丧失自动悬浮功能。

⑥ 添加 Group Iterator(群组迭代器 Building Blocks/Logics/Groups/Group Iterator)BB 行为交互模块。拖动到 Activate Script 模块的后面。连接 Activate Script 模块的输出端"Out"与 Group Iterator 模块的输入端"In",如图 8-236 所示。

图 8-236 连接模块

双击 Group Iterator 模块,在其参数设置面板 Group 选项中选择"次界面初始化"群组,如图 8-237 所示。

图 8-237 设置参数

添加 Restore IC(恢复初始状态 Building Blocks/ Narratives/States/Restore IC)BB 行为交互模块。拖动到 Group Iterator 模块的后面,并添加目标参数。连接 Group Iterator 模块的输出端"Loop Out"与 Restore IC 模块的输入端"In",如图 8-238 所示。

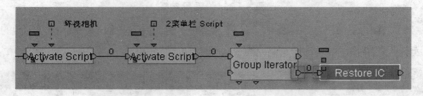

图 8-238 连接模块

连接 Restore IC 模块的输出端"Out"与 Group Iterator 模块的输入端"Loop In",连接 Group Iterator 模块的参数输出端"Element(Behavioral Object)"与 Restore IC 模块的参数输入端"Target(Behavioral Object)"。实现对"次界面初始化"群组中的对象进行初始化,如图 8-239 所示。

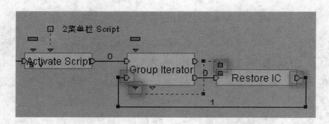

图 8-239 连接模块

⑦ 添加 Send Message(发送信息 Building Blocks/Logics/Message/Send Message)BB 行为交互模块,并拖放到 Group Iterator 模块的后面。连接 Group Iterator 模块的输出端"Out"与 Send Message 模块的输入端"In",如图 8-240 所示。

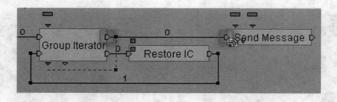

图 8-240 连接模块

双击 Send Message 模块,在其参数设置面板 Message 选项中选择"重置相机"信息,Dest 选项中选择"Level",如图 8-241 所示。

图 8-241 设置参数

提示：

在前面章节创建"环视相机"Script 脚本时，其中的"摄影机切换"脚本框图中的 Send Message 模块的 Message5 项中设置了"重置相机"信息，如图 8-242 所示。这个信息就是由刚刚添加的这个 Send Message 模块所发送的。

图 8-242 查看信息

⑧ 复制"2 辅助演示填色模式"Script 脚本中的"相机填色模式"脚本框图到"主次界面切换"Script 脚本中，连接 Send Message 模块的输出端"Out"与"相机填色模式"脚本框图的输入端"In 0"，如图 8-243 所示。实现不管在次界面处于哪种功能演示情况下返回主界面，再由主界面返回次界面时，照相机对象都是以实体形式显示。

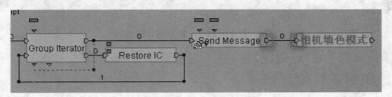

图 8-243 连接模块

⑨ 添加添加 Set Texture（设定贴图 Building Blocks/Materials-Textures/Basic/Set Texture）BB 行为交互模块，拖放到"相机填色模式"脚本框图的后面，如图 8-244 所示。连接"相机填色模式"脚本框图的输出端"Out 0"与 Set Texture 模块的输入端"In"。

双击 Set Texture 模块，在其参数设置面板 Target(Material)选项中选择 Material#29 材质（显示屏对象所应用的材质），在 Texture 选项中选择"Screenphoto"纹理图片，如图 8-245

图8-244 添加模块

所示。

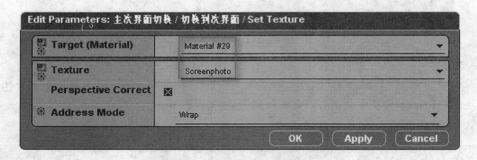

图8-245 设置参数

⑩ 框选"主界面切换"Script脚本中除"框图显示"脚本框图、Switch On Message模块以外的模块,创建行为脚本框图,改名为"切换到次界面"。连接Switch On Message模块的输出端"Received1"与"切换到次界面"脚本框图的输入端"In 0",连接"切换到次界面"脚本框图的输入端"In 0"与框图内Hide模块的输入端"In",如图8-246所示。

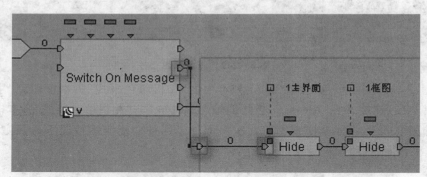

图8-246 连接模块

(5) 当按下次界面上的"返回"按钮,进入到主界面时,要隐藏次界面及其子对象,解除激活次界面相应的脚本,激活主界面按钮。

① 添加Hide(隐藏 Building Blocks/Visuals/Show-Hide/Hide)BB行为交互模块,拖放到"主次界面切换"Script脚本中,并添加Hide模块的目标参数。连接Switch On Message模块的输出端"Received 0"与Hide模块的输入端"In",如图8-247所示。

双击Hide模块,在其参数设置面板Target(Behavioral Object)选项中选择"2次背景"二维帧,并叉选Hierarchy选项,如图8-248所示。

② 添加Show(显示 Building Blocks/Visuals/Show-Hide/Show)BB行为交互模块,拖放到Hide模块后面,并添加其目标参数。连接Hide模块的输出端"Out"与Show模块的输入

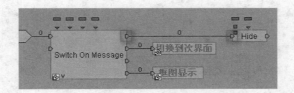

图 8-247 添加模块

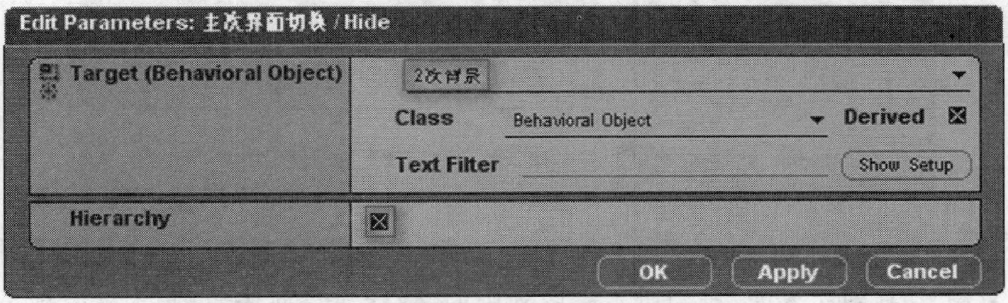

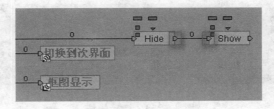

图 8-248 设置参数

端"In",如图 8-249 所示。

图 8-249 连接模块

双击 Show 模块,在其参数设置面板 Target(Behavioral Object)选项中选择"1 主界面"二维帧,并叉选 Hierarchy 选项,如图 8-250 所示。

图 8-250 设置参数

③ 添加 Activate Script(脚本激活 Building Blocks/Narratives/Script Management/Activate Script)BB 行为交互模块,连接 Show 模块的输出端"Out"与 Activate Script 模块的输入端"In",如图 8-251 所示。

双击 Activate Script 模块,在其参数设置面板 Reset 选项进行叉选,Script 选项先选择"Level",再选择"环视相机",如图 8-252 所示。实现解除激活次界面相应的脚本。

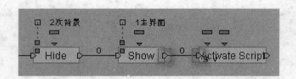

图 8-251　连接模块

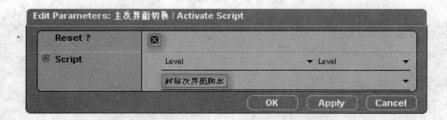

图 8-252　设置参数

④ 复制"切换到次界面"行为脚本框图到中的"激活次界面按钮"脚本框图到 Activate Script 模块，并改名为"激活主界面按钮"。连接 Activate Script 模块的输出端"Out"与"激活主界面按钮"脚本框图的输入端"In0"，如图 8-253 所示。

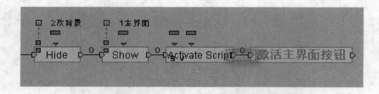

图 8-253　连接模块

打开"激活主界面按钮"脚本框图，双击其中的 Group Iterator 模块，在其参数设置面板 Group 选项中选择"主界面按钮"群组，如图 8-254 所示。

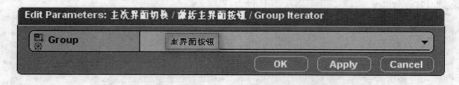

图 8-254　设置参数

⑤ 框选"主界面切换"Script 脚本中除"框图显示"脚本框图、"切换到次界面"脚本框图、Switch On Message 模块以外的模块，创建行为脚本框图，改名为"切换到主界面"。连接 Switch On Message 模块的输出端"Received 0"与"切换到主界面"脚本框图的输入端"In 0"，连接"切换到主界面"脚本框图的输入端"In 0"与框图内 Hide 模块的输入端"In"，如图 8-255 所示。

（6）当按下主界面上退出系统按钮时，就应该退出演示。添加 Set Attribute（显示 Building Blocks/Logics/Attribute /Set Attribute）BB 行为交互模块，并拖放到"主次界面切换"Script 脚本中。连接 Switch On Message 模块的输出端"Out 2"与 Set Attribute 模块的输入端"In"，如图 8-256 所示。

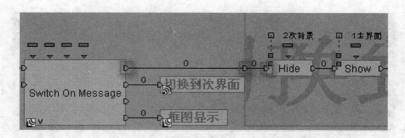

图 8-255 连接模块

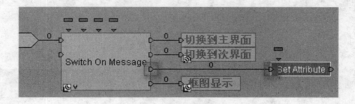

图 8-256 连接模块

双击 Set Attribute 模块,在其参数设置面板 Attribute 选项中选择"Quit",Category 选项中选择"All Category",如图 8-257 所示。

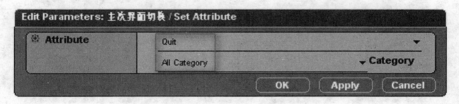

图 8-257 设置参数

8.3 整合及发布

8.3.1 整 合

(1) 单击 Level Manager 标签按钮,在 Global 目录下的 2D Frames 目录里选择"1 操作说明"、"1 功能介绍"、"1 退出系统"、"1 虚拟演示"四个二维帧,单击 Set IC For Seclected 按钮,设置四个二维帧的初始状态,如图 8-258 所示。

(2) 在 Global 目录下的 2D Frames 目录里选择"2 视角切换"二维帧,在其设置面板 Parent 选项中选择"2 次背景"二维帧,如图 8-259 所示。

单击 Level Manager 标签按钮,在 2D Frames 目录里选择"2 视角切换"二维帧,再单击 Set IC For Seclected 按钮,重新设置二维帧的初始状态,如图 8-260 所示。

(3) 按下状态栏的播放按钮,当单击主界面上"虚拟演示"按钮,进入到次界面,再单击菜单栏上的"功能演示"按钮,可以进入正常的功能演示。此时,如果单击菜单栏上的"返回"按钮

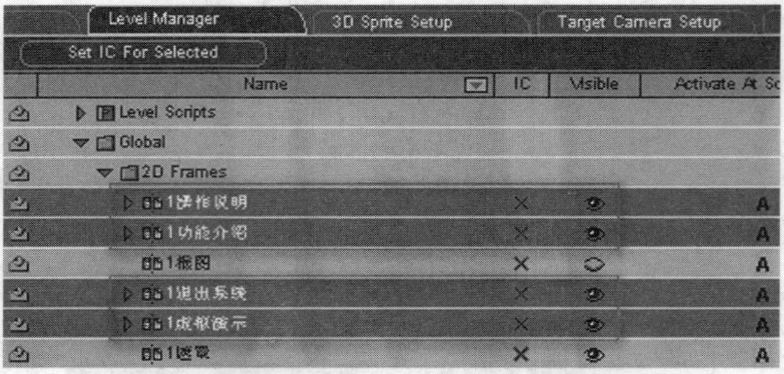

图 8-258　设置初始状态

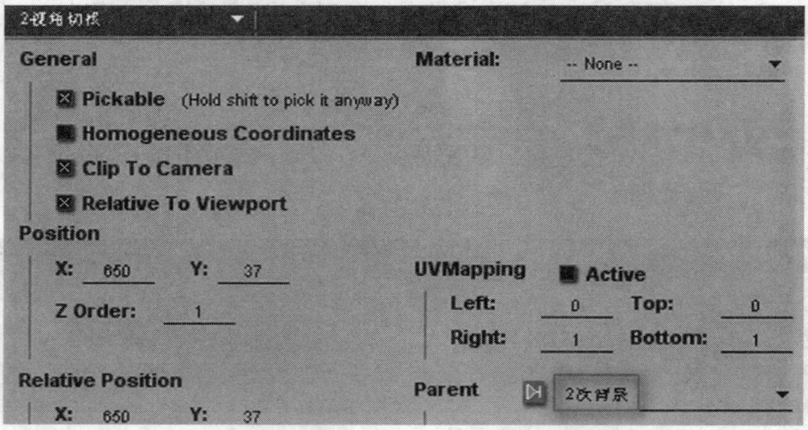

图 8-259　设置二维帧

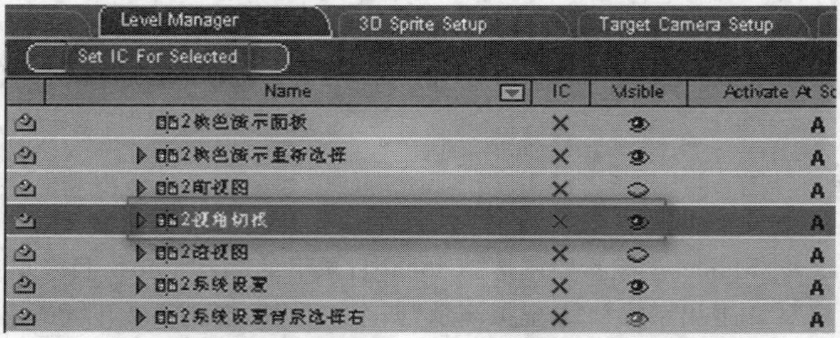

图 8-260　设置初始状态

返回到主界面,再单击主界面上的"虚拟演示"按钮进入到次界面后,再次单击菜单栏上的"功能演示"按钮,就会发现功能演示面板产生了错误的位移。测试效果如图 8-261 所示。

同样的,这个问题也出现在"2 换色演示"、"2 辅助演示"测试过程中。这是因为没有设置主对象面板及子对象按钮之间的相对坐标。

在 2D Frames 目录里选择"2 换色演示边框"二维帧,在其设置面板 General 选项中叉选

图 8 - 261 测试效果

Homogeneous Coordinates 选项,如图 8 - 262 所示。

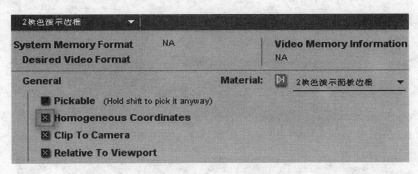

图 8 - 262 设置二维帧

单击 Level Manager 标签按钮,在 2D Frames 目录里选择"2 换色演示边框"二维帧,再单击 Set IC For Seclected 按钮,重新设置二维帧的初始状态,如图 8 - 263 所示。

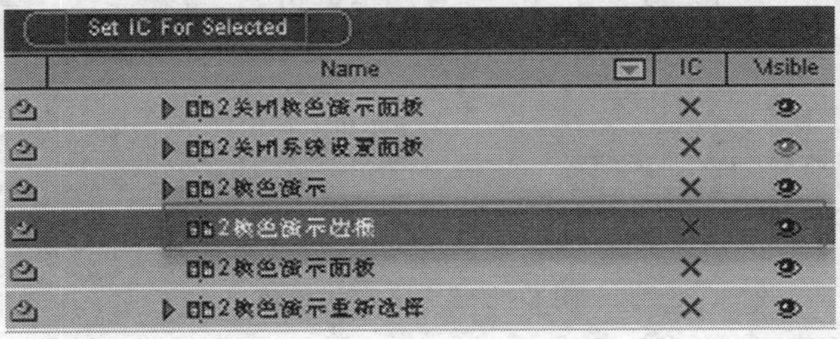

图 8 - 263 设置初始状态

按相同的方法,设置"2 换色演示重新选择"、"2 辅助演示辅助标识关闭"、"2 辅助演示辅助标识关闭新"、"2 辅助演示辅助标识开启"、"2 辅助演示辅助标识开启新"、"2 辅助演示填色模式顶点"、"2 辅助演示填色模式顶点新"、"2 辅助演示填色模式实体"、"2 辅助演示填色模式实体新"、"2 辅助演示填色模式线框"、"2 辅助演示填色模式线框新"、"2 功能演示环境设置右旋"、"2功能演示环境设置左旋"、"2功能演示焦距调节近"、"2功能演示焦距调节远"、"2功能演示模式切换播放"、"2功能演示模式切换快门"、"2功能演示模式切换拍摄"、"2功能演示向后查看"、"2功能演示向前查看"、"2关闭辅助演示面板"、"2关闭功能演示面板"、"2关闭换色演示面板"、"2关闭系统设置面板"二维帧。最后设置完成不要忘记重新设定这些二维帧的初始状态。

（4）当实现由主界面切换到次界面，或由次界面切换到主界面的过程中，会发现切换的感觉很生硬，同时由主界面切换到次界面时，还会看到某些功能面板还没来得及初始化。

① 创建一个新材质，改名为"界面过渡"，在其设置面板中将 Diffuse 颜色选择为 R 的数值为 13、G 的数值为 149、B 的数值为 255 的蓝色，将 Alpha 的数值设定为 0，在 Mode 选项中选择 Transparent（透明）模式，如图 8－264 所示。

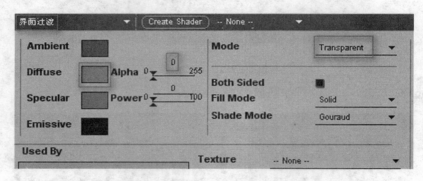

图 8－264　设置材质

单击 Level Manager 标签按钮，在 Global 目录下的 Materials 子目录中选择"界面过渡"材质，单击 Set IC For Selected 按钮，设定其初始状态，如图 8－265 所示。

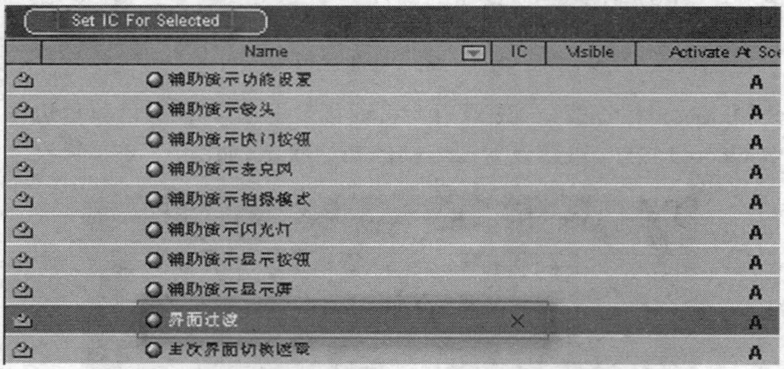

图 8－265　设定初始值

② 创建一个新的二维帧，改名为"界面过渡"。在其设置面板中取消 Pickable 选项的叉选标记，在 Position 选项中设置 X 的数值为 0、Y 的数值为 0、Z Order（Z 轴次序）的数值为 2，在 Size 选项中设置 Width 的数值为 800、Height 的数值为 600，在 Material 选项中选择"界面过渡"材质，如图 8－266 所示。

单击 Level Manager 标签按钮，在 Global 目录下的 2D Frames 子目录中选择"界面过渡"二维帧，单击 Set IC For Selected 按钮，设定其初始状态，如图 8－267 所示。

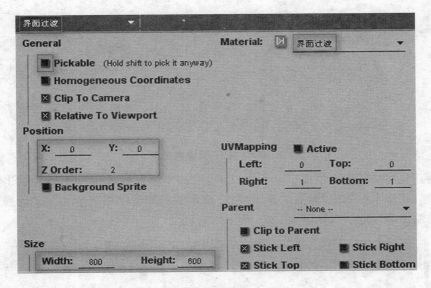

图 8-266　设置二维帧

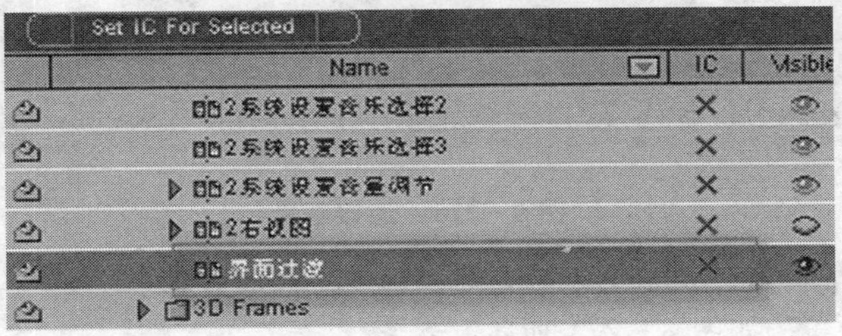

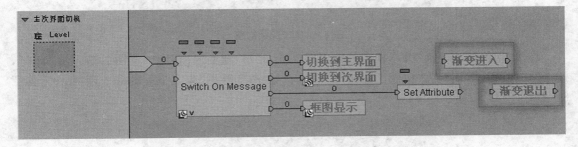

图 8-267　设定初始值

③ 复制"主次界面切换"Script 脚本编辑窗口中"框图显示"脚本框图里的"渐变进入"、"渐变退出"脚本框图到"主次界面切换"Script 脚本编辑窗口,如图 8-268 所示。

图 8-268　复制脚本框图

删除 Switch On Message 模块的输出端"Received 0"与"切换到主界面"脚本框图输入端"In 0"之间的连线,删除 Switch On Message 模块的输出端"Received 1"与"切换到次界面"脚本框图输入端"In 0"之间的连线。连接 Switch On Message 模块的输出端"Received 0"与"渐变进入"脚本框图输入端"In 0",连接"渐变进入"脚本框图输出端"Out 0"与"切换到主界面"脚本框图输入端"In 0",如图 8-269 所示。

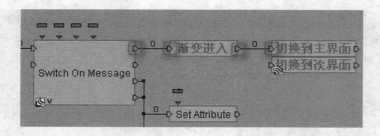

图 8-269　连接框图

为"切换到主界面"脚本框图、"切换到次界面"脚本框图各添加一个行为输出端口，连接"切换到主界面"脚本框图内"激活主界面按钮"脚本框图的输出端"Out 0"与"切换到主界面"脚本框图的输出端"Out 0"，如图 8-270 所示。

图 8-270　连接框图

连接"切换到次界面"脚本框图内 Set Texture 模块的输出端"Out"与"切换到次界面"脚本框图的输出端"Out 0"，如图 8-271 所示。

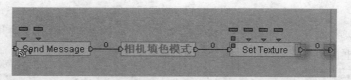

图 8-271　连接框图

连接"切换到主界面"脚本框图的输出端"Out 0"与"渐变退出"脚本框图的输入端"In 0"，连接"切换到次界面"脚本框图的输出端"Out 0"与"渐变退出"脚本框图的输入端"In 0"，如图 8-272 所示。

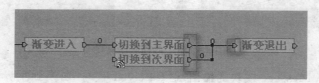

图 8-272　连接框图

打开"渐变进入"脚本框图，双击其中的 Set Diffuse 模块，在其参数设置面板 Target(Material)选项中选择"界面过渡"材质，如图 8-273 所示。

420

图 8-273 设置参数

打开"渐变退出"脚本框图,双击其中的 Set Diffuse 模块,在其参数设置面板 Target(Material)选项中选择"界面过渡"材质,如图 8-274 所示。

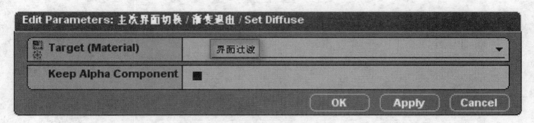

图 8-274 设置参数

复制脚本编辑窗口中的"渐变进入"脚本框图,连接 Switch On Message 模块的输出端 "Received1"与"渐变进入"脚本框图输入端"In 0",连接"渐变进入"脚本框图输出端"Out 0"与 "切换到次界面"脚本框图输入端"In 0",如图 8-275 所示。

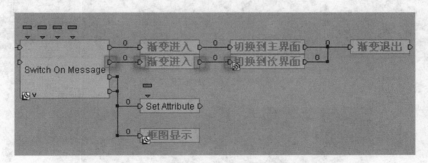

图 8-275 连接框图

8.3.2 发 布

1. 可执行播放方式

对于容量较大的文件而言,最为方便的是采用生成.exe 可执行文件,但可执行.exe 文件并不能直接由 Virtools Dev 生成,需要外挂 VirtoolsMakeExe.exe 和 CustomPlayer.exe 文件来实现。

运行 VirtoolsMakeExe.exe 文件,这时弹出如下图所示设置界面,单击 Virtools 项目文件选项对应的指定按钮,选择指定目录中的"8 后期交互制作.cmo"文件,在窗口设置选项中设置宽的数值为800、高的数值为600，单击"生成"按钮，如图8-276所示。这时生成的.exe文件就可以独立于Virtools环境运行，发布时不需要.cmo或.vmo文件，运行效果如图8-277所示。

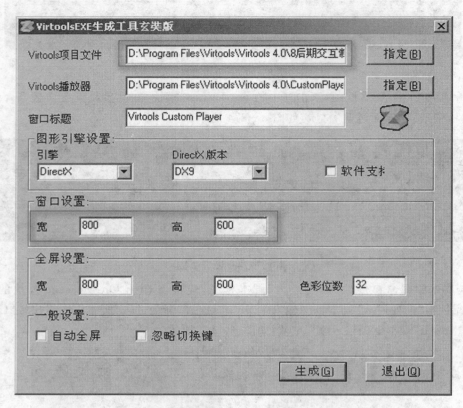

图8-276 发布设置

图8-277 运行效果

2. 网页播放方式

单击菜单栏中 File→Create Web Page 选项,如图 8-278 所示。

图 8-278 创建网页

在弹出的设置面板 Choose Destination 选项中选择所要保存文件的路径,在 Setting 选项中设置 Window Size 的数值为 800、600。单击 OK 按钮,创建网页形式执行文件,如图 8-279 所示。

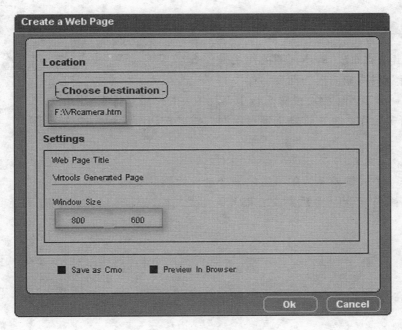

图 8-279 设置网页

要注意的是,存放网页形式执行文件的路径及文件名称不能出现中文,否则会导致执行文件无法正常播放。同时,照相机虚拟演示在网页形式运行时,其主界面上的"退出系统"按钮是无法正常响应的。网页效果如图8-280所示。

图8-280　网页效果

思考与练习

1. 思考题

(1)"弹出功能面板"脚本框图的作用是什么?

(2)如何实现功能面板的渐变切换?

(3) Activate Script模块设置面板中Reset项的作用是什么?

(4)如何实现在一个二维帧上通过不同二维帧按钮响应不同的纹理图片?

2. 练　习

(1)制作一个二维帧图片的半透明渐变进入效果的实例。

(2)参考随书光盘中"8后期交互制作.cmo"文件,制作一个在不同层面上具有渐变切换效果的实例。